力学丛书·典藏版 17

# 塑性大应变微结构力学

## （第三版）

李国琛　M.耶纳　著

科学出版社

北　京

# 内 容 简 介

本书涉及以下三部分内容:小应变塑性力学;大应变分析;微结构力学分析及其应用.书中既叙述有关的数学、力学基础知识,又介绍了学科前沿的研究成果.书中还把固体力学与材料力学、宏观响应与内部微结构、计算机模拟与实验观测有机地结合起来,并为数值计算提供了公式和方法.

本书适用于从事材料损伤、失效方面工作的科研人员和工程技术人员以及相关专业的大学教师、研究生.

图书在版编目(CIP)数据

塑性大应变微结构力学/李国琛,(法)M.耶纳著.—3版.—北京:科学出版社,2003.4
　　(力学丛书)
ISBN 7-03-008963-4

Ⅰ.塑⋯　Ⅱ.①李⋯②耶⋯　Ⅲ.应变—塑性力学:结构力学　Ⅳ.034

中国版本图书馆 CIP 数据核字(2003)第 009141 号

责任编辑:鄢德平/责任校对:曹锐军
责任印制:安春生/封面设计:王　浩

**科 学 出 版 社** 出版
北京东黄城根北街 16 号
邮政编码:100717
http://www.sciencep.com

**北京京华虎彩印刷有限公司** 印刷
科学出版社发行　各地新华书店经销
*
1993 年第一版　　　开本:850×1168　1/32
2016 年印刷　　　　印张:12 1/8
　　　　　　　　　　字数:309 000

定价:108.00元

# 《力学丛书》编委会

# 第三版前言

自本书发行第二版以来,第一作者又经历了一个时期的教学体验,发现有重新修订和充实的必要.从这个意义上讲,学生正是"老师"的最好老师.

与第二版比较,第三版在第一章中增加了一节,用以说明张量的指标表示方法与其象征型之间的对照关系,便于沟通书中所采用的指标型与其他文献专著中所用到的象征型含义.重写了第六章的第2节,以更确切地表达各类应变率张量.扩充了第九章内容,用三维有限元方法研究韧性材料空洞化损伤,突出显示材料微结构的计算分析对认识其力学行为的重要性和计算微结构(细观)力学的生命力.

虽然本书的第二作者,M.耶纳教授,未再参与第二、第三版的书写工作,但重版中仍延续着原始著作过程中我们曾共同构筑的意向:从个别到一般,由具体到抽象,深入浅出,并注重应用固体力学理论解释和预测韧性材料的损伤和破坏.这一写作宗旨和风格应是本书在一些青年学生和学者中受到欢迎的原因.

本书的第三版得到了中国科学院力学研究所及非线性力学国家重点实验室的共同资助,作者在此深表谢意.

李国琛

中国科学院力学研究所

非线性力学国家重点实验室

# 第二版前言

根据中国科学院研究生院教学的需要,在本书(第二版)中,第一作者在原第一版的基础上增补了一些新内容,包括弹性力学的基础知识以及第一版之后的一些研究进展.为保留原书(第 版)的体系,有关弹性力学部分都放在附录 A.和附录 B 中.新的研究成果(11.4 节)则接续在第十一章的后面.

面对结合材料的力学行为来研究和发展固体力学这一总趋势,要求我们融会贯通原有的弹性力学与塑性力学知识,掌握在计算机上实现数值化分析方法,拓宽研究的应变尺度和非线性性质以便深入到复杂的材料细观结构中去,希望本书的再版能以它所具有的特点服务于这一发展的趋势.

本书的再版得到了中国科学院力学研究所力学专著出版基金以及非线性连续介质力学开放实验室的资助,作者在此表示感谢.

李国琛

中国科学院力学研究所

非线性连续介质力学开放实验室

# 第一版前言

为预测材料的行为和损伤,需要在固体力学与材料科学相结合的基础上发展一门交叉学科以便深入到材料的微结构层次上去.这一发展方向已引起人们的广泛注意与关切.本书作者的工作就是试图在这新的领域中开拓一条路.

在许多情况下,材料在内部出现局部损伤之前先要经历一个大塑性变形过程,为此,本书主要关心的是带有大塑性应变的微结构力学.也是基于以上的原因,我们将本书分成三部分.

1. 小应变塑性力学

小应变的塑性力学在工程结构中有广泛的应用.第一章将提供直角坐标系中的张量知识和其他有关的数学工具.第二章讲述小变形下的应力张量和应变张量在一点处的表征方法和性质.第三章涉及材料的屈服准则和塑性流动理论,这些内容是塑性力学与弹性力学内容有所不同的最主要部分.我们不准备在塑性力学范围内全面铺开,因为我们的目的仅在于为分析和计算金属材料的塑性力学问题提供必要的基本知识及相应的工具,所以,在第四章将梗概地补充塑性力学的发展及在这个领域内的一些名著和文献.

2. 大应变分析

这方面的论述目前仍然分散在各文献之中,还缺少集中、系统的论著,这种状况对于从事大应变计算的人来说是很不便的.作为大应变分析的数学基础,第五章介绍了大变形下的坐标选择、各类变化率的表示方法以及张量的一般形式.几何上的非线性导致应力和应变的含义多样化,以及相应的变化率复杂化,这些将在第六章中给予说明.在此基础上,第七章陈述了力学平衡和出现分叉的泛函表达方法,并给出了大应变计算所需要的基本公式.这一部分还包括了塑性理论在大应变条件下的推广.

3. 微结构力学分析及其应用

前两部分内容可以作为这一部分的数学和力学基础.这里将介绍一些在微结构分析中所要用到的特定原则和方法,并试图给出这一力学分支的全貌,为进一步开拓这个领域奠定基础.

第八章介绍如何将异质不连续材料变换为力学行为相当的连续介质.这章篇幅虽短,但从解决宏观与微结构层次相结合的方法来看是非常重要的.韧性材料内部的损伤主要分空洞型和剪切带状分叉两类.第九章的内容包括空洞型损伤的实验观测、各种空洞模型的理论分析以及如何在连续介质本构方程或损伤失效准则中反映这类微结构损伤的作用.有关分析剪切带状分叉的观点和方法都将在第十章中论述,其中强调了应变软化效应和"材料分叉"概念.作为应用微结构力学研究成果的示范,第十一和第十二两章分别介绍了板材成型和韧性断裂的模拟计算及其与实验结果的比较.

虽然这一部分内容仅限于金属材料的内部韧性损伤,但在方法和数学表达方面也可为研究其他材料借鉴.

1986 年秋季,本书第一作者在中国科技大学研究生院中讲学时完成了第二部分及第八章中的一些内容.1988 年秋冬季在美国犹他州立大学讲学,与第二作者共同讨论、完成了本书三部分的初稿.本书的有关内容曾在苏格兰格拉斯哥大学、巴黎材料中心以及中国的西北工业大学、华中理工大学和北京大学作过讲演或系统介绍.

本书的完成得益于广泛的国内外合作.第一作者在 1981 至 1983 年期间曾与英国谢菲尔德大学机械工程系的 I.C. Howard 博士有过富有成效的合作.1987 年与巴黎中心学院材料实验室的 D. Francois 教授和 T. Guennouni 博士共同探讨了不同级空洞的损伤作用.自 1983 年以来一直与华中理工大学金属材料教研室张以增教授进行着交流、合作.

　　本书中所涉及的研究工作获得了中国国家自然科学基金和中国科学院重大研究项目的基金,并列入中国科学院与英国皇家协会和法国 CNRS(国家科研中心)共同组织的合作项目.

　　最后,作者殷切地期望本书的出版能为已具有弹性力学知识的研究生、关心材料失效和微结构力学的研究人员和工程技术人员提供有益的帮助和启发.非常感谢在完成本书的整个过程中英国皇家协会委员 B.A.Bilby 教授,K.J.Miller 教授,美国 W.J.Grenney 教授以及中国的朱兆祥教授,白以龙研究员和华中理工大学力学系的帮助和推荐.也感谢王自强研究员详尽地审核了本书并提出许多宝贵意见,以及郑哲敏先生(学部委员)的鼓励.

　　本书的出版还得到了中国科学院力学研究所力学专著出版基金和非线性连续介质力学开放实验室的资助.

# 目　　录

# 第一部分

# 小应变塑性力学

在工程结构和材料科学中,塑性力学是一个重要分支.对于工程结构而言,多余的塑性变形是不允许的.这一部分主要论述无限小变形,必要时也可以把这里的理论模型推广到大应变的情况,对材料进行塑性分析.

# 第一章　直角坐标系中的向量和张量

以数学形式描述和概括力学问题时,张量运算是一个非常有力的工具."向量"这一概念被用来表示力或速度这类量时,不仅需要确定它们的大小也应标明其方向.一些更复杂的物理量就需要由多个向量的某种组合来表征.于是,"向量"概念又被推广为"张量".本章将叙述如何以向量为基本单元来建立直角坐标系中的不变量,即张量.这些内容也可以作为在一般坐标系中建立张量问题的基础.

## 1.1　直角坐标与单位向量

直角坐标系的特点在于坐标轴线是三条相互垂直的直线,它们是处在互相垂直的三个平面的相交线上.按照右手法则,图 1.1 标出了三个单位向量 $\vec{e}_1$, $\vec{e}_2$, $\vec{e}_3$,它们的作用在于提供量测一个从原点 O 出发的无量纲的单位尺度.例如,在三维 Euclid(欧氏)空间中,任意一点 P 可以用位置向量 $\vec{S}$ 来定义.按照指标符号,$\vec{S}$ 又

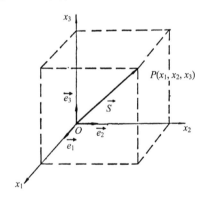

图 1.1　直角坐标系中的单位向量

可以分解为

$$\vec{S} = x_1\vec{e}_1 + x_2\vec{e}_2 + x_3\vec{e}_3 = \sum_{i=1}^{3} x_i\vec{e}_i \qquad (1.1)$$

这里的符号 $x_i$ 代表向量 $\vec{S}$ 在各个坐标轴上的投影分量.三个单位向量标定了这些分量的方向并提供了为量测含有长度量纲的 $x_1$, $x_2$ 和 $x_3$ 所需要的单位度量.

### 1.1.1 连加惯例

为简化书写,目前大家公认的办法是按照 Einstein 的规定,在某一项中,若某一指标重复两次则表示需要在整个指标范围内连加.以(1.1)式为例,就可以简写作

$$\vec{S} = x_i\vec{e}_i \qquad (i = 1, 2, 3) \qquad (1.2)$$

所重复的 $i$ 与 $\sum_{i=1}^{3}$ 的作用相同,并称作哑指标以区别于自由指标,后者在一项中仅出现一次因此不需要连加.由此可见,任何一项中如有多于两个的相同指标就是错误的;个别情况出现三个或三个以上相同指标,要注明不作连加.

### 1.1.2 点积

两个向量 $\vec{U}$ 和 $\vec{V}$ 的点积定义为

$$\vec{U} \cdot \vec{V} = |U||V|\cos\alpha (= \vec{V} \cdot \vec{U}) \qquad (1.3)$$

这里,$|U|$ 和 $|V|$ 代表相应向量的绝对值,$\alpha$ 是两个向量间的夹角.如用单位向量表示,则有

$$\vec{U} \cdot \vec{V} = (U_1\vec{e}_1 + U_2\vec{e}_2 + U_3\vec{e}_3) \cdot (V_1\vec{e}_1 + V_2\vec{e}_2 + V_3\vec{e}_3)$$

$$= U_1V_1 + U_2V_2 + U_3V_3 = U_iV_i \qquad (1.4)$$

由式(1.3),(1.4)可见,点积的结果是一个标量,所以点积也称作标量(或内)积.

## 1.1.3 叉积

两个向量之间的另一种乘积形式是叉积,其定义为

$$\vec{U} \times \vec{V} = \vec{W} \ (= -\vec{V} \times \vec{U}) \tag{1.5}$$

叉积的结果是一个向量 $\vec{W}$,它垂直于 $\vec{U}$ 和 $\vec{V}$ 两个向量所在的平面,且其正方向遵守右手法则,它的模等于

$$|W| = |U| \, |V| \sin\alpha \tag{1.6}$$

这里的 $|U|$,$|V|$ 和 $\alpha$ 所代表的含义与(1.3)式中的相同.用单位向量表示时,则有

$$\vec{W} = (U_1 \vec{e}_1 + U_2 \vec{e}_2 + U_3 \vec{e}_3) \times (V_1 \vec{e}_1 + V_2 \vec{e}_+ V_3 \vec{e}_3)$$

$$= (U_2 V_3 - U_3 V_2)\vec{e}_1 + (U_3 V_1 - U_1 V_3)\vec{e}_2$$

$$+ (U_1 V_2 - U_2 V_1)\vec{e}_3 \tag{1.7}$$

由(1.5)—(1.7)可见,叉积的结果是一个向量,所以叉积也称作向量(或外)积.

## 1.1.4 Kronecker delta $\delta_{ij}$

由两个单位向量的点积所导出的标量就叫作 Kronecker delta $\delta_{ij}$,即

$$\vec{e}_i \cdot \vec{e}_j = \delta_{ij} = \delta_{ji} = \begin{cases} 1, 若 \ i = j \\ 0, 当 \ i \neq j \end{cases} \tag{1.8}$$

若以矩阵形式表示,则有

$$\delta_{ij} = \begin{bmatrix} 1 & 0 & 0 \\ 0 & 1 & 0 \\ 0 & 0 & 1 \end{bmatrix} \tag{1.9}$$

当 Kronecker delta $\delta_{ij}$ 作用于任一向量分量 $V_i$ 就会使指标 $i$ 改变为 $j$,也就是说

$$\delta_{ij} V_i = V_j \tag{1.10}$$

因为,按照连加的惯例和(1.8)定义式,所有的 $i \neq j$ 项均消失而只余下 $i = j$ 一项.

### 1.1.5 置换符号 $e_{ijk}$

由三个单位向量的乘积所得到的标量结果是一个置换符号(或替代符号).

$$(\vec{e}_i \times \vec{e}_j) \cdot \vec{e}_k = (\vec{e}_j \times \vec{e}_k) \cdot \vec{e}_i = (\vec{e}_k \times \vec{e}_i) \cdot \vec{e}_j$$

$$= e_{ijk} = \begin{cases} 1, & ijk = 123,231,312(偶次置换) \\ -1, & ijk = 321,213,132(奇次置换) \\ 0, & 其他情况 \end{cases} \tag{1.11}$$

例如,按照(1.11)式中的定义,一个矩阵所组成的行列式可以写成

$$|A| = \begin{vmatrix} A_{11} & A_{21} & A_{31} \\ A_{12} & A_{22} & A_{32} \\ A_{13} & A_{23} & A_{33} \end{vmatrix} = e_{ijk} A_{1i} A_{2j} A_{3k} = e_{ijk} A_{i1} A_{j2} A_{k3}$$

$$\tag{1.12}$$

同样,可以将(1.7)式中的叉积计算结果简单地缩写为

$$\vec{W} = e_{ijk} U_i V_j \vec{e}_k \tag{1.13}$$

## 1.2 微积分运算中的公式

### 1.2.1 向量的微分

设 $\vec{U}$ 和 $\vec{V}$ 均为标量型变量 $x$ 的向量型函数,$f$ 为 $x$ 的标量型

函数,于是在微分运算中将得到

$$\frac{d}{dx}(\vec{U} + \vec{V}) = \frac{d\vec{U}}{dx} + \frac{d\vec{V}}{dx} \tag{1.14a}$$

$$\frac{d}{dx}(f\vec{U}) = \frac{df}{dx}\vec{U} + f\frac{d\vec{U}}{dx} \tag{1.14b}$$

$$\frac{d}{dx}(\vec{U} \cdot \vec{V}) = \frac{d\vec{U}}{dx} \cdot \vec{V} + \vec{U} \cdot \frac{d\vec{V}}{dx} \tag{1.14c}$$

$$\frac{d}{dx}(\vec{U} \times \vec{V}) = \frac{d\vec{U}}{dx} \times \vec{V} + \vec{U} \times \frac{d\vec{V}}{dx} \tag{1.14d}$$

若 $\vec{V}$ 为数个标量型变量 $x_1$, $x_2$, $\cdots$, $x_n$ 的向量场或向量型函数,那么它的全微分 $d\vec{V}$ 可以表示为

$$d\vec{V} = \frac{\partial\vec{V}}{\partial x_1}dx_1 + \frac{\partial\vec{V}}{\partial x_2}dx_2 + \cdots + \frac{\partial\vec{V}}{\partial x_n}dx_n \tag{1.15}$$

若 $\vec{V}$ 为数个标量型函数 $f_i = f_i(x_j)$ 的向量型函数,其中 $i=1,2,\cdots,m$;又 $x_j$ 是标量型变量并有 $j=1,2,\cdots,n$,那么 $\vec{V}$ 对某个 $x_j$ 的偏导数意味着

$$\frac{\partial\vec{V}}{\partial x_j} = \frac{\partial\vec{V}}{\partial f_1}\frac{\partial f_1}{\partial x_j} + \frac{\partial\vec{V}}{\partial f_2}\frac{\partial f_2}{\partial x_j} + \cdots + \frac{\partial\vec{V}}{\partial f_m}\frac{\partial f_m}{\partial x_j} \tag{1.16}$$

为简明地表示一个向量的分量,例如 $V_i$,对某个坐标轴 $x_j$ 的微分常采用以下符号:

$$V_{i,j} = \frac{\partial V_i}{\partial x_j} \tag{1.17}$$

### 1.2.2 向量算子:梯度,散度和旋度

符号 $\nabla$ 称作 del 或 nabla,是一个向量算子. 在直角坐标系下,它的定义式是

$$\nabla = \frac{\partial}{\partial x_1}\vec{e}_1 + \frac{\partial}{\partial x_2}\vec{e}_2 + \frac{\partial}{\partial x_3}\vec{e}_3 \qquad (1.18)$$

(a) 标量 $\phi$ 的梯度,grad $\phi$ 或 $\nabla \phi$

设函数 $\phi(x_1, x_2, x_3)=$ const 代表三维空间中的一个曲面,它是一个标量场.这个可微函数的梯度是一个向量场并被定义为

$$\nabla \phi = \text{grad}\,\phi = \left[ \frac{\partial}{\partial x_1}\vec{e}_1 + \frac{\partial}{\partial x_2}\vec{e}_2 + \frac{\partial}{\partial x_3}\vec{e}_3 \right]\phi$$

$$= \frac{\partial \phi}{\partial x_1}\vec{e}_1 + \frac{\partial \phi}{\partial x_2}\vec{e}_2 + \frac{\partial \phi}{\partial x_3}\vec{e}_3 \qquad (1.19a)$$

$$= \phi_{,i}\vec{e}_i \qquad (1.19b)$$

由(1.2)式所确定的位置向量 $\vec{S}$ 代表了曲面 $\phi=$ const 上的某一点 $P(x_1, x_2, x_3)$.于是,

$$\nabla \phi \cdot d\vec{S} = \left[ \frac{\partial \phi}{\partial x_1}\vec{e}_1 + \frac{\partial \phi}{\partial x_2}\vec{e}_2 + \frac{\partial \phi}{\partial x_3}\vec{e}_3 \right] \cdot (dx_1\vec{e}_1 + dx_2\vec{e}_2 + dx_3\vec{e}_3)$$

$$= \frac{\partial \phi}{\partial x_1}dx_1 + \frac{\partial \phi}{\partial x_2}dx_2 + \frac{\partial \phi}{\partial x_3}dx_3 = d\phi = 0$$

这一事实表明,$\nabla \phi$ 是垂直于 $d\vec{S}$ 的,而后者又是处在曲面 $\phi=$ const 的切线方向上.由此证明,标量场中任一点上的梯度是一个向量,其方向在该点上正交于所规定的曲面.

(b) 向量的散度,div $\vec{V}$ 或 $\nabla \cdot \vec{V}$

由 del 算子与向量 $\vec{V}$ 的点积会导致一个标量场,称作该向量的散度.

$$\nabla \cdot \vec{V} = \left[ \frac{\partial}{\partial x_1}\vec{e}_1 + \frac{\partial}{\partial x_2}\vec{e}_2 + \frac{\partial}{\partial x_3}\vec{e}_3 \right] \cdot (V_1\vec{e}_1 + V_2\vec{e}_2 + V_3\vec{e}_3)$$

$$= \frac{\partial V_1}{\partial x_1} + \frac{\partial V_2}{\partial x_2} + \frac{\partial V_3}{\partial x_3} \qquad (1.20a)$$

$$= V_{i,i} \qquad (1.20b)$$

需要记住的是,不能将散度写成 $\vec{V}\cdot\nabla$,因为 $V_1\dfrac{\partial}{\partial x_1}$ 等项是无意义的.

(c) 向量的旋度,curl $\vec{V}$ 或 $\nabla\times\vec{V}$

将 del 算子叉乘于向量 $\vec{V}$,其结果是一个向量,称作向量的旋度,即 curl $\vec{V}$.它的含义是

$$\nabla\times\vec{V}=\left[\dfrac{\partial V_3}{\partial x_2}-\dfrac{\partial V_2}{\partial x_3}\right]\vec{e}_1+\left[\dfrac{\partial V_1}{\partial x_3}-\dfrac{\partial V_3}{\partial x_1}\right]\vec{e}_2+\left[\dfrac{\partial V_2}{\partial x_1}-\dfrac{\partial V_1}{\partial x_2}\right]\vec{e}_3$$

$$(1.21a)$$

$$= e_{ijk}V_{k,j}\vec{e}_i \qquad (1.21b)$$

利用以上所列的各项基本算子,可以得到以下一些有用的结果,例如

$$\nabla\cdot\nabla\phi=\left[\dfrac{\partial}{\partial x_1}\vec{e}_1+\dfrac{\partial}{\partial x_2}\vec{e}_2+\dfrac{\partial}{\partial x_3}\vec{e}_3\right]\cdot\left[\dfrac{\partial\phi}{\partial x_1}\vec{e}_1+\dfrac{\partial\phi}{\partial x_2}\vec{e}_2+\dfrac{\partial\phi}{\partial x_3}\vec{e}_3\right]$$

$$=\dfrac{\partial^2\phi}{\partial x_1^2}+\dfrac{\partial^2\phi}{\partial x_2^2}+\dfrac{\partial^2\phi}{\partial x_3^2}=\nabla^2\phi \qquad (1.22)$$

这里的算子 $\nabla^2$ 代表

$$\left[\dfrac{\partial^2}{\partial x_1^2}+\dfrac{\partial^2}{\partial x_2^2}+\dfrac{\partial^2}{\partial x_3^2}\right]$$

并称作 Laplace 算子也叫作 Laplacian.因此,方程式 $\nabla^2\phi=0$ 就是所熟知的 Laplace 方程.此外,还可以很容易地证明

$$\text{curl grad }\phi=\nabla\times(\nabla\phi)=\vec{0} \qquad (1.23)$$

$$\text{div curl }\vec{V}=\nabla\cdot(\nabla\times\vec{V})=0 \qquad (1.24)$$

(1.23)和(1.24)两式分别表明了存在有标量势 $\phi$ 和向量势 $\vec{V}$.

### 1.2.3 积分中的散度定理

在推导力的平衡方程式时,常要用到一个表面-体积的积分式叫作散度定理,也常称作 Gauss 定理.下面来叙述这个定理的内容.

图 1.2 绘制了处于三维空间的一个固体.它的外围表面 S 上具有连续的外法线单位向量场 $\vec{\nu}$.可以证明,一个向量场 $\vec{U}$ 的散度在其体积 V 内的全部积分等于 $\vec{U}$ 在封闭面 S 上的法向分量沿该面范围内的积分,也就是说

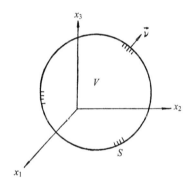

图 1.2

$$\int_V \nabla \cdot \vec{U}\, dV = \int_S \vec{U} \cdot \vec{\nu}\, dS \qquad (1.25a)$$

由(1.3)式的点积定义,可以看出,$\vec{U} \cdot \vec{\nu}$ 代表 $\vec{U}$ 在单位向量 $\vec{\nu}$ 上的投影分量,也就是 $\vec{U}$ 的法向分量.

利用(1.4)和(1.20)两式,按照微分符号的惯例,可以用指标形式写出(1.25a)式,即

$$\int_V U_{i,i}\, dV = \int_S U_i \nu_i\, dS \qquad (1.25b)$$

## 1.3 坐标变换

设有一空间点 P 处于直角坐标系中,其位置向量的分量可由 $(x_1, x_2, x_3)$ 代表.经过坐标变换后,这组变量将改为 $(x_1', x_2', x_3')$.

如图 1.3 所示,$x_i$ 和 $x_i'$($i=1,2,3$)两个直角坐标系之间的转换关系是

$$x_1' = x_1 \cos(x_1, x_1') + x_2 \cos(x_2, x_1') + x_3 \cos(x_3, x_1')$$

$$x_2' = x_1 \cos(x_1, x_2') + x_2 \cos(x_2, x_2') + x_3 \cos(x_3, x_2')$$

$$x_3' = x_1 \cos(x_1, x_3') + x_2 \cos(x_2, x_3') + x_3 \cos(x_3, x_3')$$

$$(1.26a)$$

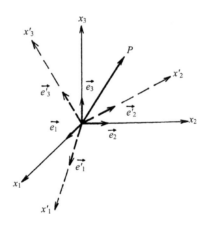

图 1.3 坐标变换

其逆形式是

$$x_1 = x_1' \cos(x_1', x_1) + x_2' \cos(x_2', x_1) + x_3' \cos(x_3', x_1)$$

$$x_2 = x_1' \cos(x_1', x_2) + x_2' \cos(x_2', x_2) + x_3' \cos(x_3', x_2)$$

$$x_3 = x_1' \cos( x_1' , x_3 ) + x_2' \cos( x_2' , x_3 ) + x_3' \cos( x_3' , x_3 )$$

$$(1.27a)$$

令$( x_i , x_j')$代表 $x_i$ 与 $x_j'$ 两轴正方向之间的夹角,符号$\partial_{ij}$表示$\cos( x_i , x_j' )$.按照(1.3)式的规定及(1.26a)和(1.27a)中的关系式,可以写出

$$\partial_{ij} = \begin{cases} \cos( x_i , x_j' ) = \vec{e}_j' \cdot \vec{e}_i = \partial x_j' / \partial x_i \\ \cos( x_j' , x_i ) = \vec{e}_i \cdot \vec{e}_j' = \partial x_i / \partial x_i' \end{cases} \quad (1.28)$$

需要注意的是,一般来说,由于$( x_i , x_j')\neq( x_j , x_i')$,所以$\partial_{ij}\neq\partial_{ji}$.

这样一来,利用连加的惯例写法及(1.28)式中的符号规定,可以大大缩减(1.26a)和(1.27a)的写法.于是就相应地得到

$$x_j' = \sum_{i=1}^{3} x_i \cos( x_i , x_j' ) = x_i \partial_{ij} \quad (1.26b)$$

$$x_i = \sum_{i=1}^{3} x_j' \cos( x_j' , x_i ) = x_j' \partial_{ij} \quad (1.27b)$$

其中,i 和 j=1,2,3.

按照导出(1.26a)和(1.27a)所用的思路,同样地也可以在 $\vec{e}_i$ 和 $\vec{e}_j'$ 两个直角坐标系之间进行变换,于是

$$\vec{e}_j' = ( \vec{e}_j' \cdot \vec{e}_1 )\vec{e}_1 + ( \vec{e}_j' \cdot \vec{e}_2 )\vec{e}_2 + ( \vec{e}_j' \cdot \vec{e}_3 )\vec{e}_3 = \partial_{ij}\vec{e}_i$$

$$(1.29a)$$

$$\vec{e}_i = ( \vec{e}_i \cdot \vec{e}_1' )\vec{e}_1' + ( \vec{e}_i \cdot \vec{e}_2' )\vec{e}_2' + ( \vec{e}_i \cdot \vec{e}_3' )\vec{e}_3' = \partial_{ij}\vec{e}_j'$$

$$(1.29b)$$

既然

$$\vec{e}_i \cdot \vec{e}_k = \delta_{ik}$$

那么

$$\partial_{ij}\vec{e}\,'_j \cdot \partial_{kl}\vec{e}\,'_1 = \partial_{ij}\partial_{kl}\delta_{jl} = \delta_{ik}$$

也就是说

$$\partial_{ij}\partial_{kj} = \delta_{ik} \qquad (1.30)$$

类似地，

$$\partial_{ij}\partial_{il} = \delta_{jl} \qquad (1.31)$$

需要说明的是,这里的 i 和 k 指标是对应于 x 系统而 j 和 1 是属于 x′系统.具体地说,在 $\partial_{ij}$ 中第一个指标指的就是 x 系统而第二个指标则是代表 x′系统,二者不可互换位置.由于 Kronecker delta $\delta_{ik}$ 是对称的,(1.30)仅是 6 个独立方程的缩并.展开以后可以写成

$$\partial_{11}^2 + \partial_{12}^2 + \partial_{13}^2 = 1, \partial_{21}^2 + \partial_{22}^2 + \partial_{23}^2 = 1, \partial_{31}^2 + \partial_{32}^2 + \partial_{33}^2 = 1$$

$$(1.32)$$

$$\partial_{11}\partial_{21} + \partial_{12}\partial_{22} + \partial_{13}\partial_{23} = 0, \partial_{11}\partial_{31} + \partial_{12}\partial_{32} + \partial_{13}\partial_{33} = 0$$

$$\partial_{21}\partial_{31} + \partial_{22}\partial_{32} + \partial_{23}\partial_{33} = 0$$

如将(1.31)展开来,也会有类似的情况.

以上的示范说明,x 和 x′两个系统之间是可以进行坐标变换的.二者之间的关系可以用函数形式概括为

$$x'_j = x'_j(x_1, x_2, x_3), \quad j = 1, 2, 3 \qquad (1.33)$$

其逆形式为

$$x_i = x_i(x'_1, x'_2, x'_3), \quad i = 1, 2, 3 \qquad (1.34)$$

如果(1.33)和(1.34)方程都是惟一可定的且可逆,则变换称作是相容的.这一属性可以通过以下条件得到保证.它们是:

(a) 函数 $x'_j$ 或 $x_i$ 是单值,连续和可微的.

(b) Jacobi 行列式 $J = |\partial x'_j / \partial x_i|$ (或 $|\partial x_i / \partial x'_j|$)是正的,即

$$J = \begin{vmatrix} \partial x_1'/\partial x_1 & \partial x_2'/\partial x_1 & \partial x_3'/\partial x_1 \\ \partial x_1'/\partial x_2 & \partial x_2'/\partial x_2 & \partial x_3'/\partial x_2 \\ \partial x_1'/\partial x_3 & \partial x_2'/\partial x_3 & \partial x_3'/\partial x_3 \end{vmatrix} > 0 \qquad (1.35)$$

这样就能使变换为正常的,也就是说,右手坐标系经转换后仍保持为右手坐标系.反之,若 Jacobi 行列式为负值,右手坐标系就会被转换为一个左手坐标系,于是成为非正常变换.

## 1.4 Descartes 张量,张量代数和张量演算

### 1.4.1 Descartes 张量

一些物理量,如温度和质量,是不随参考坐标的选择而变化的不变量.它们可以用某个实数值代表,所以叫作标量.另外一些量,如速度和力,却只能用向量概念来标定,在这种情况下,为完全地描述该量就不仅需要确定它的大小值还应明确其方向.一个向量的分量自然会随直角坐标系按(1.26a)和(1.27a)所规定的法则进行某种相容变换而改变.既然

$$\vec{V} = V_j' \vec{e}_j' = V_i \vec{e}_i' \qquad (1.36)$$

于是由(1.29b)式可知

$$V_j' \vec{e}_j' = V_i \partial_{ij} \vec{e}_j'$$

令 $j$ 仅等于 1 或 2 或 3,逐个验证,最后证明可以消去方程两端的 $\vec{e}_j'$ 而有

$$V_j' = V_i \partial_{ij} \qquad (1.37)$$

这一形式与(1.26b)完全相同.

在维数更多的一般情况下,为获得一个物理量的不变形式,可以借助向量中的概念推广成为

$$T = T_{\alpha_1 \alpha_2 \cdots \alpha_n} \vec{e}_{\alpha_1} \vec{e}_{\alpha_2} \cdots \vec{e}_{\alpha_n} \qquad (1.38)$$

这个物理量 T 就是由各分量 $T_{\alpha_1 \alpha_2 \cdots \alpha_n}$ 所组成的,它是一个不依赖于坐标选择的实体并称作张量.其分量的总数目取决于单位向量系统 $\vec{e}_{\alpha_i}$( $i=1,2,\cdots,n$ )的个数,因为它是在这些系统中被分解的.根据(1.37)式的定义,一个 n 阶(或秩)张量就应该是取决于 n 个单位向量系统的量.由于每个单位向量系统有 3 个分量,所以总计它应有 $3^n$ 个分量.

类似于(1.36)式对于向量所确定的不变量条件,针对张量 T 则有

$$T = T'_{\beta_1 \beta_2 \cdots \beta_n} \vec{e}\,'_{\beta_1} \vec{e}\,'_{\beta_2} \cdots \vec{e}\,'_{\beta_n} = T_{\alpha_1 \alpha_2 \cdots \alpha_n} \vec{e}_{\alpha_1} \vec{e}_{\alpha_2} \cdots \vec{e}_{\alpha_n} \quad (1.39)$$

很显然,两组分量 $T'$ 和 T 之间的转换关系是取决于两组坐标系统的.但利用(1.37)式,就可以得到以下的事实,即

$$T'_{\beta_1 \beta_2 \cdots \beta_n} = T_{\alpha_1 \alpha_2 \cdots \alpha_n} \partial_{\alpha_1 \beta_1} \partial_{\alpha_2 \beta_2} \cdots \partial_{\alpha_n \beta_n} \quad (1.40)$$

基于同样的不变量条件,(1.39)和(1.40)两式就具有等价的含义.由此,(1.40)式所表示的变换法则就可以用惟一地定义或鉴别一组分量是否属于直角坐标系中的 Descartes 张量.

按照这一法则,一个标量可以作为零阶张量且不随坐标变换而改变.一个向量应归结为一阶张量,因为它是遵循(1.37)式的变换法则,也是(1.40)中的最基本情况.至于更高阶的量则应严格按照(1.40)式予以检验是否具有张量的属性.

在需要用方程式表达某种物理关系时,自然希望它的有效性不会受坐标选取的影响.为实现这一点,就要求方程中所涉及的各项都应具有同一个张量形式.因为,仅只在这种情况下该物理关系才能有一致性属性,即不随坐标变换而变化.

## 1.4.2 Descartes 张量的性质

**相等** 如果两个张量具有相同的阶数且它们的各个分量之间满足关系式

$$T^{(1)}_{\alpha_1\alpha_2\cdots\alpha_n} = T^{(2)}_{\alpha_1\alpha_2\cdots\alpha_n} \tag{1.41}$$

则称二者为相等.

**相加(或相减)** 具有相同阶数的两个张量之和(或差)构成另一个同类型的张量.

$$T^{(3)}_{\alpha_1\alpha_2\cdots\alpha_n} = T^{(1)}_{\alpha_1\alpha_2\cdots\alpha_n} + T^{(2)}_{\alpha_1\alpha_2\cdots\alpha_n} \tag{1.42}$$

遇到相减时,只要将其中的加号改为减号即可.

两个相等张量之差会导致一个相同阶数的零张量,其分量在直角坐标系中均为零.所以需要区别看待它与标量 0.

**张量积** 如果两个张量分别具有 m 和 n 阶,它们的张量积是一个( m + n)阶张量,即

$$T^{(3)} = T^{(1)} T^{(2)} \tag{1.43a}$$

其分量被定义为

$$T^{(3)}_{\alpha_1\cdots\alpha_m\alpha_{m+1}\cdots\alpha_{m+n}} = T^{(1)}_{\alpha_1\cdots\alpha_m} T^{(2)}_{\alpha_{m+1}\cdots\alpha_{m+n}} \tag{1.43b}$$

(1.43b)式的右端是两个实数的乘积.

两个向量的张量积(每个向量都是一个一阶张量)就叫作并矢($= \vec{V}_1 \vec{V}_2$).

**缩并** 如果两个张量的分量中有一个共同指标 $\alpha_s$,其张量积就成为

$$T^{(3)}_{\alpha_1\cdots\alpha_s\alpha_s\cdots\alpha_m\alpha_{m+1}\cdots\alpha_{m+n}} = T^{(1)}_{\alpha_1\cdots\alpha_s\cdots\alpha_m} T^{(2)}_{\alpha_s\alpha_{m+1}\cdots\alpha_{m+n}} \tag{1.44}$$

按照变换法则(1.40)式转换 $T^{(3)}$ 分量时,从 x 系统到 x′ 系统应有

$$T^{(3)'}_{\beta_1\cdots\beta_s\beta_t\cdots\beta_{m+n}} = T^{(3)}_{\alpha_1\cdots\alpha_s\alpha_s\cdots\alpha_{m+n}} \partial_{\alpha_1\beta_1}\cdots\partial_{\alpha_s\beta_s}\partial_{\alpha_s\beta_t}\cdots\partial_{\alpha_{m+n}\beta_{m+n}}$$

$$\tag{1.45}$$

等式右边的 $\partial_{\alpha_s\beta_s}\partial_{\alpha_s\beta_t}$,根据(1.31)式,可以归并为

$$\partial_{\alpha_S \beta_S} \partial_{\alpha_S \beta_t} = \delta_{\beta_S \beta_t}$$

也就是说, $\beta_t$ 必然是等同于 $\beta_s$. 于是, $T^{(3)}$ 或 $T^{(3)'}$ 的总阶数将降低两级, 这是因为有两个变换符号 $\partial_{\alpha_S \beta_S}$ 和 $\partial_{\alpha_S \beta_t}$ 被缩并为一个 Kronecker delta.

在有些教科书中, 也称两个 m 和 n 阶张量的缩并为标量积 $T^{(1)} \cdot T^{(2)}$, 它是一个 (m＋n－2) 阶的张量.

<u>商法则</u>　作为一个实体的分量代表, $T^{(1)}_{\alpha_1 \cdots \alpha_m \alpha_S}$ 分量的个数与 (m＋1) 阶张量所应有的相同, 因为在任一坐标系中

$$T^{(1)}_{\alpha_1 \cdots \alpha_m \alpha_S} T^{(2)}_{\alpha_S \alpha_{m+1} \cdots \alpha_{(m+n-2)}} = T^{(3)}_{\alpha_1 \cdots \alpha_m \alpha_{m+1} \cdots \alpha_{(m+n-2)}} \tag{1.46}$$

其中, $\alpha_S$ 是一个重复性的指标, $T^{(2)}$ 和 $T^{(3)}$ 分别是 (n－1) 和 (m＋n－2) 阶的张量. 由商法则可以导出 $T^{(1)}$ 必然是个 (m＋1) 阶张量. 以前面有关缩并的论述为依据, 反过来就可以证明这点.

按照变换法则

$$T^{(2)'}_{\beta_S \beta_{m+1} \cdots \beta_{(m+n-2)}} = T^{(2)}_{\alpha_S \alpha_{m+1} \cdots \alpha_{(m+n-2)}} \partial_{\alpha_S \beta_S} \partial_{\alpha_{m+1} \beta_{m+1}} \cdots \partial_{\alpha_{(m+n-2)} \beta_{(m+n-2)}}$$
$$\tag{1.47}$$

又

$$T^{(3)'}_{\beta_1 \cdots \beta_m \beta_{m+1} \cdots \beta_{(m+n-2)}} = T^{(3)}_{\alpha_1 \cdots \alpha_m \alpha_{m+1} \cdots \alpha_{(m+n-2)}} \partial_{\alpha_1 \beta_1} \cdots \partial_{\alpha_m \beta_m}$$
$$\times \partial_{\alpha_{m+1} \beta_{m+1}} \cdots \partial_{\alpha_{(m+n-2)} \beta_{(m+n-2)}} \tag{1.48}$$

由 (1.46) 式, 可以写出

$$T^{(2)}_{\alpha_S \alpha_{m+1} \cdots \alpha_{(m+n-2)}} = \delta_{\alpha_S \alpha_t} T^{(2)}_{\alpha_t \alpha_{m+1} \cdots \alpha_{(m+n-2)}} \tag{1.49}$$

另一方面, 按照 (1.30) 式又有

$$\delta_{\alpha_S \alpha_t} = \partial_{\alpha_S \beta_S} \partial_{\alpha_t \beta_S} = \partial_{\alpha_S \beta_S} \partial_{\alpha_S \beta_t} \partial_{\alpha_t \beta_t} \tag{1.50}$$

利用 (1.46), (1.49) 和 (1.50) 各式, 最后将 (1.48) 式改换为

$$T^{(3)'}_{\beta_1\cdots\beta_m\beta_{m+1}\cdots\beta_{(m+n-2)}} = (\, T^{(1)}_{\alpha_1\cdots\alpha_m\alpha_S}\partial_{\alpha_1\beta_1}\cdots\partial_{\alpha_m\beta_m}\partial_{\alpha_S\beta_S}\,)$$

$$\times (\, T^{(2)}_{\alpha_t\alpha_{m+1}\cdots\alpha_{(m+n-2)}}\delta_{\beta_S\beta_t}\partial_{\alpha_t\beta_t}\partial_{\alpha_{m+1}\beta_{m+1}}\cdots\partial_{\alpha_{(m+n-2)}\beta_{(m+n-2)}}\,)$$

$$(1.51)$$

比较(1.51)式右端的第二个括弧项与(1.47)式右端的表达式,可以看出(1.51)式实际上代表

$$T^{(3)'}_{\beta_1\cdots\beta_m\beta_{m+1}\cdots\beta_{(m+n-2)}} = T^{(1)'}_{\beta_1\cdots\beta_m\beta_S} T^{(2)'}_{\beta_S\beta_{m+1}\cdots\beta_{(m+n-2)}}$$

$$= (\, T^{(1)}_{\alpha_1\cdots\alpha_m\alpha_S}\partial_{\alpha_1\beta_1}\cdots\partial_{\alpha_m\beta_m}\partial_{\alpha_S\beta_S}\,)$$

$$\times T^{(2)'}_{\beta_S\beta_{m+1}\cdots\beta_{(m+n-2)}}$$

既然 $T^{(2)'}_{\beta_S\beta_{m+1}\cdots\beta_{(m+n-2)}}$ 是任意的,那么

$$T^{(1)'}_{\beta_1\cdots\beta_m\beta_S} = T^{(1)}_{\alpha_1\cdots\alpha_m\alpha_S}\partial_{\alpha_1\beta_1}\cdots\partial_{\alpha_m\beta_m}\partial_{\alpha_S\beta_S}$$

由此证明,$T^{(1)}$ 是遵循(1.40)式所规定的变换法则,因此是一个张量.

<u>对称张量和反对称张量</u>　在二阶张量中,如果

$$T_{ij} = T_{ji} \qquad (1.52)$$

那么 T 就是对称的,而如果

$$T_{ij} = - T_{ji} \qquad (1.53)$$

就是反对称张量.

对于更高阶的张量,如果相对某一对指标是具有这类对称(或反对称)属性,则就那一对指标而言该张量是对称(或反对称)的.

<u>各向同性张量</u>　有些张量的分量在各个坐标系下均相同,则称这类张量为各向同性的.标量和零张量就是其中最简单的例子.

Kronecker delta $\delta_{ik}$ 也称作二阶的单位张量,这是因为

$$\delta_{jl} = \partial_{ij}\partial_{kl}\delta_{ik} \qquad (1.54)$$

符合变换法则.从(1.31)式出发,可以很容易地证明

$$\partial_{ij}\partial_{kl}\delta_{ik} = \partial_{ij}\partial_{il} = \delta_{jl}$$

无论在什么坐标系下,单位张量的各个分量都是固定不变的,所以是一个二阶的各向同性张量.

置换符号 $e_{klm}$ 具有三阶各向同性的张量属性.一则是它的分量不随坐标变换而改变,另一方面又有

$$e_{jln} = \partial_{ij}\partial_{kl}\partial_{mn}e_{ikm} \qquad (1.55)$$

这也是符号张量变换法则的.(1.55)式的证明可由以下的推理得到.

由变换矩阵的行列式,即(1.35)式的 Jacobi 行列式,可知

$$J = \begin{vmatrix} \partial_{11} & \partial_{12} & \partial_{13} \\ \partial_{21} & \partial_{22} & \partial_{23} \\ \partial_{31} & \partial_{32} & \partial_{33} \end{vmatrix} = \begin{vmatrix} \partial_{11} & \partial_{21} & \partial_{31} \\ \partial_{12} & \partial_{22} & \partial_{32} \\ \partial_{13} & \partial_{23} & \partial_{33} \end{vmatrix} \qquad (1.56)$$

其中第二个行列式是第一个的转置,二者的值相等.这两个行列式互乘之后就构成 Jacobi 行列式的平方,再利用(1.30)式或(1.32)式即得到

$$J^2 = \begin{vmatrix} \partial_{11} & \partial_{12} & \partial_{13} \\ \partial_{21} & \partial_{22} & \partial_{23} \\ \partial_{31} & \partial_{32} & \partial_{33} \end{vmatrix} \begin{vmatrix} \partial_{11} & \partial_{21} & \partial_{31} \\ \partial_{12} & \partial_{22} & \partial_{32} \\ \partial_{13} & \partial_{23} & \partial_{33} \end{vmatrix} = \begin{vmatrix} 1 & 0 & 0 \\ 0 & 1 & 0 \\ 0 & 0 & 1 \end{vmatrix} = 1$$

$$(1.57)$$

这就意味着 $J = \pm 1$,在正常变换时就应该是正 1(见 1.3 节中的论述和规定).

为确定(1.55)式的右端部分,可以利用三阶方阵的行列式的紧凑写法,其形式与(1.12)式相似,于是得到

$$\partial_{ij}\partial_{kl}\partial_{mn}e_{ikm} = Je_{jln} \qquad (1.58)$$

既然 $J = +1$,(1.58)式就成为(1.55)式,问题得到证明.

### 1.4.3 张量函数的演算

张量函数(或张量场)是指物理量的分量遵守张量的变换法则且为一个或多个变量的函数.

定义张量函数的导数时,所包含的含义与标量函数中的一样.这样,一个张量 T 相对广义时间 t 的偏导数就是

$$\frac{\partial}{\partial t}T(x_i,t) = \lim_{\Delta t \to 0}\frac{T(x_i,t+\Delta t) - T(x_i,t)}{\Delta t} \qquad (i = 1,2,\cdots,n)$$

$$(1.59)$$

在(1.18)式中曾定义过 del 算子,

$$\nabla = \frac{\partial}{\partial x_\delta}\vec{e}_\delta \left( \text{或} = \frac{\partial}{\partial x_{\alpha_\delta}}\vec{e}_{\alpha_\delta} \right) \qquad (\delta = 1,2,3) \qquad (1.60)$$

将它作用在一个张量函数上之后,类似于标量和向量函数中的(1.19),(1.20)和(1.21)各式,也可以导出相应的结果.

(a) n 阶张量 T 的梯度,gradT 或 $\nabla$T,是一个(n+1)阶的张量

$$\nabla T = \left[ \frac{\partial}{\partial x_\delta}T_{\alpha_1\alpha_2\cdots\alpha_n} \right]\vec{e}_{\alpha_1}\vec{e}_{\alpha_2}\cdots\vec{e}_{\alpha_n}\vec{e}_\delta \qquad (1.61a)$$

方括弧中的内容就是 $\nabla$T 的分量.采用直角坐标系中微分的惯例标记方法,又可以改写

$$[\nabla T] = \frac{\partial}{\partial x_\delta}T_{\alpha_1\alpha_2\cdots\alpha_n} = T_{\alpha_1\alpha_2\cdots\alpha_n,\delta} \qquad (1.61b)$$

(b) n 阶张量 T 的散度,divT 或 $\nabla$·T,是一个(n-1)阶的张量.如果 T 是一个向量函数其结果将是一个标量函数.

$$\nabla \cdot T = \left[ \frac{\partial}{\partial x_{\alpha_\delta}} T_{\alpha_1 \cdots \alpha_\delta \cdots \alpha_n} \right] (\vec{e}_{\alpha_1} \cdots \vec{e}_{\alpha_\delta} \cdots \vec{e}_{\alpha_n}) \cdot \vec{e}_{\alpha_\delta} \qquad (1.62a)$$

按照张量的缩并法则, $\nabla \cdot T$ 的分量是

$$[\nabla \cdot T] = \frac{\partial}{\partial x_{\alpha_\delta}} T_{\alpha_1 \cdots \alpha_\delta \cdots \alpha_n} = T_{\alpha_1 \cdots \alpha_\delta \cdots \alpha_n, \alpha_\delta} \qquad (1.62b)$$

它是一个 $(n-1)$ 阶张量, 因为 $\alpha_\delta$ 与 $\alpha_1 \cdots \alpha_\delta \cdots \alpha_n$ 序列中某一个指标相重复而在 (1.61) 式中的 $\delta$ 则是不同于 $\alpha_1 \cdots \alpha_n$ 中任何一个的指标.

(c) $n$ 阶张量 $T$ 的旋度, $\mathrm{curl}T$ 或 $\nabla \times T$, 仍然保持为 $n$ 阶.

按照直角坐标系中的右手法则, 单位向量之间的叉积结果应该是

$$\vec{e}_\delta \times \vec{e}_\beta = e_{\delta\beta\gamma} \vec{e}_\gamma \qquad (1.63)$$

其中, $e_{\delta\beta\gamma}$ 就是 (1.11) 式所定义的置换符号. 于是

$$\nabla \times T = \frac{\partial}{\partial x_\delta} \vec{e}_\delta \times (T_{\beta\alpha_1 \cdots \alpha_{n-1}} \vec{e}_\beta \vec{e}_{\alpha_1} \cdots \vec{e}_{\alpha_{n-1}})$$

$$= \left[ e_{\delta\beta\gamma} T_{\beta\alpha_1 \cdots \alpha_{n-1}, \delta} \right] \vec{e}_\gamma \vec{e}_{\alpha_1} \cdots \vec{e}_{\alpha_{n-1}} \qquad (1.64a)$$

和

$$[\nabla \times T] = e_{\delta\beta\gamma} T_{\beta\alpha_1 \cdots \alpha_{n-1}, \delta} \qquad (1.64b)$$

(1.64) 式中的结果清楚地表明, $\nabla \times T$ 是另一个 $n$ 阶张量, 其分量可由 (1.64b) 式确定.

(d) 在 1.2.3 段中曾给出过向量函数的散度定理. 推而广之, 在张量场中也可以得到相应 (1.25) 式的积分表达式

$$\int_V \nabla \cdot T \, dV = \int_S T \cdot \vec{\nu} \, dS \qquad (1.65a)$$

这里, $V$ 是由闭合曲面 $S$ 所包围的体积, $\vec{\nu}$ 就是外围表面上向外法

线的单位向量场.如以指标形式表示,则(1.65a)式等价于

$$\int_V T_{\alpha_1 \cdots \alpha_\delta \cdots \alpha_n, \alpha_\delta} \, dV = \int_S T_{\alpha_1 \cdots \alpha_\delta \cdots \alpha_n} \nu_{\alpha_\delta} \, dS \qquad (1.65b)$$

## 1.5 两种张量表示方法的说明

张量可以一个黑体符号表示,例如(1.38)式的左端项 T,是一种象征表示方法.另一种方法是以包含坐标指标的分量形式表示,称为指标表示方法,例如(1.40)式.

指标型表示方法的优点是便于标明张量的阶数,在以后采用一般坐标体系下区分协变量与逆变量,并适于张量的各项运算.这些优点得益于仅以张量的分量作为它的代表.但由此也会相应地带来缺点.张量分量成为与坐标系的选择有关的,在形式上不能完善地体现它与坐标的无关性,除非要记住张量都应符合(1.40)式的守恒性质.在书写上,张量分量也比较繁杂.

象征型表示方法则既可以表示张量的实体,形式上又简洁,它的缺点也是显而易见的.由于指标不具体,使用时往往要事先声明规定.

两种方法贯通使用,互相补充是在各类书籍、文献中常见的.为说明这两种表示方法的内含,以下再给出一些对照示例.

张量

$$\begin{aligned}
T &= T_{\alpha_1 \alpha_2 \cdots \alpha_n} \vec{e}_{\alpha_1} \vec{e}_{\alpha_2} \cdots \vec{e}_{\alpha_n} \\
&= T_{\alpha_1 \alpha_2 \cdots \alpha_n} e_{\alpha_1} \otimes e_{\alpha_2} \otimes \cdots \otimes e_{\alpha_n}
\end{aligned} \qquad (1.66)$$

它是(1.38)的另一种表示形式.这里的符号 $\otimes$ 代表张量积,有时也可以略去只将单位向量 $e_{\alpha_i}$ 排列写出.

张量积

将(1.43a)展开来写则有

$$T^{(3)}_{\alpha_1\cdots\alpha_m\alpha_{m+1}\cdots\alpha_{m+n}}\, e_{\alpha_1}\otimes\cdots\otimes e_{\alpha_m}\otimes e_{\alpha_{m+1}}\otimes\cdots\otimes e_{\alpha_{m+n}}$$

$$=\ T^{(1)}_{\alpha_1\cdots\alpha_m}\, T^{(2)}_{\alpha_{m+1}\cdots\alpha_{m+n}}\,(e_{\alpha_1}\otimes\cdots\otimes e_{\alpha_m})\otimes(e_{\alpha_{m+1}}\otimes\cdots\otimes e_{\alpha_{m+n}})$$

$$(1.67)$$

(1.43b)给出的只是(1.67)中的分量

　　**点积**

　　(1.4)式的另一种写法是

$$U\cdot V=(U_i e_i)\cdot(V_j e_j)=U_i V_j e_i\cdot e_j=U_i V_j\delta_{ij}=U_i V_i$$

$$(1.68a)$$

参照(1.44)可以更一般地将这一缩并过程写为

$$T^{(1)}\cdot T^{(2)}=T^{(1)}_{\alpha_1\cdots\alpha_{\alpha_S}}T^{(2)}_{\alpha_t\alpha_{m+1}\cdots\alpha_{m+n}}\, e_{\alpha_1}\otimes\cdots(e_{\alpha_S}\cdot e_{\alpha_t})\cdots\otimes e_{\alpha_{m+n}}$$

$$=T^{(3)}_{\alpha_1\cdots\alpha_{S}\alpha_t\cdots\alpha_{m+n}}\, e_{\alpha_1}\otimes\cdots\delta_{\alpha_S\alpha_t}\cdots\otimes e_{\alpha_{m+n}}$$

$$=T^{(3)}_{\alpha_1\cdots\alpha_S\alpha_S\cdots\alpha_{m+n}}\, e_{\alpha_1}\otimes\cdots\otimes e_{\alpha_{m+n}}$$

$$(1.68b)$$

其中 $e_{\alpha_S}$ 和 $e_{\alpha_t}$ 被缩并,从而使点积后的张量降阶两级.

　　**叉积**

　　(1.5)式也可以改写为

$$U\times V=(U_i e_i)\times(V_j e_j)=U_i V_j e_i\times e_j=U_i V_j e_{ijk} e_k$$

$$(1.69a)$$

(1.69a)式右端项的导出可参见(1.63)式,其一般形式可以写为

$$T^{(1)}\times T^{(2)}=T^{(1)}_{\alpha_1\cdots\alpha_{\alpha_S}}T^{(2)}_{\alpha_t\alpha_{m+1}\cdots\alpha_{m+n}}\, e_{\alpha_1}\otimes\cdots\otimes$$

$$(e_{\alpha_S}\times e_{\alpha_t})\otimes\cdots\otimes e_{\alpha_{m+n}}$$

$$=T^{(3)}_{\alpha_1\cdots\alpha_m\alpha_k\alpha_{m+1}\cdots\alpha_{m+n}}\, e_{\alpha_1}\otimes\cdots\otimes e_{\alpha_m}\otimes e_{\alpha_k}$$

$$\otimes e_{\alpha_{m+1}} \otimes \cdots \otimes e_{\alpha_{m+n}} \qquad (1.69b)$$

这是因为 $T^{(1)}$ 尾项单位向量 $e_{\alpha_S}$ 与 $T^{(2)}$ 首项单位向量 $e_{\alpha_t}$ 叉积后形成与它们相垂直的新向量,即

$$e_{\alpha_S} \times e_{\alpha_t} = e_{\alpha_S \alpha_t \alpha_k} e_{\alpha_k}$$

从而使叉积后总阶数降下一级,且有

$$T^{(3)}_{\alpha_1 \cdots \alpha_m \alpha_k \alpha_{m+1} \cdots \alpha_{m+n}} = T^{(1)}_{\alpha_1 \cdots \alpha_m \alpha_S} T^{(2)}_{\alpha_t \alpha_{m+1} \cdots \alpha_{m+n}} e_{\alpha_S \alpha_t \alpha_k} \qquad (1.69c)$$

**双点积**

$$T^{(1)} : T^{(2)} = T^{(1)}_{\alpha_1 \cdots \alpha_m \alpha_S \alpha_u} T^{(2)}_{\alpha_t \alpha_\nu \alpha_{m+1} \cdots \alpha_{m+n}} e_{\alpha_1} \otimes \cdots (e_{\alpha_S} \cdot e_{\alpha_t})(e_{\alpha_u} \cdot e_{\alpha_\nu}) \cdots$$

$$\otimes e_{\alpha_{m+n}} = T^{(3)}_{\alpha_1 \cdots \alpha_m \alpha_S \alpha_u \alpha_S \alpha_u \alpha_{m+1} \cdots \alpha_{m+n}} e_{\alpha_1} \otimes \cdots \otimes e_{\alpha_{m+n}}$$

$$(1.70a)$$

可使点积后结果降阶四级,因为有两次缩并.注意这里的次序是第一个张量的两个指标与后一个张量的两个指标按序列相点积.如果是按交叉顺序,则有另一种双点积,即

$$T^{(1)} \cdot\cdot \, T^{(2)} = T^{(1)}_{\alpha_1 \cdots \alpha_m \alpha_S \alpha_u} T^{(2)}_{\alpha_t \alpha_\nu \alpha_{m+1} \cdots \alpha_{m+n}} e_{\alpha_1} \otimes \cdots (e_{\alpha_S} \cdot e_{\alpha_\nu})(e_{\alpha_u} \cdot e_{\alpha_t})$$

$$\cdots \otimes e_{\alpha_{m+n}} = T^{(3)}_{\alpha_1 \cdots \alpha_m \alpha_S \alpha_u \alpha_u \alpha_S \alpha_{m+1} \cdots \alpha_{m+n}} e_{\alpha_1} \otimes \cdots \otimes e_{\alpha_{m+n}}$$

$$(1.70b)$$

练 习

1-1 若

(a) $\vec{F}(\text{力}) = 5(N)\vec{e_1} + 4(N)\vec{e_2} + 2(N)\vec{e_3}$

(b) $\vec{V}(\text{速度}) = 3(m/s)\vec{e_1} + 4(m/s)\vec{e_2} + 5(m/s)\vec{e_3}$

请计算 $|F|$ 和 $|V|$ 的模值并注明各自的单位.

1-2 若 $\vec{U} = 2\vec{e_1} + 4\vec{e_2} + 5\vec{e_3}$

$$\vec{V} = 3\vec{e_1} + 6\vec{e_2} + 0\vec{e_3}$$

证明：

(a) $|U||V|\cos\alpha = U_1 V_1 + U_2 V_2 + U_3 V_3$

(b) $|U||V|\sin\alpha = \sqrt{(U_2 V_3 - U_3 V_2)^2 + (U_3 V_1 - U_1 V_3)^2 + (U_1 V_2 - U_2 V_1)^2}$

1-3 证明：

(a) $\delta_{ij}\delta_{ij} = \delta_{ii}$  (b) $\delta_{ii} = 3$

(c) $e_{ijk}e_{jki} = 6$  (d) $e_{ijk}e_{jik} = -6$

1-4 若

$$\vec{U} = U_1(x)\vec{e_1} + U_2(x)\vec{e_2} + U_3(x)\vec{e_3}$$

$$\vec{V} = V_1(x)\vec{e_1} + V_2(x)\vec{e_2} + V_3(x)\vec{e_3}$$

都是标量变量 x 的向量函数，利用(1.4)式和(1.7)式证明：

(a) (1.14c)式  (b) (1.14d)式

1-5 若

$$\vec{V} = V_i\vec{e_i}, \quad i = 1,2,3$$

又

$$V_i = V_i(f_j), \quad j = 1,2,3$$

其中，

$$f_j = f_j(x_k), \quad k = 1,2$$

证明：

$$\frac{\partial \vec{V}}{\partial x_2} = \frac{\partial \vec{V}}{\partial f_1}\frac{\partial f_1}{\partial x_2} + \frac{\partial \vec{V}}{\partial f_2}\frac{\partial f_2}{\partial x_2} + \frac{\partial \vec{V}}{\partial f_3}\frac{\partial f_3}{\partial x_2}$$

1-6 设 $\phi = x + 2y + z - 1$ 为直角坐标系(x, y, z)中的一个平面. 若($x_1, y_1, z_1$)和($x_2, y_2, z_2$)为该平面上的两个点，其间隔所构成的向量 $\Delta \vec{s} = (x_1 - x_2)\vec{e_1} + (y_1 - y_2)\vec{e_2} + (z_1 - z_2)\vec{e_3}$. 证明：$\nabla \phi \cdot \Delta \vec{s} = 0$，或者说 $\phi$ 的梯度垂直于该平面.

1-7 用(1.18)式中的指标符号证明：

(a) $\nabla \times (\nabla \phi) = \vec{0}$  (b) $\nabla \cdot (\nabla \times \vec{V}) = 0$

1-8 下页表列出的是两个直角坐标系中轴间夹角的方向余弦. 设在 $x_i$ 系统中有一平面：

$$\sqrt{3}\,x_1 + 2\,x_2 + x_3 = 1,$$

求该平面在 $x_j'$ 系统中的表达式.

$$\partial_{ij}$$

| j \\ i | 1 | 2 | 3 |
|---|---|---|---|
| 1′ | $\sqrt{3}/2$ | $-1/2$ | 0 |
| 2′ | $1/2$ | $\sqrt{3}/2$ | 0 |
| 3′ | 0 | 0 | 1 |

(提示:用 $\alpha x_1' + \beta x_2' + \gamma x_3' = 1$,求 $\alpha,\beta,\gamma$)

1-9  设 $T_{ij}$ 为一个二阶张量,利用(1.40)式证明在坐标变换过程中张量的以下属性不变,

(a) 若 $T_{ij} = T_{ji}$,则 $T_{kl}' = T_{lk}'$

(b) 若 $T_{ij} = -T_{ji}$,则 $T_{kl}' = -T_{lk}'$

1-10  若 $T_{ij} = T_{ji}$,又 $S_{ij} = -S_{ji}$,证明二者缩并之后会导致 $T_{ij}S_{ij} = 0$.

1-11  若 $T_i = S_{ij}A_j$,其中 $T_i$ 和 $A_j$ 是两个向量的分量.证明 $S_{ij}$ 是一个二阶张量,或者说,$S_{kl}' = S_{ij}\partial_{ik}\partial_{jl}$.

(提示:见商法则的证明过程)

1-12  若 $V_j$ 是一向量分量,证明二阶张量 $S_{ik} = e_{ijk}V_j$ 是反对称的.

1-13  证明一个二阶张量 $T_{ij}$ 可以惟一地被分解为一个对称张量 $U_{ij} = U_{ji}$ 和一个反对称张量 $V_{ij} = -V_{ji}$ 之和.

1-14  证明一个二阶张量总可以表示为

$$T_{ij} = S_{ij} + \alpha\delta_{ij}$$

其中,若

$$\alpha = \frac{1}{3}\delta_{kl}T_{kl} = \frac{1}{3}T_{kk},$$

则 $\delta_{ij}S_{ij} = S_{ii} = 0$.

1-15  设 $T_{\alpha_1\alpha_2\cdots\alpha_m}$ 和 $S_{\alpha_1\alpha_2\cdots\alpha_m}$ 是两个张量,又 $T_{\alpha_1\alpha_2\cdots\alpha_m} = S_{\alpha_1\alpha_2\cdots\alpha_m}$ 是一个张量方程.如果这一方程在一个坐标系中成立,证明在经历任何坐标变换之后

该方程依然成立.

# 参 考 文 献

Chen W F and Saleeb A F.1982.Constitutive Equations for Engineering Materials—1:Elasticity and Modeling.New York:John Wiley & Sons,Inc

Cole R J.1974.Vector Methods.London:Van Nostrand Reinhold

Fung Y C.1965.Foundations of Solid Mechanics.Englewood Cliffs,N.J:Prentice-Hall,Inc

Sedov L I.1966.Foundations of the Nonlinear Mechanics of Continua(俄文版的英译本, Rebecca Schoenfeld-Reiner 译).Oxford:Pergamon Press

Segel L A.1977.Mathematics Applied to Continuum Mechanics.New York:Macmillan Publishing Co,Inc

# 第二章　微小变形下的应力张量和应变张量

　　本章将说明微小变形下应力张量和应变张量的定义;利用第一章中所叙述过的各项数学法则证明它们的张量属性;着重于推导和解释应力和应变的不变量.由于一点上的应力和应变总可以分解为一个偏量和一个平均量两部分的组合,由此而得到一些重要参量和概念,它们对于构造塑性理论是非常有用的.此外还介绍了许多塑性力学书中所提到的八面体应力和应变.为完备地设立力学问题,还需列出微小变形下的平衡方程和协调条件.

## 2.1　一点上的应力

　　为研究固体内部应力的作用,需要采用"隔离体法."如图 2.1 所示,从固体中某一点的周围分隔出一个基本(或微元)立方体.在直角坐标中,已显现的内部微元力 $\mathrm{d}\vec{T}$ 代表被切开的部分物体对 $o_1 o_2 o_3$ 面的作用.图 2.1(a)绘制了 $\mathrm{d}\vec{T}$ 的各项分力 $\mathrm{d}\vec{T_1}$, $\mathrm{d}\vec{T_2}$ 和 $\mathrm{d}\vec{T_3}$,分别平行于 $x_1$ $x_2$ 和 $x_3$ 各轴.

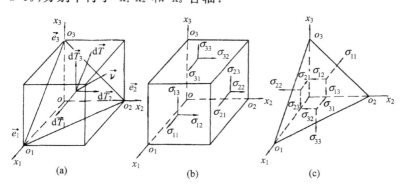

图 2.1　一点周围的应力和内部微元力的分解

设 $o_1 o_2 o_3$ 面的面积为 $dA$,该面的单位外法线为 $\vec{\nu}$.以向量形式表示这个面时则有

$$dA\,\vec{\nu} = dA_1\vec{e_1} + dA_2\vec{e_2} + dA_3\vec{e_3}$$

$$= dA_i\vec{e_i} \quad (i=1,2 \text{ 和 } 3) \tag{2.1}$$

这里的单位向量 $\vec{e_1}$, $\vec{e_2}$ 和 $\vec{e_3}$ 分别是 $oo_2 o_3$ , $oo_3 o_1$ 和 $oo_1 o_2$ 各面的单位内法线.这三个面的面积被相应地用 $dA_1$,$dA_2$ 和 $dA_3$ 表示.设 $\nu_i(i=1,2 \text{ 和 } 3)$ 代表 $\vec{\nu}$ 和 $\vec{e_i}$ 之间夹角的方向余弦,于是

$$dA_i = dA\,\nu_i \quad (i=1,2 \text{ 和 } 3) \tag{2.2}$$

为描述内力作用的强度,人们定义了一个物理量,叫作应力 $\vec{\sigma_\nu}$.按照图 2.1a 则有

$$\vec{\sigma_\nu} = d\vec{T}/dA \tag{2.3a}$$

它在 $x_1$, $x_2$ 和 $x_3$ 上的分量是

$$\sigma_{\nu i} = dT_i/dA \quad (i=1,2 \text{ 和 } 3) \tag{2.3b}$$

图 2.1(b) 和 2.1(c) 绘出的是作用于立方体周围的各应力分量.第一个下标代表所作用面的标记号,也就是平面法线的方向顺序.第二个下标取决于应力分量平行于哪个坐标轴,其方向按惯例规定为图 2.1(b) 和 2.1(c) 所注明的情况.

基于四面体 $oo_1 o_2 o_3$ 上所作用的力在 $x_1$ 方向的平衡,由 (2.3b) 式可得

$$dT_1 = \sigma_{\nu 1}dA = \sigma_{11}dA_1 + \sigma_{21}dA_2 + \sigma_{31}dA_3 \tag{2.4a}$$

将 (2.2) 式代入 (2.4a) 以后应有

$$\sigma_{\nu 1}dA = (\sigma_{11}\nu_1 + \sigma_{21}\nu_2 + \sigma_{31}\nu_3)dA \tag{2.4b}$$

从等式两边消去 $dA$,并依此类推在 $x_2$ 和 $x_3$ 方向上也分别重复以上的演算,最后得到

$$\sigma_{\nu 1} = \sigma_{11}\,\nu_1 + \sigma_{21}\,\nu_2 + \sigma_{31}\,\nu_3 \qquad (2.5a)$$

$$\sigma_{\nu 2} = \sigma_{12}\,\nu_1 + \sigma_{22}\,\nu_2 + \sigma_{32}\,\nu_3 \qquad (2.5b)$$

$$\sigma_{\nu 3} = \sigma_{13}\,\nu_1 + \sigma_{23}\,\nu_2 + \sigma_{33}\,\nu_3 \qquad (2.5c)$$

或简写为

$$\sigma_{\nu i} = \sigma_{ji}\,\nu_j \qquad (i, j = 1, 2 \text{ 和 } 3) \qquad (2.5d)$$

从以上的陈述可以明确地结论,为完备地描述在一点处的应力状态需要有九个分量,它们是

$$\sigma_{ij} = \begin{bmatrix} \sigma_{11} & \sigma_{21} & \sigma_{31} \\ \sigma_{12} & \sigma_{22} & \sigma_{32} \\ \sigma_{13} & \sigma_{23} & \sigma_{33} \end{bmatrix} \qquad (2.6)$$

具有重复标号的应力分量是法向应力而其他位于作用面内的则是剪应力.

这些分量合起来作为一个实体就叫做应力张量.从(2.4)式的推导过程就保证了它们的张量本性,因为

$$d\,T_i = \sigma_{ji}\,d\,A_j \qquad (2.7)$$

而 $d\,T_i$ 和 $d\,A_j$ 都是向量即一阶张量,按照(1.46)式所表示的商法则,$\sigma_{ji}$ 必然是一个二阶张量并具有服从变换法则((1.40)式)的属性.考虑到图 2.1b 中立方体上的力矩平衡,可以很容易地证明

$$\sigma_{12} = \sigma_{21}, \ \sigma_{13} = \sigma_{31}, \ \sigma_{23} = \sigma_{32} \qquad (2.8)$$

所以,相对两个下标 i 和 j,$\sigma_{ij}$ 是一个对称张量.由此在(2.6)式中独立应力分量个数就由九减为六.

下面将更详细地讨论一点上应力的特性及其分解.

### 2.1.1 主应力

如果围绕图 2.1a 中的 o 点转动所截取平面 $o_1\,o_2\,o_3$,那么总可

以找到一个方向使总合应力 $\vec{\sigma}$ 平行于平面的单位向量 $\vec{\nu}$,即

$$\vec{\sigma} = \sigma \vec{\nu} \qquad (2.9)$$

在这种情况下,平面上没有剪应力而只有主应力向量 $\vec{\sigma}$,相应的模值 $\sigma$ 就叫做主应力.与此相关的平面就是主平面,其法线则称作主轴(或主方向).

以单位向量 $\vec{e}_i$($i=1,2,3$)为基准时,主应力向量可以写成

$$\vec{\sigma} = \sigma \nu_1 \vec{e}_1 + \sigma \nu_2 \vec{e}_2 + \sigma \nu_3 \vec{e}_3 = \sigma \nu_i \vec{e}_i \qquad (2.10)$$

其中的 $\sigma \nu_1$, $\sigma \nu_2$ 和 $\sigma \nu_3$ 分别是主应力在 $x_1$, $x_2$ 和 $x_3$ 轴上的投影. 将它们代入(2.5)各式以后则导出

$$(\sigma_{11} - \sigma) \nu_1 + \sigma_{21} \nu_2 + \sigma_{31} \nu_3 = 0$$

$$\sigma_{12} \nu_1 + (\sigma_{22} - \sigma) \nu_2 + \sigma_{32} \nu_3 = 0 \qquad (2.11)$$

$$\sigma_{13} \nu_1 + \sigma_{23} \nu_2 + (\sigma_{33} - \sigma) \nu_3 = 0$$

已知(2.6)中各项应力分量之后,(2.11)中三个齐次方程可构成一个本征问题以求解主轴方向和主应力.只有当(2.11)中系数所组成的行列式为零时才会有非零解,也就是说

$$\begin{vmatrix} (\sigma_{11} - \sigma) & \sigma_{21} & \sigma_{31} \\ \sigma_{12} & (\sigma_{22} - \sigma) & \sigma_{32} \\ \sigma_{13} & \sigma_{23} & (\sigma_{33} - \sigma) \end{vmatrix} = 0 \qquad (2.12a)$$

或

$$| \sigma_{ij} - \sigma \delta_{ij} | = 0 \qquad (2.12b)$$

通常情况下,(2.12)式包含有三个根值 $\sigma_1$, $\sigma_2$ 和 $\sigma_3$.将每一个根值回代入(2.11),再利用几何条件

$$\nu_1^2 + \nu_2^2 + \nu_3^2 = 1 \quad \text{或} \quad \nu_i \nu_i = 1 \qquad (2.13)$$

就能确定相应于每个根值的主轴方向($\nu_1$, $\nu_2$, $\nu_3$).按照三个主应力值的大小顺序,分别称作**最大主应力** $\sigma_1$,**中间主应力** $\sigma_2$ 和**最小主应力** $\sigma_3$.

如果三个主应力值各不相同,那么它们的方向是互相垂直的.证明如下:

设三个主轴(i)=1,2 和 3 的取向为

$$\vec{\nu}^{(i)} = \nu_j^{(i)} \vec{e}_j \quad (j = 1, 2, 3) \tag{2.14}$$

这里的 $\nu_j^{(i)}$ 是 $\vec{\nu}^{(i)}$ 与 $\vec{e}_j$ 之间夹角的方向余弦.对于任意两个主应力,例如 $\sigma_1$ 和 $\sigma_2$,可以从(2.5d)和(2.10)得出(参见 Chen 和 Saleeb(1982))

$$\sigma_1 \nu_i^{(1)} = \sigma_{ji} \nu_j^{(1)} \tag{2.15a}$$

$$\sigma_2 \nu_i^{(2)} = \sigma_{ji} \nu_j^{(2)} \tag{2.15b}$$

对(2.15a)和(2.15b)分别乘以 $\nu_i^{(2)}$ 和 $\nu_i^{(1)}$,于是

$$\sigma_1 \nu_i^{(1)} \nu_i^{(2)} - \sigma_2 \nu_i^{(2)} \nu_i^{(1)} = \sigma_{ji} \nu_j^{(1)} \nu_i^{(2)} - \sigma_{ji} \nu_j^{(2)} \nu_i^{(1)} \tag{2.16}$$

既然 $\sigma_{ij} = \sigma_{ji}$ 又 i, j 都是哑指标,于是

$$\sigma_{ji} \nu_j^{(1)} \nu_i^{(2)} = \sigma_{ij} \nu_j^{(2)} \nu_i^{(1)} = \sigma_{ji} \nu_j^{(2)} \nu_i^{(1)}$$

将此结果代回到(2.16)的右端部分就会得到

$$(\sigma_1 - \sigma_2) \nu_i^{(1)} \nu_i^{(2)} = 0 \tag{2.17}$$

若 $\sigma_1 \neq \sigma_2$ 就意味着

$$\nu_i^{(1)} \nu_i^{(2)} = 0 \tag{2.18}$$

这表明 $\vec{\nu}^{(1)}$ 和 $\vec{\nu}^{(2)}$ 是相互垂直的.类似地也可证明 $\vec{\nu}^{(1)}$ 正交于 $\vec{\nu}^{(3)}$,$\vec{\nu}^{(2)}$ 正交于 $\vec{\nu}^{(3)}$.

很显然,如果有两个主应力值相等,那么只有那个与它们不同的主应力才有确定的方向,其余两个则处于垂直于该主轴的一个

平面内的任意方向.若三个主应力均相等,例如全压(球应力)状态,就不再有任何惟一确定的方向.

### 2.1.2 应力不变量

在前一节中为求解根值 $\sigma_1$, $\sigma_2$ 和 $\sigma_3$ 而用的特征方程(2.12a)可以表示为一个三次方程

$$\sigma^3 - I_1 \sigma^2 + I_2 \sigma - I_3 = 0 \tag{2.19}$$

其中,

$$I_1 = \sigma_{11} + \sigma_{22} + \sigma_{33} = \sigma_{ii}$$

$$I_2 = \sigma_{11}\sigma_{22} + \sigma_{22}\sigma_{33} + \sigma_{33}\sigma_{11} - \sigma_{12}\sigma_{21} - \sigma_{23}\sigma_{32} - \sigma_{31}\sigma_{13}$$

$$= \frac{1}{2}\big[(\sigma_{11} + \sigma_{22} + \sigma_{33})^2 - \sigma_{11}^2 - \sigma_{22}^2 - \sigma_{33}^2 - 2\sigma_{12}\sigma_{21}$$

$$- 2\sigma_{23}\sigma_{32} - 2\sigma_{31}\sigma_{13}\big] = \frac{1}{2}(\sigma_{ii}^2 - \sigma_{ij}\sigma_{ji}) \tag{2.20}$$

$$I_3 = \begin{vmatrix} \sigma_{11} & \sigma_{21} & \sigma_{31} \\ \sigma_{12} & \sigma_{22} & \sigma_{32} \\ \sigma_{13} & \sigma_{23} & \sigma_{33} \end{vmatrix} = \det[\sigma_{ij}] = |\sigma_{ij}|$$

$$= \frac{1}{6}\big[\sigma_{ii}\sigma_{jj}\sigma_{kk} - 3\sigma_{ii}\sigma_{jk}\sigma_{kj} + 2\sigma_{ij}\sigma_{jk}\sigma_{ki}\big]$$

用主应力表示时则有

$$I_1 = \sigma_1 + \sigma_2 + \sigma_3$$

$$I_2 = \sigma_1\sigma_2 + \sigma_2\sigma_3 + \sigma_3\sigma_1 \tag{2.21}$$

$$I_3 = \sigma_1\sigma_2\sigma_3$$

主应力应是客观的并具有可确定性,由此 $I_1$, $I_2$ 和 $I_3$ 就统称为应力不变量,因为它们都不受坐标变换的影响. $I_1$, $I_2$ 和 $I_3$ 的

不变性也可通过它们的标量本质得以保证,因为(2.20)各式都是被缩并为零阶的张量.这一特点在本构描述中是很有价值的,因为材料行为在客观上是不取决于坐标的选择.

### 2.1.3 偏应力不变量

在一点处的应力通常可分解为一个平均(或球)应力和称作偏应力的部分.平均应力的表达式是

$$\sigma_m = \frac{1}{3} I_1 = \frac{1}{3}(\sigma_{11} + \sigma_{22} + \sigma_{33}) = \frac{1}{3}\sigma_{kk} \qquad (2.22)$$

这是一个标量或称零阶张量,在全压情况下 $\sigma_m = \sigma_1 = \sigma_2 = \sigma_3$. 于是,对于偏应力就自然应该定义为

$$S_{ij} = \sigma_{ij} - \delta_{ij}\sigma_m = \sigma_{ij} - \frac{1}{3}\delta_{ij}\sigma_{kk} \qquad (2.23)$$

这样就赋予 $S_{ij}$ 一个二阶对称张量的属性(见(1.42)式).

更具体地可以写出,

$$
[S_{ij}] = \begin{bmatrix} (\sigma_{11} - \sigma_m) & \sigma_{21} & \sigma_{31} \\ \sigma_{12} & (\sigma_{22} - \sigma_m) & \sigma_{32} \\ \sigma_{13} & \sigma_{23} & (\sigma_{33} - \sigma_m) \end{bmatrix}
$$

$$
= \begin{bmatrix} S_{11} & S_{21} & S_{31} \\ S_{12} & S_{22} & S_{32} \\ S_{13} & S_{23} & S_{33} \end{bmatrix} \qquad (2.24)
$$

以主应力表示应力状态时则有

$$
[S_{ij}] = \begin{bmatrix} \sigma_1 - \sigma_m & 0 & 0 \\ 0 & \sigma_2 - \sigma_m & 0 \\ 0 & 0 & \sigma_3 - \sigma_m \end{bmatrix} = \begin{bmatrix} S_1 & 0 & 0 \\ 0 & S_2 & 0 \\ 0 & 0 & S_3 \end{bmatrix}
$$

$$(2.25)$$

$S_i$（$i = 1,2,3$）称为主偏应力.确定这些应力所需用到的程序与前面 2.1.1 中所述相同.由(2.23)和(2.25)可见

$$\sigma_{ij} - \sigma\delta_{ij} = S_{ij} + \sigma_m\delta_{ij} - (S + \sigma_m)\delta_{ij} = S_{ij} - S\delta_{ij} \quad (2.26)$$

于是,仿照原(2.12b),这里应改写为

$$|S_{ij} - S\delta_{ij}| = 0 \quad\quad (2.27)$$

这个行列式中的各项系数与原(2.12b)的完全相同.由此表明,主应力 $\sigma_i$ 和主偏应力 $S_i$（$i = 1,2,3$）具有共同的主平面.实际上也就是说,在已知应力状态上附加任意球应力(正或负的)时不会改变主轴方向.

由此,可以用相应的偏应力替换(2.19)式中的各项应力.最后得到为确定主偏应力而需用到的特征方程

$$S^3 - J_1 S^2 - J_2 S - J_3 = 0 \quad\quad (2.28)$$

其中,

$$J_1 = S_{11} + S_{22} + S_{33} = S_1 + S_2 + S_3 = S_{ii} = 0$$

$$J_2 = -S_{11}S_{22} - S_{22}S_{33} - S_{33}S_{11} + S_{12}S_{21} + S_{23}S_{32} + S_{31}S_{13}$$

$$= -S_1 S_2 - S_2 S_3 - S_3 S_1 = \frac{1}{2}(S_1^2 + S_2^2 + S_3^2)$$

$$= \frac{1}{6}\left[(\sigma_{11} - \sigma_{22})^2 + (\sigma_{22} - \sigma_{33})^2 + (\sigma_{33} - \sigma_{11})^2\right] + \sigma_{12}^2 + \sigma_{23}^2 + \sigma_{31}^2$$

$$= \frac{1}{6}\left[(\sigma_1 - \sigma_2)^2 + (\sigma_2 - \sigma_3)^2 + (\sigma_3 - \sigma_1)^2\right]$$

$$= \frac{1}{2}S_{ij}S_{ji} \quad\quad (2.29)$$

$$J_3 = \begin{vmatrix} S_{11} & S_{21} & S_{31} \\ S_{12} & S_{22} & S_{32} \\ S_{13} & S_{23} & S_{33} \end{vmatrix} = \det[S_{ij}] = |S_{ij}| = S_1 S_2 S_3$$

$$= \frac{1}{3} S_{ij} S_{jk} S_{ki}$$

$J_1, J_2$ 和 $J_3$ 都是偏应力不变量。其中,第二偏应力不变量 $J_2$ 在塑性力学中会有特别重要的作用。基于 $J_2$ 可以定义一个标量

$$\sigma_e = \sqrt{\frac{3}{2} S_{ij} S_{ji}} = \sqrt{3J_2} \qquad (2.30)$$

称为等效应力,在单向受力情况下
$\sigma_e = \sigma_1$ .

### 2.1.4 八面体应力

设 $\vec{\nu}$ 为某一平面的单位外法线向量,该面上作用有应力 $\vec{\sigma}_\nu$ .图 2.2 展现了这个应力在法向和切向的分量 $\vec{\sigma}_n$ 和 $\vec{\sigma}_t$ .

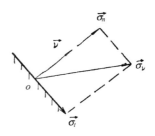

图 2.2 围绕 o 点截取平面(其单位法线向量为 $\vec{\nu}$)时面上的应力情况

利用(2.5)式可以得到

$$\sigma_n = \vec{\sigma}_\nu \cdot \vec{\nu} = \sigma_{\nu i} \nu_i = \sigma_{ji} \nu_i \nu_j \qquad (2.31a)$$

又

$$\sigma_t = \sqrt{\vec{\sigma}_\nu^2 - \vec{\sigma}_n^2} = \sqrt{\sigma_{ji} \sigma_{ki} \nu_j \nu_k - (\sigma_{ji} \nu_i \nu_j)^2} \qquad (2.31b)$$

如将坐标轴取在主轴方向又以主应力表示 $\sigma_n$ 和 $\sigma_t$,则有

$$\sigma_n = \sigma_1 \nu_1^2 + \sigma_2 \nu_2^2 + \sigma_3 \nu_3^2 \qquad (2.31c)$$

$$\sigma_t = \sqrt{\sigma_1^2 \nu_1^2 + \sigma_2^2 \nu_2^2 + \sigma_3^2 \nu_3^2 - (\sigma_1 \nu_1^2 + \sigma_2 \nu_2^2 + \sigma_3 \nu_3^2)^2}$$

$$(2.31d)$$

除此之外,如图 2.3 所示,令截面的单位法线向量 $\vec{\nu}$ 与各主轴之间的倾角均相等以使截距 $oo_1 = oo_2 = oo_3$ 或 $o_1 o_2 = o_2 o_3 = o_3 o_1$ .在这种情况下

$$v_1 = v_2 = v_3 = \frac{1}{\sqrt{3}} \qquad (2.32)$$

类似地,可以找到八个这类平面并构成图 2.3 中所示的八面体.八面体面上的法向应力可由(2.31a)和(2.32)两式确定为

$$\sigma_{oct} = \sigma_n = \sigma_1 \left[ \frac{1}{\sqrt{3}} \right]^2 + \sigma_2 \left[ \frac{1}{\sqrt{3}} \right]^2 + \sigma_3 \left[ \frac{1}{\sqrt{3}} \right]^2$$

$$= \frac{1}{3}(\sigma_1 + \sigma_2 + \sigma_3) = \sigma_m \qquad (2.33)$$

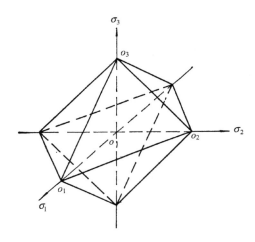

图 2.3　八面体

通过(2.31b)式又可以获得八面体面上的剪应力

$$\tau_{oct} = \sigma_t = \sqrt{\sigma_v^2 - \sigma_n^2} \qquad (2.34)$$

由于

$$(\sigma_v)^2 = (\sigma_{v1})^2 + (\sigma_{v2})^2 + (\sigma_{v3})^2 = \left[ \sigma_1 \frac{1}{\sqrt{3}} \right]^2 + \left[ \sigma_2 \frac{1}{\sqrt{3}} \right]^2$$

$$+\left(\sigma_3\frac{1}{\sqrt{3}}\right)^2=\frac{1}{3}(\sigma_1^2+\sigma_2^2+\sigma_3^2)\qquad(2.35)$$

联立求解(2.33),(2.34)和(2.35)可以导出

$$\tau_{oct}=\frac{1}{3}\left[(\sigma_1-\sigma_2)^2+(\sigma_2-\sigma_3)^2+(\sigma_3-\sigma_1)^2\right]^{1/2}$$

$$=\sqrt{\frac{2}{3}J_2}=\frac{\sqrt{2}}{3}\sigma_e\qquad(2.36)$$

在一些参考书中常常引用 $\sigma_{oct}$ 和 $\tau_{oct}$ 并称之为八面体应力.

## 2.2 一点上的应变

连续物体中任何两点间的相对位置若出现变化则意味着变形.换句话说,如果在连续介质中没有任何相对位移那么该物体就是处于刚性状态.一个刚性物体只允许有整体的平移或者也包括转动.所以,一点处的应变体现了在一点周围的相对位移情况.它纯属几何上的描述.

设一连续介质所经历的变形如图 2.4 所示.变形前后的位置向量分别是

$$\vec{S}_0=a_i\vec{e}_i,\ \vec{S}=x_i\vec{e}_i\qquad(2.37)$$

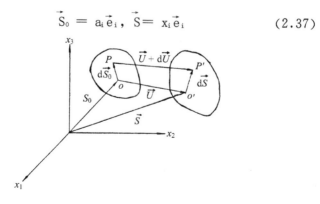

图 2.4 连续介质中的变形

其中 $a_i$ 和 $x_i$ 分别代表位置向量 $\vec{S_0}$ 和 $\vec{S}$ 的分量.由于

$$\vec{S} = \vec{S_0} + \vec{U} \qquad (2.38)$$

其中,$\vec{U} = U_i \vec{e}_i$,所以

$$x_i = a_i + U_i \qquad (2.39)$$

变形前两点 $oP$ 之间的线元 $dS_0$ 在变形后改为 $o'P'$ 的 $dS$.按照(2.37)式,

$$dS_0^2 = d\vec{S_0} \cdot d\vec{S_0} = (da_i \vec{e}_i) \cdot (da_j \vec{e}_j) = \delta_{ij} da_i da_j = da_i da_i \qquad (2.40)$$

和

$$dS^2 = d\vec{S} \cdot d\vec{S} = (dx_i \vec{e}_i) \cdot (dx_j \vec{e}_j) = \delta_{ij} dx_i dx_j = dx_i dx_i$$

为描述 $o$ 点邻域内的相对位移,可以采用

$$dS^2 - dS_0^2 = dx_i dx_i - da_i da_i$$

$$= \left[ \delta_{kl} \frac{\partial x_k}{\partial a_i} \frac{\partial x_l}{\partial a_j} - \delta_{ij} \right] da_i da_j \qquad (2.41)$$

很显然,(2.41)式中的括弧内所包含的项代表 $o$ 点邻域内的相对位移也就体现着一点处的应变.若定义

$$dS^2 - dS_0^2 = 2\varepsilon_{ij} da_i da_j \qquad (2.42)$$

其中,$\varepsilon_{ij}$ 就称作直角坐标系中的二阶应变张量,由于 $da_i$ 和 $da_j$ 可互易位置,所以 $\varepsilon_{ij}$ 的分量是对称的.比较(2.41)和(2.42)可见

$$\varepsilon_{ij} = \frac{1}{2} \left[ \delta_{kl} \frac{\partial x_k}{\partial a_i} \frac{\partial x_l}{\partial a_j} - \delta_{ij} \right] \qquad (2.43)$$

为证明 $\varepsilon_{ij}$ 的张量性质需要变换坐标,此时 $dS^2 - dS_0^2$ 应保持恒定.变换后的形式是

$$dS^2 - dS_0^2 = 2\varepsilon'_{ij}\,da'_i\,da'_j \qquad (2.44)$$

按照(1.27a)式所确定的变换关系,

$$da_i = da'_k \partial_{ik} \qquad 又 \qquad \partial_{ik} = \cos(a'_k, a_i)$$

于是

$$\varepsilon'_{ij}\,da'_i\,da'_j = \varepsilon_{ij}\,da_i\,da_j = \varepsilon_{ij}\partial_{ik}\partial_{jl}\,da'_k\,da'_l$$

$$= \varepsilon_{kl}\partial_{ki}\partial_{lj}\,da'_i\,da'_j$$

或者

$$(\varepsilon'_{ij} - \varepsilon_{kl}\partial_{ki}\partial_{lj})\,da'_i\,da'_j = 0$$

为使其得到满足,只能是当

$$\varepsilon'_{ij} = \varepsilon_{kl}\partial_{ki}\partial_{lj} \qquad (2.45)$$

这是符号(1.40)变换法则的,从而证实了 $\varepsilon_{ij}$ 的张量属性.

通过(2.39)可以导出(2.43)中的偏导数项

$$\frac{\partial x_k}{\partial a_i} = \frac{\partial a_k}{\partial a_i} + \frac{\partial U_k}{\partial a_i} = \delta_{ki} + U_{k,i} \qquad (2.46)$$

将(2.46)代入(2.43)并在微小变形下略去二阶小量之后可以导出

$$\varepsilon_{ij} = \frac{1}{2}(U_{i,j} + U_{j,i}) \qquad (2.47)$$

从而建立起应变张量的各分量与微小位移的偏导数之间的关系式.

类似于应力分析中的情况,为充分说明一点处的应变需要有九个分量,它们是

$$\varepsilon_{ij} = \begin{bmatrix} \varepsilon_{11} & \varepsilon_{21} & \varepsilon_{31} \\ \varepsilon_{12} & \varepsilon_{22} & \varepsilon_{32} \\ \varepsilon_{13} & \varepsilon_{23} & \varepsilon_{33} \end{bmatrix} \qquad (2.48)$$

具有重复下标的三个应变称作法向应变,其他六个是剪应变.由于 $\varepsilon_{ij}$ 所具有的对称性,因此剪应变中只有三个是独立的.

按照(2.47)式,应变-位移关系可以具体地写作

$$\varepsilon_{11} = \frac{1}{2}\left[\frac{\partial U_1}{\partial a_1} + \frac{\partial U_1}{\partial a_1}\right] = \frac{\partial U_1}{\partial a_1}$$

$$\varepsilon_{22} = \frac{1}{2}\left[\frac{\partial U_2}{\partial a_2} + \frac{\partial U_2}{\partial a_2}\right] = \frac{\partial U_2}{\partial a_2}$$

$$\varepsilon_{33} = \frac{1}{2}\left[\frac{\partial U_3}{\partial a_3} + \frac{\partial U_3}{\partial a_3}\right] = \frac{\partial U_3}{\partial a_3}$$

$$\varepsilon_{12} = \varepsilon_{21} = \frac{1}{2}\left[\frac{\partial U_1}{\partial a_2} + \frac{\partial U_2}{\partial a_1}\right]$$

$$\varepsilon_{23} = \varepsilon_{32} = \frac{1}{2}\left[\frac{\partial U_2}{\partial a_3} + \frac{\partial U_3}{\partial a_2}\right]$$

$$\varepsilon_{31} = \varepsilon_{13} = \frac{1}{2}\left[\frac{\partial U_3}{\partial a_1} + \frac{\partial U_1}{\partial a_3}\right]$$

(2.49)

(2.49)中所陈列的微小应变表达式的几何意义是明确的.例如,法向应变 $\varepsilon_{11}$ 是指 $\delta a_1$ 线元长度上相对位移 $\delta U_1$. $\delta U_1$ 和 $\delta a_1$ 分别是 $d\vec{U}$ 和 $d\vec{S_0}$ 在 $x_1$ 轴上的分量.剪应变 $\varepsilon_{12}$ 或 $\varepsilon_{21}$ 则代表 $x_1 o x_2$ 平面内角度变化总合的一半,即

$$\frac{1}{2}(\delta U_1/\delta a_2 + \delta U_2/\delta a_1)$$

等等.

设

$$U_{i,j} = \frac{1}{2}(U_{i,j} + U_{j,i}) + \frac{1}{2}(U_{i,j} - U_{j,i}) \qquad (2.50)$$

或

$$U_{i,j} = \varepsilon_{ij} + \Omega_{ji}$$

其中, $\varepsilon_{ij}$ 是对称应变张量而

$$\Omega_{ij} = \frac{1}{2}( U_{j,i} - U_{i,j}) = -\Omega_{ji} \qquad (2.51)$$

则称作转动张量是反对称的.

引入转动张量的意义可见下面的说明.在线元内如没有相对变化时则意味着

$$dS^2 - dS_0^2 = 0 \quad 或 \quad \varepsilon_{ij} = 0$$

于是就仅有刚体位移.(2.50)式中的转动张量就恰好是代表在微小变形下的刚体运动,而应变张量是由纯变形所形成.

### 2.2.1 主应变

在一点处的应力分析中曾找到三个无剪应力的主平面.类似地,对于应变也会有无剪应变的主平面.这种平面的法线不随变形而变化即称作主轴(或主方向).主平面上所作用的法向应变就是主应变.

若围绕一点旋转图 2.4 中的线元 $d\vec{S_0}$ 并使其最终成为主平

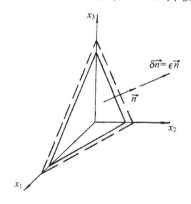

图 2.5 分别用实线和虚线所表示的变形
前后主平面上的应变

面的单位法线向量 $\vec{n}$(见图 2.5).于是

$$d\vec{S}_0 = \vec{n} = n_i \vec{e}_i \qquad (2.52a)$$

其中,$n_i$ 是单位法线的方向余弦.既然它是从属于主轴的,在其方向上变形后的线元就成为

$$d\vec{S} = \vec{n} + \delta\vec{n} = (n_i + \delta n_i)\vec{e}_i \qquad (2.52b)$$

将(2.52a)和(2.52b)代入(2.42)式的左端并在微小变形情况下略去二阶小项,可以得到

$$dS^2 - dS_0^2 = (\vec{n} + \delta\vec{n}) \cdot (\vec{n} + \delta\vec{n}) - \vec{n} \cdot \vec{n} \approx 2\vec{n} \cdot \delta\vec{n}$$
$$= 2\delta_{ij}n_i\delta n_j$$

从(2.49)中法向应变的表达式可见

$$\delta n_j = \varepsilon n_j \quad \text{或} \quad \delta\vec{n} = \varepsilon\vec{n} \qquad (2.53)$$

其中 $\varepsilon$ 是主应变,$\delta\vec{n}$ 代表主应变向量.所以

$$dS^2 - dS_0^2 = 2\varepsilon\delta_{ij}n_i n_j \qquad (2.54a)$$

用一点处应变张量的九个分量表示时,(2.42)的右端项成为

$$2\varepsilon_{ij}d a_i d a_j = 2\varepsilon_{ij}n_i n_j \qquad (2.54b)$$

联立(2.54a)和(2.54b)后则有

$$\varepsilon_{ij}n_i n_j = \varepsilon\delta_{ij}n_i n_j$$

或

$$(\varepsilon_{ij} - \varepsilon\delta_{ij})n_i n_j = 0 \qquad (2.55a)$$

既然应变情况是任意的,由(2.55a)式应能导出三个齐次方程

$$(\varepsilon_{ij} - \varepsilon\delta_{ij})n_i = 0 \qquad (2.55b)$$

其中 $j = 1, 2$ 和 $3$.为能通过(2.55b)式求出非零解,只有让

$$\mid \varepsilon_{ij} - \varepsilon\delta_{ij} \mid = 0 \qquad (2.55c)$$

或

$$\begin{vmatrix} \varepsilon_{11} - \varepsilon & \varepsilon_{21} & \varepsilon_{31} \\ \varepsilon_{12} & \varepsilon_{22} - \varepsilon & \varepsilon_{32} \\ \varepsilon_{13} & \varepsilon_{23} & \varepsilon_{33} - \varepsilon \end{vmatrix} = 0 \qquad (2.55d)$$

(2.55)中各式的形式与主应力的(2.12)相同.这里也有三个实根 $\varepsilon_1$，$\varepsilon_2$ 和 $\varepsilon_3$ 对应着三个主应变.将每个实根代回(2.55b)并利用几何等式

$$n_i n_i = 1$$

就能确定各个相应主轴 $((i)=1,2,3)$ 的投影分量 $(n_1^{(i)}, n_2^{(i)}, n_3^{(i)})$，这一作法与求主应力方向时是一样的.按照同样的办法也可证明，三个应变主轴是互相垂直的，只要三个根值是不同的.既然这些轴之间不存在剪应变，那么变形后它们保持为彼此正交.

## 2.2.2 应变不变量

由(2.55d)式可以导出一个特征方程，其形式与(2.19)相同，即

$$\varepsilon^3 - I_1' \varepsilon^2 + I_2' \varepsilon - I_3' = 0 \qquad (2.56)$$

(2.56)式中的应变不变量在形式上与(2.20)中的完全相同，只要用应变替换应力即可.它们是

$$I_1' = \varepsilon_{11} + \varepsilon_{22} + \varepsilon_{33} = \varepsilon_{ii}$$

$$I_2' = \varepsilon_{11}\varepsilon_{22} + \varepsilon_{22}\varepsilon_{33} + \varepsilon_{33}\varepsilon_{11} - \varepsilon_{12}\varepsilon_{21} - \varepsilon_{23}\varepsilon_{32} - \varepsilon_{31}\varepsilon_{13}$$

$$= \frac{1}{2}\big[(\varepsilon_{11} + \varepsilon_{22} + \varepsilon_{33})^2 - \varepsilon_{11}^2 - \varepsilon_{22}^2 - \varepsilon_{33}^2$$

$$- 2\varepsilon_{12}\varepsilon_{21} - 2\varepsilon_{23}\varepsilon_{32} - 2\varepsilon_{31}\varepsilon_{13}\big]$$

$$= \frac{1}{2}(\varepsilon_{ii}^2 - \varepsilon_{ij}\varepsilon_{ji}) \tag{2.57}$$

$$I_3' = \begin{vmatrix} \varepsilon_{11} & \varepsilon_{21} & \varepsilon_{31} \\ \varepsilon_{12} & \varepsilon_{22} & \varepsilon_{32} \\ \varepsilon_{13} & \varepsilon_{23} & \varepsilon_{33} \end{vmatrix} = \det[\varepsilon_{ij}] = |\varepsilon_{ij}|$$

$$= \frac{1}{6}[\varepsilon_{ii}\varepsilon_{jj}\varepsilon_{kk} - 3\varepsilon_{ii}\varepsilon_{jk}\varepsilon_{kj} + 2\varepsilon_{ij}\varepsilon_{jk}\varepsilon_{ki}]$$

(2.57)中的各项表达式表明,它们都具有标量的属性,都是不受坐标变换影响的不变量.如以主应变表示它们时,则有

$$I_1' = \varepsilon_1 + \varepsilon_2 + \varepsilon_3$$

$$I_2' = \varepsilon_1\varepsilon_2 + \varepsilon_2\varepsilon_3 + \varepsilon_3\varepsilon_1 \tag{2.58}$$

$$I_3' = \varepsilon_1\varepsilon_2\varepsilon_3$$

### 2.2.3 偏应变不变量

一点处应变也可以分解为两部分.作为一个标量,平均应变的定义式是

$$\varepsilon_m = \frac{1}{3}I_1' = \frac{1}{3}(\varepsilon_1 + \varepsilon_2 + \varepsilon_3) = \frac{1}{3}\varepsilon_{kk} \tag{2.59}$$

于是,偏应变就应该是一个二阶对称张量,即

$$e_{ij} = \varepsilon_{ij} - \delta_{ij}\varepsilon_m = \varepsilon_{ij} - \frac{1}{3}\delta_{ij}\varepsilon_{kk} \tag{2.60}$$

作为一个实体,这个张量共有九个分量

$$[e_{ij}] = \begin{bmatrix} (\varepsilon_{11} - \varepsilon_m) & \varepsilon_{21} & \varepsilon_{31} \\ \varepsilon_{12} & (\varepsilon_{22} - \varepsilon_m) & \varepsilon_{32} \\ \varepsilon_{13} & \varepsilon_{23} & (\varepsilon_{33} - \varepsilon_m) \end{bmatrix}$$

$$= \begin{bmatrix} e_{11} & e_{21} & e_{31} \\ e_{12} & e_{22} & e_{32} \\ e_{13} & e_{23} & e_{33} \end{bmatrix} \qquad (2.61)$$

如以主应变表示时,(2.61)可简化为

$$[e_{ij}] = \begin{bmatrix} \varepsilon_1 - \varepsilon_m & 0 & 0 \\ 0 & \varepsilon_2 - \varepsilon_m & 0 \\ 0 & 0 & \varepsilon_3 - \varepsilon_m \end{bmatrix} = \begin{bmatrix} e_1 & 0 & 0 \\ 0 & e_2 & 0 \\ 0 & 0 & e_3 \end{bmatrix}$$

$$(2.62)$$

其中的 $e_1$, $e_2$ 和 $e_3$ 就称作主偏应变.

为求解主偏应变,需要利用方程

$$e^3 - J_1' e^2 - J_2' e - J_3' = 0 \qquad (2.63)$$

其中

$$J_1' = e_{11} + e_{22} + e_{33} = e_1 + e_2 + e_3 = e_{ii} = 0$$

$$J_2' = - e_{11} e_{22} - e_{22} e_{33} - e_{33} e_{11} + e_{12} e_{21} + e_{23} e_{32} + e_{31} e_{13}$$

$$= - e_1 e_2 - e_2 e_3 - e_3 e_1 = \frac{1}{2}(e_1^2 + e_2^2 + e_3^2)$$

$$= \frac{1}{6}[(e_{11} - e_{22})^2 + (e_{22} - e_{33})^2 + (e_{33} - e_{11})^2] + e_{12}^2 + e_{23}^2 + e_{31}^2$$

$$= \frac{1}{6}[(e_1 - e_2)^2 + (e_2 - e_3)^2 + (e_3 - e_1)^2]$$

$$= \frac{1}{2} e_{ij} e_{ji}$$

$$J_3' = \begin{vmatrix} e_{11} & e_{21} & e_{31} \\ e_{12} & e_{22} & e_{32} \\ e_{13} & e_{23} & e_{33} \end{vmatrix} = \det[\,e_{ij}\,] = |\,e_{ij}\,| = e_1 e_2 e_3$$

$$= \frac{1}{3} e_{ij} e_{jk} e_{ki} \tag{2.64}$$

### 2.2.4 八面体应变

一旦知道了一点处应变张量的九个分量以后,其全部应变状态就已明确.于是,围绕该点转动的任何线元方向法向应变及垂直于该线元的平面上剪应变都是可确定的.

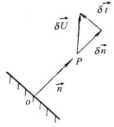

图 2.6 围绕 o 点截取平面(其单位法线向量为 $\vec{n}$)时面上的应变情况

图 2.6 绘出的是以线元 $d\vec{S}_0 = o\vec{P}$ 为其单位法线 $\vec{n}$ 的平面.该线元的相对位移可以用一个向量 $\delta\vec{U}$ 表示,所以变形后的线元 $d\vec{S} = \vec{n} + \delta\vec{U}$,其中 $\delta\vec{U}$ 即称作相对位移向量.

为量测微小应变可以写出

$$d\vec{S}^2 - d\vec{S}_0^2 = (\vec{n} + \delta\vec{U}) \cdot (\vec{n} + \delta\vec{U}) - \vec{n} \cdot \vec{n} \approx 2\vec{n} \cdot \delta\vec{U} \tag{2.65}$$

将 $\delta\vec{U}$ 分解为两部分,也就是说

$$\delta\vec{U} = \delta\vec{n} + \delta\vec{t} \tag{2.66}$$

其中,$\delta\vec{n}$ 与 $\vec{n}$ 的方向相同而 $\delta\vec{t}$ 则是垂直于该方向的.既然 $\vec{n}$ 是一个单位向量,平面上的法向应变和剪应变分别可以表示为

$$\varepsilon_n = \frac{\delta n}{n} = \delta n \ , \ \varepsilon_t = \frac{\delta t}{n} = \delta t \tag{2.67}$$

在直角坐标系中,沿着三个应变主轴($i=1,2$ 和 3)方向上,$\delta\vec{U}$ 和 $\vec{n}$ 又可写成

$$\delta\vec{U} = \delta U_i \vec{e}_i, \quad \vec{n} = n_i \vec{e}_i \qquad (2.68)$$

其中,$\vec{e}_i$ 是沿着各主轴方向的单位向量,$\delta U_i$ 是相对位移向量的分量又 $n_i$ 代表单位法线的方向余弦.这样,

$$\delta U^2 = \delta\vec{U} \cdot \delta\vec{U} = \delta U_i \delta U_i$$

$$= \left[\frac{\delta U_1}{n_1}\right]^2 n_1^2 + \left[\frac{\delta U_2}{n_2}\right]^2 n_2^2 + \left[\frac{\delta U_3}{n_3}\right]^2 n_3^2 \qquad (2.69)$$

根据(2.49)中各表达式所具有的几何意义,可以将(2.69)改写为

$$\delta U = \varepsilon_U = \sqrt{\varepsilon_1^2 n_1^2 + \varepsilon_2^2 n_2^2 + \varepsilon_3^2 n_3^2} \qquad (2.70)$$

这里的 $\varepsilon_1 = \delta U_1/n_1$,$\varepsilon_2 = \delta U_2/n_2$ 和 $\varepsilon_3 = \delta U_3/n_3$ 分别是三个主轴方向的应变.$\varepsilon_U$ 代表原先处在 $\delta\vec{U}$ 方向上的单位线元的长度变化百分比.

类似地,对于法向应变应有

$$\varepsilon_n = \delta n = \delta\vec{U} \cdot \vec{n} = \delta U_i n_i$$

$$= \left[\frac{\delta U_1}{n_1}\right] n_1^2 + \left[\frac{\delta U_2}{n_2}\right] n_2^2 + \left[\frac{\delta U_3}{n_3}\right] n_3^2$$

$$= \varepsilon_1 n_1^2 + \varepsilon_2 n_2^2 + \varepsilon_3 n_3^2 \qquad (2.71a)$$

于是剪应变就可以写成

$$\varepsilon_t = \delta t = \sqrt{\varepsilon_U^2 - \varepsilon_n^2}$$

$$= \sqrt{\varepsilon_1^2 n_1^2 + \varepsilon_2^2 n_2^2 + \varepsilon_3^2 n_3^2 - (\varepsilon_1 n_1^2 + \varepsilon_2 n_2^2 + \varepsilon_3 n_3^2)^2} \qquad (2.71b)$$

方程式(2.71a)和(2.71b)与(2.31c)和(2.31d)在形式上完全相同,只要用应变替换应力并注意各自对法线分量所用的相应符号.

根据应变主轴可以做成一个八面体,使每个面上的单位法线

$\bar{n}$与主轴之间的夹角都相等,从而有

$$n_1 = n_2 = n_3 = \frac{1}{\sqrt{3}} \qquad (2.72)$$

将(2.72)代入(2.71a)和(2.71b)之后即导出所谓的八面体应变

$$\varepsilon_{oct} = \varepsilon_n = \frac{1}{3}(\varepsilon_1 + \varepsilon_2 + \varepsilon_3) \qquad (2.73a)$$

及

$$\gamma_{oct} = \varepsilon_t = \frac{1}{3}\left[(\varepsilon_1 - \varepsilon_2)^2 + (\varepsilon_2 - \varepsilon_3)^2 + (\varepsilon_3 - \varepsilon_1)^2\right]^{1/2}$$

$$(2.73b)$$

## 2.3 平衡方程

一个材料物体承受外力作用之后,只有在所有的合力和合力矩均为零的条件下才能处于平衡状态.众所周知,在微小变形下,平衡条件应表示为

$$\frac{\partial \sigma_{11}}{\partial a_1} + \frac{\partial \sigma_{21}}{\partial a_2} + \frac{\partial \sigma_{31}}{\partial a_3} + F_1 = 0$$

$$\frac{\partial \sigma_{12}}{\partial a_1} + \frac{\partial \sigma_{22}}{\partial a_2} + \frac{\partial \sigma_{32}}{\partial a_3} + F_2 = 0 \qquad (2.74a)$$

$$\frac{\partial \sigma_{13}}{\partial a_1} + \frac{\partial \sigma_{23}}{\partial a_2} + \frac{\partial \sigma_{33}}{\partial a_3} + F_3 = 0$$

这里,$F_1$,$F_2$和$F_3$是单位体积内体积力的分量.由于变形很小,可以选用初始时的坐标变量 $a_1$,$a_2$ 和 $a_3$ 作为参考.再者,

$$\sigma_{12} = \sigma_{21}, \sigma_{23} = \sigma_{32}, \sigma_{31} = \sigma_{13} \qquad (2.75a)$$

沿着物体光滑边界面上,还需要给定边界条件

$$\sigma_{11}\nu_1 + \sigma_{21}\nu_2 + \sigma_{31}\nu_3 = \overset{\nu}{T}_1 \quad 或 \quad \delta U_1 = 0$$

$$\sigma_{12}\nu_1 + \sigma_{22}\nu_2 + \sigma_{32}\nu_3 = \overset{\nu}{T}_2 \quad 或 \quad \delta U_2 = 0 \qquad (2.76a)$$

$$\sigma_{13}\nu_1 + \sigma_{23}\nu_2 + \sigma_{33}\nu_3 = \overset{\nu}{T}_3 \quad 或 \quad \delta U_3 = 0$$

这里，$\overset{\nu}{T}_1$，$\overset{\nu}{T}_2$ 和 $\overset{\nu}{T}_3$ 代表在一个表面点上表面应力或说单位面积上边界力的分量.该点的单位外法线分量是 $\nu_1$，$\nu_2$ 和 $\nu_3$.所以,实际上 $\overset{\nu}{T}_i = \sigma_{\nu i}$.(2.76a)所列出的各项条件就意味着需要给定边界面上各个点上的表面应力或者位移.

用张量符号表示时,以上各方程可以相应地紧缩为:在体积内

$$\sigma_{ji,j} + F_i = 0 \qquad (2.74b)$$

$$\sigma_{ij} = \sigma_{ji} \qquad (2.75b)$$

而在表面上则有

$$\sigma_{ji}\nu_j = \overset{\nu}{T}_i \quad 或 \quad \delta U_i = 0 \qquad (2.76b)$$

采用 1.2.3 及 1.4.3 两段中所陈述过的散度定理就能简便地导出(2.74b)式.设物体平衡的条件为

$$\int_A \sigma_{\nu i} dA + \int_V F_i dV = 0, \quad i = 1,2,3 \qquad (2.77a)$$

这个表达式体现了每个轴向 $x_i$ 的合力为零.其中,$\sigma_{\nu i}$ 是单位外法线为 $\overset{\nu}{}$ 的边界面上应力分布的三个分量,$F_i$ 是单位体积内的体积力分量.代入(2.5d)以后即得

$$\int_A \sigma_{ji}\nu_j dA + \int_V F_i dV = 0 \qquad (2.77b)$$

再利用(1.65b)就立即能转换为

$$\int_V (\sigma_{ji,j} + F_i) dV = 0 \qquad (2.77c)$$

既然体积是任意的,那么只有在微元体积内(2.74b)式成立才能保证(2.77c)被满足.

前面的方程(2.47)或(2.49)建立了应变和位移之间的关系.应力与应变又可以通过描述材料行为的本构关系联系起来.最终在物体内可以实现以三个未知位移 $U_i$($i=1,2,3$)表示应力.在给定边界条件以后,这些未知位移即可以通过三个平衡方程惟一地求解出来.

## 2.4 协调条件

在一些问题中会遇到需要以应力作为未知量先行求出.此时的应变可以利用本构关系而表示为应力的函数.但是(2.49)中却包含了需要满足的六个方程.为实现从应变导出三个位移量并保证所得到的连续位移场的解是惟一的,就应该附加其他必要的约束条件.针对这一情况,在弹性力学中就曾为单连通域导出应变的协调条件.它们是

$$\frac{\partial^2 \varepsilon_{11}}{\partial a_2^2} + \frac{\partial^2 \varepsilon_{22}}{\partial a_1^2} = 2\frac{\partial^2 \varepsilon_{12}}{\partial a_1 \partial a_2}$$

$$\frac{\partial^2 \varepsilon_{22}}{\partial a_3^2} + \frac{\partial^2 \varepsilon_{33}}{\partial a_2^2} = 2\frac{\partial^2 \varepsilon_{23}}{\partial a_2 \partial a_3}$$

$$\frac{\partial^2 \varepsilon_{33}}{\partial a_1^2} + \frac{\partial^2 \varepsilon_{11}}{\partial a_3^2} = 2\frac{\partial^2 \varepsilon_{31}}{\partial a_3 \partial a_1} \qquad (2.78a)$$

$$\frac{\partial^2 \varepsilon_{11}}{\partial a_2 \partial a_3} + \frac{\partial^2 \varepsilon_{23}}{\partial a_1^2} = \frac{\partial^2 \varepsilon_{31}}{\partial a_1 \partial a_2} + \frac{\partial^2 \varepsilon_{12}}{\partial a_3 \partial a_1}$$

$$\frac{\partial^2 \varepsilon_{22}}{\partial a_3 \partial a_1} + \frac{\partial^2 \varepsilon_{31}}{\partial a_2^2} = \frac{\partial^2 \varepsilon_{12}}{\partial a_2 \partial a_3} + \frac{\partial^2 \varepsilon_{23}}{\partial a_1 \partial a_2}$$

$$\frac{\partial^2 \varepsilon_{33}}{\partial a_1 \partial a_2} + \frac{\partial^2 \varepsilon_{12}}{\partial a_3^2} = \frac{\partial^2 \varepsilon_{23}}{\partial a_3 \partial a_1} + \frac{\partial^2 \varepsilon_{31}}{\partial a_2 \partial a_3}$$

或简单地紧缩为

$$\varepsilon_{ij,kl} + \varepsilon_{kl,ij} = \varepsilon_{ik,jl} + \varepsilon_{jl,ik} \tag{2.78b}$$

其中,$i,j,k,l=1,2,3$.在(2.78b)中所包含的 81 个方程式中只有六个是独立的(如(2.78a)所示)而其他均为多余的.

另外需要注明的是,既然应变仅代表纯变形,为惟一地确定位移场就需要标明物体在一些边界点上的刚体运动情况.

练　习

2-1　设一点处的应力所具有的九个分量是

$$\sigma_{ij} = \begin{bmatrix} 9 & -1 & -2 \\ -1 & 1 & 2 \\ -2 & 2 & 4 \end{bmatrix} (应力量纲)$$

求：

(a) 作用在平面上的应力分量 $\sigma_{vi}$($i=1,2,3$).平面法线的方向余弦为 $v_i = \left[\frac{1}{3}, \frac{2}{3}, \frac{2}{3}\right]$.

(b) 应力不变量 $I_1$,$I_2$ 和 $I_3$.

(c) 主应力 $\sigma_1$,$\sigma_2$ 和 $\sigma_3$.

(d) 最大($j=1$),中间($j=2$)和最小($j=3$)各主应力的方向余弦 $v_i^{(j)}$($i=1,2,3$).

(e) 主偏应力 $S_1$,$S_2$ 和 $S_3$.

(f) 偏应力不变量 $J_1$,$J_2$ 和 $J_3$.

(g) 八面体应力 $\sigma_{oct}$ 和 $\tau_{oct}$.

2-2　利用(2.31c)和(2.31d)求证,在原有的一点处应力状态上附加任何球应力 $\sigma$ 后将导致通过该点的任何平面上的法向应力和切向应力

$$\sigma'_n = \sigma_n + \sigma, \sigma'_t = \sigma_t \quad (不变)$$

2-3　以原始坐标 $a_1$,$a_2$ 和 $a_3$ 为参考时,设一物体的位移场

$$U_1 = \alpha_1 a_1 + \alpha_2 a_2 + \alpha_3 a_3 = \alpha_i a_i$$

$$U_2 = \beta_1 a_1 + \beta_2 a_2 + \beta_3 a_3 = \beta_i a_i \quad (i=1,2,3)$$

$$U_3 = \gamma_1 a_1 + \gamma_2 a_2 + \gamma_3 a_3 = \gamma_i a_i$$

确定九个常系数 $\alpha_i, \beta_i, \gamma_i$ 所应满足的条件以使

　(a) 无剪应变,

　(b) 无法向应变,

　(c) 各处转动张量 $\Omega_{ij}$ 为零.

2-4　利用(2.47)推导和求证(2.78b).

(提示:在(2.47)式两边对 $a_k$ 和 $a_l$ 坐标微分两次,再置换下标.)

# 参 考 文 献

Boresi A P and Chong K P.1987.Elasticity in Engineering Mechanics.New York:Elsevier Science Publishing Co,Inc

Chen W F and Saleeb A F.1982.Constitutive Equations for Engineering Materials-1:Elasticity and Modeling.New York:John Wiley & Sons,Inc

Fung Y C.1965.Foundations of Solid Mechanics.Englewood Cliffs:Prentice-Hall,Inc

Love A E H.1944.A Treatise on the Mathematical Theory of Elasticity,4th ed.New York: Dover Publications

Mendelson A.1968.Plasticity:Theory and Application.New York:Macmillan Publishing Co,Inc

Sokolnikoff I S.1956.Mathematical Theory of Elasticity.2nd ed.New York:McGraw-Hill

Timoshenko S and Goodier N.1951.Theory of Elasticity.2nd ed.New York:McGraw Hill

# 第三章　屈服准则和塑性理论

塑性力学与弹性力学的主要区别在于前者包含了以下两部分:用作描述和预测萌生塑性变形的屈服准则以及可以确立塑性变形出现后应力-应变关系的各塑性理论.这些准则和理论是在宏观的试验观测基础上通过一定的数学演算而形成的,又经受过进一步的实验和工程应用的检验.在金属材料承受小应变的情况下,它们已被广泛地接受.

在这章内我们将介绍以上有关内容.行文的顺序将以揭示各理论的内在关系为导线而不是按照每个理论出现的年代前后.我们还要重点说明如何利用单轴试验来确定各理论中所包含的待定材料参数.

## 3.1　屈服

就承受外载的固体而言,弹性变形状态是指:当移去载荷后固体能够完全恢复其原有构形而不保留该变形中的任何部分且卸载路径与加载路径相重合.相反地,当材料的受力状态超越弹性极限后,塑性成为主导性质并导致不可逆的变形.萌生这类行为时就称作屈服.在单轴加载的情况下确定这一屈服点是很容易做到的.然而,遇到多轴应力状态时情况就变得复杂了.如图 3.1 所示,对于复杂应力加载情况,为确定屈服点就需要一个用函数形式表达的屈服准则.

图 3.1　承受复杂应力加载的薄壁圆筒

在应力空间中,屈服准则的数学表达式可以概括为

$$F(\vec{\sigma}) = k^2 \qquad (3.1)$$

这里,F 是应力状态 $\vec{\sigma}$ 的标量函数,k 是材料常数.整个方程(3.1)也叫作屈服函数.在几何上它构成了应力空间中的屈服面.这个面所包围的空间尺寸决定于参数 k.

Bridgman(1923)和其他一些人所做的试验表明:在应变量不大的情况下,金属材料的塑性变形实际上不受全压应力的影响.这一事实启发人们利用应力 $\vec{\sigma}$ 中的偏量部分 $\vec{S}$ 来建立屈服准则.这样,我们就可以把(3.1)式改写为

$$F(\vec{S}) = k^2 \qquad (3.2)$$

我们又知道材料的本构行为应该是与坐标变换无关的;那么,屈服准则就必然仅仅依赖于偏应力中的不变量,即

$$F(J_2, J_3) = k^2 \qquad (3.3)$$

其中,$J_2$,$J_3$ 分别是前一章中(2.29)式的第二和第三偏应力不变量.我们可以重新写出

$$J_2 = \frac{1}{2} S_{ij} S_{ji}, \quad J_3 = \frac{1}{3} S_{ij} S_{jm} S_{mi}$$

又

$$S_{ij} = \sigma_{ij} - \frac{1}{3} \delta_{ij} \sigma_{kk} \qquad (3.4)$$

$$\sigma_{kk} = \sigma_{11} + \sigma_{22} + \sigma_{33}$$

### 3.1.1 Haigh-Westergaard 应力空间

如果以主应力($\sigma_1$,$\sigma_2$,$\sigma_3$)为参考坐标系,我们就可以在称作 Haigh-Westergaard 应力空间中建立由各应力状态所构成的屈服面.

屈服面的中心线就称作对角轴,它与三个主应力轴保持相同的倾角.因此,在这个对角轴线上任何一点都对应着

$$\sigma_1 = \sigma_2 = \sigma_3 = \sigma_m \left[ = \frac{\sigma_1 + \sigma_2 + \sigma_3}{3} \right] \tag{3.5}$$

垂直于对角轴线的面被称之为法面.图 3.2 给出了以上说明的几何描述.穿过原点($\sigma_m = 0$)的法面具有一个特定的名称,即 π 面.由法面与屈服面的相交线可以勾画出屈服轨迹.

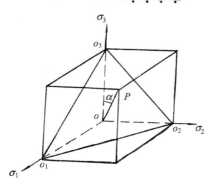

图 3.2　法面 $o_1\ o_2\ o_3$ 及其对角轴 $oP(\infty_1 = \infty_2 = \infty_3 = \sigma_m)$

在 Haigh-Westergaard 应力空间中的任何一点都代表着某个应力状态,它可以表示为从原点 o 指向并达到空间点 $P_s$ 的向量.如图 3.3 所示,这一应力状态包含了两部分,也就是说

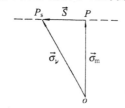

图 3.3　在 Haigh-Westergaard 应力空间中分解任一应力状态 $\vec{\sigma}_v$ 的示意图

$$\vec{\sigma}_v = \vec{\sigma}_m + \vec{S} \qquad (3.6a)$$

$$= (\sigma_m + S_1)\vec{e}_1 + (\sigma_m + S_2)\vec{e}_2 + (\sigma_m + S_3)\vec{e}_3 \quad (3.6b)$$

$$= \sigma_1\vec{e}_1 + \sigma_2\vec{e}_2 + \sigma_3\vec{e}_3 \qquad (3.6c)$$

这里 $\vec{\sigma}_m(\sigma_m, \sigma_m, \sigma_m)$ 称作平均应力向量,是处于对角轴上代表球量部分. $\vec{S}(S_1, S_2, S_3)$ 是在法面上相应的偏应力向量. $\vec{e}_1, \vec{e}_2, \vec{e}_3$ 则分别是图 3.2 中主应力轴方向上的单位向量.

既然法面与三个主轴之间的倾角相同,那么它与原点 o 之间的垂直距离 $\overline{oP}$ 也就是平均应力向量之模 $|\vec{\sigma}_m|$ 应由以下关系确定

$$\overline{oP}\cos\alpha = \sigma_m = \frac{\sigma_1 + \sigma_2 + \sigma_3}{3} \qquad (3.7a)$$

其中 $\alpha$ 是对角轴与三个主轴之间相等的夹角. 由于

$$\cos\alpha = 1/\sqrt{3}$$

(以 $\sigma_m$ 为正的为例),那么

$$\overline{oP} = \sqrt{3}\,\sigma_m = \frac{\sigma_1 + \sigma_2 + \sigma_3}{\sqrt{3}} \qquad (3.7b)$$

值得注意, $|\vec{\sigma}_m|$ 不等于 $\sigma_m$ 而是 $\sqrt{3}\sigma_m$.

由上可知,在法面上的任何一点都应符合

$$\sigma_1 + \sigma_2 + \sigma_3 = 3\sigma_m = \sqrt{3}\,\overline{oP} = 常量 \qquad (3.8a)$$

比较等式(3.6b)和(3.6c)中各部分分量,不难看出

$$S_1 + S_2 + S_3 = 0 \qquad (3.8b)$$

也就是说应力偏量 $\vec{S}$ 向量在三个主轴上投射之和等于零.

利用材料的各向同性、拉压屈服行为相同以及塑性与应力状态中的全压部分无关这些前提,我们可以对屈服面的几何特征做出如下一些构想:

(a) 在任一法面上的屈服轨迹都具有相同的形状和尺寸,这是因为全压应力对屈服的影响已被忽略.于是,屈服面成为一个无穷长的壁筒,它与各主应力轴之间的倾斜度相同.这样,我们就可以 π 面上的屈服轨迹作为所有状况的代表.

(b) 如图 3.4 所示,屈服轨迹在每 30°分割段中都具有相似的形状.我们可以利用以下几点来论证这一结论.由于各向同性材料中不存在取向性问题,屈服面在三个主轴上的各交点与原点 o 之间的距离均相等.第二,既然不考虑包氏效应(Bauschinger 效应),屈服轨迹在三个主轴上应有对称的拉/压点分布.进而我们还可以断定:如果通过原点做出垂直于 $\sigma_1$,$\sigma_2$ 和 $\sigma_3$ 各轴的三根点划线,那么在每根线的两侧,屈服轨迹的形状和尺寸一定具有对称分布.例如,取通过 o 点的任一直线的两端点 $P_1$ 和 $P_2$.这两个点所代表的应力状态恰好是一相反情况,也就是说在一个情况下的拉应力恰好转为绝对值相等的压应力,反之亦然,既然拉压的屈服行为假设为相同,那么径向距离 $\overline{oP_1}$ 一定等于 $\overline{oP_2}$.

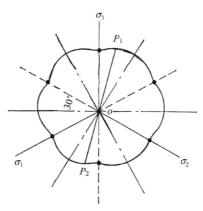

图 3.4   π面上的屈服轨迹

基于对屈服面的几何特征所做出的推测,下面将介绍两个实用的屈服准则.

### 3.1.2 屈服准则

**1. Tresca 准则(1864)**

基于试验观测, Tresca 假设材料在某处出现屈服是由于该点的最大剪应力达到了最大许可值, 或者说单轴加载下的弹性极限值. 在多轴应力状态下, 按照 Tresca 的论点, 屈服条件可以写为

$$\sigma_1 - \sigma_2 = \pm \sigma_Y \quad (当\ \sigma_1 \geqslant \sigma_3 \geqslant \sigma_2) \qquad (3.9a)$$

$$\sigma_2 - \sigma_3 = \pm \sigma_Y \quad (当\ \sigma_2 \geqslant \sigma_1 \geqslant \sigma_3) \qquad (3.9b)$$

$$\sigma_3 - \sigma_1 = \pm \sigma_Y \quad (当\ \sigma_3 \geqslant \sigma_2 \geqslant \sigma_1) \qquad (3.9c)$$

这里, $\sigma_Y$ 是单轴加载下材料的屈服应力, $\sigma_1$, $\sigma_2$ 和 $\sigma_3$ 都是主应力. 用 2 除以 (3.9) 中各式就意味着最大剪应力, 所以体现了最大剪应力的论点.

(3.9) 式在实际应用时是方便的, 但就其形式而言又与材料的本构描述不应依赖于坐标的选择和标记这一原则相违背. 实际上, Tresca 准则的本意是说三个主应力之间差值的绝对值 $|\sigma_1 - \sigma_2|$, $|\sigma_2 - \sigma_3|$ 和 $|\sigma_3 - \sigma_1|$ 中任一个若超过 $2k(=\sigma_Y)$ 时就会出现材料的屈服. 因此, 我们可以把屈服函数重新写作

$$\left[(\sigma_1 - \sigma_2)^2 - 4k^2\right]\left[(\sigma_2 - \sigma_3)^2 - 4k^2\right]\left[(\sigma_3 - \sigma_1)^2 - 4k^2\right] = 0$$
$$(3.10a)$$

利用不变量的形式, 我们可以进一步将 (3.10a) 式改为

$$4J_2^3 - 27J_3^2 - 36k^2J_2^2 + 96k^4J_2 - 64k^6 = 0 \qquad (3.10b)$$

其中 $J_2$ 和 $J_3$ 就是 (3.4) 式所给出的偏应力的第二和第三不变量. 这样, (3.10b) 式也就符合了 (3.3) 式中所包含的与坐标无关的要求.

**2. von-Mises 准则(1913)**

von-Mises 选择了 (3.3) 式的一个最简单形式作为屈服准则,

即

$$J_2 = k^2 \qquad (3.11a)$$

在主应力空间中,我们可以把(3.11a)式具体化为

$$\frac{1}{6}\left[(\sigma_1 - \sigma_2)^2 + (\sigma_2 - \sigma_3)^2 + (\sigma_3 - \sigma_1)^2\right] = k^2 \quad (3.11b)$$

如果再转换到 6 个应力分量空间中去(有三个剪应力分量是对称的),那么(3.11b)式又可以改变为

$$\frac{1}{6}\left[(\sigma_{11} - \sigma_{22})^2 + (\sigma_{22} - \sigma_{33})^2 + (\sigma_{33} - \sigma_{11})^2\right]$$
$$+ \sigma_{12}^2 + \sigma_{23}^2 + \sigma_{31}^2 = k^2 \qquad (3.11c)$$

我们可以利用单轴加载情况确定这里的 $k = \sigma_Y / \sqrt{3}$(与前面 Tresca 准则中的含义不同).不难看出,(3.11b)和(3.11c)两式也代表着弹性歪形应变能(偏应力与偏应变之间所构成的应变能不包含体积变形的球量部分,故称之为歪形的)达到某种极限值.

3. 比较 Tresca 准则与 von-Mises 准则

在平面应力加载下,$\sigma_3 = 0$,von-Mises 准则将在 $\sigma_1 - \sigma_2$ 应力平面内给出一个椭圆轨迹.这时的(3.11b)式可以简化为

$$\sigma_1^2 - \sigma_1 \sigma_2 + \sigma_2^2 = \sigma_Y^2 \qquad (3.12)$$

或

$$\left[\frac{\sigma_1}{\sigma_Y}\right]^2 - \left[\frac{\sigma_1}{\sigma_Y}\right]\left[\frac{\sigma_2}{\sigma_Y}\right] + \left[\frac{\sigma_2}{\sigma_Y}\right]^2 = 1$$

图 3.5 中绘制了以上结果及在此情况下 Tresca 准则的轨迹并比较了这两类屈服轨迹曲线.

在更一般的情况下,可以 $\pi$ 面内的轨迹线来比较这两个准则,如图 3.6 所示.这张图也表明由这两个准则所导出的屈服轨迹都符合图 3.4 中所要求的各项几何特征.

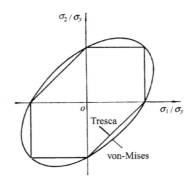

图 3.5　在平面应力加载下($\sigma_3 = 0$)比较
Tresca 准则与 von-Mises 准则

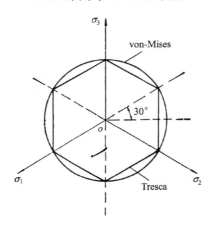

图 3.6　在 $\pi$ 面内比较 Tresca 准则与 von-Mises 准则

　　另外值得提出的是：按照 Tresca 准则的观点材料屈服是与中间应力的大小无关的，而在 von-Mises 准则中则对三个主应力都给予同等的重视．

　　Lode(1926)，Ros 和 Eichinger(1929)，Taylor 和 Quinney (1931)等对不同的金属材料所做的一系列实验表明：von-Mises 准

则比 Tresca 准则更接近实验数据分布的总趋向.

从以上的陈述我们可以作出结论:在应力空间中当任何应力状态的点是位于屈服面之内则代表弹性状态,一旦该点触及屈服面则意味着屈服现象出现,如果应力状态点移到屈服面之外就成为超屈服或称塑性加载.在下面各节中我们将介绍为描述塑性加载阶段材料本构行为而提出的各种塑性理论.

有关塑性力学的历史发展,读者可参见一些专著和论文中的介绍,如 Hill(1950),Koiter(1960),Fung(1965),Mendelson(1968),Kachanov(1971)及 Johnson 和 Mellor(1983).

## 3.2 塑性理论中的公设

塑性应变与弹性应变的区别就在于它的不可逆性.在塑性变形上附加应力所做之功称为塑性功并耗散于整个过程中.针对塑性功的研究可以揭示塑性的一些重要特征和提供塑性应力-应变本构关系的一般原则.下面将介绍塑性力学中有关塑性功的两个主要公设.

### 3.2.1 Drucker 公设(1951)

利用图 3.7 所示的现象,我们可以由物体中所承受的应力和应变状态,分别用黑体字 $\boldsymbol{\sigma}$ 和 $\boldsymbol{\varepsilon}$ 代表,建立起塑性力学中的一个公设.在所设应力循环 $oaba'o'$ 过程中,从初始状态 $\vec{\sigma}_0$ 出发经历状态 $\vec{\sigma}$ 到 $\vec{\sigma}+\mathrm{d}\,\vec{\sigma}$ 以及最终恢复原来的应力状态 $\vec{\sigma}_0$,如果这一应力循环造成塑性应变那么所耗散的塑性功应是个正值.相反地,如果不出现塑性应变则耗散的塑性功为零.这就是众所周知的 Drucker 公设.由于弹性变形的可恢复性,在整个应力循环终了时,应力路径 $oab$ 所积蓄的弹性应变能在返回路程 $ba'o'$ 中全部被释放.既然塑性应变是不可逆的,这一应力循环将导致正的耗散功.

由图 3.7 所示的阴影区可见,可以将全部的塑性功分为两部分.当其中的一级项

$$(\vec{\sigma} - \vec{\sigma_0}) \cdot d\vec{\varepsilon}^{(p)} > 0, \text{ 就意味着塑性}$$

$$= 0, \text{是弹性或中性} \tag{3.13}$$

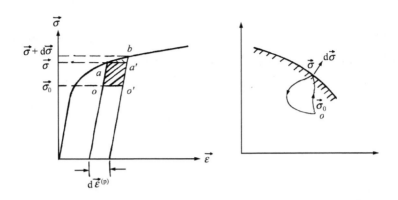

图 3.7 应力循环示意图

$\vec{\sigma_0}$ 代表处于瞬时的应力加载面内的任一应力状态, $d\vec{\varepsilon}^{(p)}$ 则是塑性应变增量. 就其二级项而言, 则有

$$d\vec{\sigma} \cdot d\vec{\varepsilon}^{(p)} > 0, \text{表示应变硬化情况}$$

$$= 0, \text{是理想塑性} \tag{3.14}$$

$$< 0, \text{意味着应变软化}$$

在数学上, Drucker 公设可以表示为一个最大塑性功原理, 即

$$W_\sigma = \oint_\sigma (\vec{\sigma} - \vec{\sigma_0}) \cdot d\vec{\varepsilon}^{(p)} \geqslant 0 \tag{3.15a}$$

如用和式表示, 包括二级项, 可以写作

$$(\vec{\sigma} - \vec{\sigma_0}) \cdot d\vec{\varepsilon}^{(p)} + \frac{1}{2} d\vec{\sigma} \cdot d\vec{\varepsilon}^{(p)} \geqslant 0 \tag{3.15b}$$

由 (3.15b) 式可以显见, 为在一个应力循环中得到正值并不一定要求其中的二级项也是正的. 在应变软化的情况下, 二级项就会出现

负值.

我们从以上的原理出发可以证明:应力加载面具有凸性而且塑性应变增量在加载点处正交于这个面.下面我们来述说证明的方法.若在同一空间表示应力和塑性应变(见图3.8),设 S—S 平面垂直于塑性应变增量 $d\vec{\varepsilon}^{(p)}$.于是,所有可能的应力增量 $\vec{\sigma}-\vec{\sigma}_0$ 必然都处于平面的一端.这是因为,$d\vec{\varepsilon}^{(p)}$ 和 $(\vec{\sigma}-\vec{\sigma}_0)$ 之间只能是锐角(至多为直角)以符合塑性功为正值.否则将违背最大塑性功原理.其次,该平面与加载面之间必然是相切于应力状态 $\vec{\sigma}$ 的端点,否则,应力增量 $(\vec{\sigma}-\vec{\sigma}_0)$ 的方向将指向错误的一边.这就证明,在应力状态 $\vec{\sigma}$ 的邻域内加载面具有凸性且该处的应变增量符合正交法则.由于应力状态 $\vec{\sigma}$ 是任意选择的,依此类推,在整个加载面上凸性和正交法则都成立.

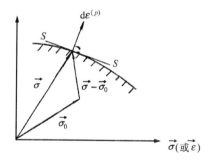

图3.8 应力加载面与塑性应变增量

类似于前面用(3.1)式作为屈服函数来描述屈服面,我们也可以把加载面表示为加载函数:

$$f(\vec{\sigma}) = k_0^2 \qquad (3.16)$$

其中 f 是 $\vec{\sigma}$ 的标量函数也称作塑性势函数,用于描述屈服以后的塑性加载. $k_0$ 是一标量,它可以在应力空间中限定加载面的几何

"半径",其数值大小常被视为塑性应变量的函数.设加载面为光滑的,由塑性应变增量的正交法则可以导出

$$d\vec{\varepsilon}^{(p)} = d\lambda \frac{\partial f}{\partial \vec{\sigma}} \qquad (3.17)$$

$\partial f/\partial\vec{\sigma}$是塑性势函数的梯度,$d\lambda$是一个比例系数.由(3.17)式可见,塑性应变增量的方向取决于由应力情况构成的$\partial f/\partial\vec{\sigma}$而应力增量、应变量和应力历史等的作用将包括在$d\lambda$系数中.

以上结论是引自(3.15b)不等式中的一级项也就是(3.13)式的左端项.(3.14)式中的各项含义则可以由代入(3.17)式后查看到,也就是要鉴别$\partial f/\partial\vec{\sigma}$与$d\vec{\sigma}$之间的点积情况

$$(a)\ \partial f/\partial\vec{\sigma} \cdot d\vec{\sigma} > 0 \quad (即\ df > 0) \qquad (3.18a)$$

表示应力增量$d\vec{\sigma}$指向加载面的外端.此时,在(3.16)式中的标量$k_0$值在增加,加载面所包围的空间扩大.

$$(b)\ \partial f/\partial\vec{\sigma} \cdot d\vec{\sigma} = 0 \quad (即\ df = 0) \qquad (3.18b)$$

则意味着理想塑性情况,加载面维持不变.

$$(c)\ \partial f/\partial\vec{\sigma} \cdot d\vec{\sigma} < 0 \quad (即\ df < 0) \qquad (3.18c)$$

所对应的情况是$d\vec{\sigma}$指向加载面的内部,也就是说,加载面在不可逆地收缩.这种结局是因为塑性应变的增大是伴随着应力的减小,如图3.9中的路径 fg.

在具有应变软化的情况下,从初始的弹性应力状态$\vec{\sigma}_0$出发,例如点 e,经历一个应力循环 efgh 之后,所包围的面积就是按(3.15)式所定义的塑性功 $W_0$.很显然,初始应力状态$\vec{\sigma}_0$不能取在 f 点上,否则不能构成应力循环.这方面情况与应变硬化阶段的 abc 循环不同,a 点可以就取在应力-应变曲线上.但不难看出,点 e 又可以取得任意接近塑性加载应力状态$\vec{\sigma}$(即 f 点),只要应

变路径 fg 足够地短就仍然可以实现一个应力循环.此时,虽然
(3.16)式中的标量值 $k_0$ 在不断地减小,经任意可能的应力循环所
耗散的塑性功仍然是正的.于是应力空间中的加载面继续保持几
何上的凸性并还会使正交法则成立.如图 3.9 所示,由此可以推
断,塑性应变增量 $d\vec{\varepsilon}^{(p)}$ 将指向加载面的外端且平行于在应力状
态 $\vec{\sigma}$ 点处的法线.总之,在这一应变加载阶段(3.17)式也可成立.

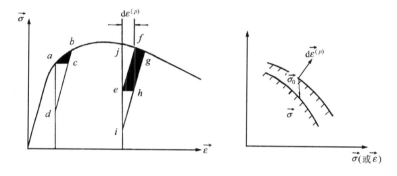

图 3.9  应变软化加载路径

在前面的论述中,实际上隐含了弹性模量 E 与塑性无关的假
定.由此认为 E 值是常数,从而在返回到初始状态 $\vec{\sigma}_0$ 的过程中所
有以往贮存的弹性能全被释放.否则的话,如果弹性与塑性之间有
耦合效应,加载面上有可能会出现凹性.Palmer, Maier 和 Drucker
(1967)曾做过这方面的证明以及论述应变软化材料符合凸性和正
交法则的可能性.但处理应变软化阶段的塑性问题时需要特别注
意有关事项(见第七至九章).

3.2.2  Il'iushin 公设(1961)

为鉴定塑性的存在,Il'iushin(1961)曾推荐了另一种更一般的
方法.他不再利用应力空间而是把公设建立在应变空间中.如图
3.9 所示,应变循环可以取为 abcd 或是 efghi.此时如果材料已进

入塑性,由于弹性卸载过程中的塑性应变具有不可逆性,外力功所造成的全部应变能将是正的. Il'iushin 公设的数学表达式可以写为

$$W_\varepsilon = \oint_\varepsilon \vec{\sigma} \cdot \mathrm{d}\vec{\varepsilon} \geqslant 0 \qquad (3.19)$$

这就表明,一旦出现塑性之后 $W_\varepsilon > 0$ 而在弹性加载或卸载阶段则 $W_\varepsilon = 0$.

无论应变循环取在 abcd 应变路径上或是 efghi 上,对应某个初始应力状态 $\vec{\sigma}_0$ 我们将有

$$\vec{\sigma}_0 \cdot \oint_\varepsilon \mathrm{d}\vec{\varepsilon} = 0 \qquad (3.20)$$

因为全应变的完全循环构成零.进而,我们可以把(3.19)式改写为

$$W_\varepsilon = \oint_\varepsilon (\vec{\sigma} - \vec{\sigma}_0) \cdot \mathrm{d}\vec{\varepsilon} \geqslant 0 \qquad (3.21)$$

已知在每个完全的应力循环过程中弹性应变能将全部被释放,那么为比较 Il'iushin 公设和 Drucker 公设,我们可以把(3.15a)中的 $W_\sigma$ 改写为

$$W_\sigma = \oint_\sigma (\vec{\sigma} - \vec{\sigma}_0) \cdot \mathrm{d}\vec{\varepsilon}^{(p)} = \oint_\sigma (\vec{\sigma} - \vec{\sigma}_0) \cdot \mathrm{d}\vec{\varepsilon} \qquad (3.22)$$

比较(3.21)与(3.22)两式可见,其差别就表现在图 3.9 中空白的面积 cda 或 hie 也就是由 $(\vec{\sigma} - \vec{\sigma}_0)$ 在弹性返回路径上经历了弹性恢复应变尚贮存的正应变能部分.于是,我们可以得出结论:

$$W_\varepsilon > W_\sigma \qquad (3.23)$$

不等式在出现塑性后总是成立的.

(3.23)不等式的另一层含义是说,凡是 Drucker 公设成立的情况 Il'iushin 公设也必然成立但反过来说就不一定成立.例如,在图 3.9 中我们可能会选择一个特殊的应变路径 jfe 循环.当应力

点由 j 移到 f 时,在这一过程中外力变化所做的塑性功是负的,因为

$$W^{(p)} = \oint_j^f (\vec{\sigma} - \vec{\sigma}^{(j)}) \cdot d\vec{\varepsilon}^{(p)} < 0$$

另一方面,在整个路径 jfe 上的弹性功是

$$W^{(e)} = \frac{1}{2}(\vec{\sigma}^{(e)} - \vec{\sigma}^{(j)}) \cdot (-d\vec{\varepsilon}^{(p)}) > 0$$

这也就是说,通过应变循环 jfe 之后,所经历过的塑性应变增量完全由弹性应变的恢复而抵消.由图显见

$$W^{(e)} > |\ W^{(p)}\ |$$

这样,二者之和( $W^{(e)} + W^{(p)}$ )总可以使(3.21)不等式成立.但在这个特例中是无法实现 Drucker 公设所依赖的应力循环,也就无从判断其真伪.由此可见,从判别塑性变形的存在性角度来看,Il'iushin 公设提供了一个更一般的检验方法.利用这一公设,Dafalias(1977)在应变空间中进一步做了开拓工作.

总结以上我们可以说,为证明加载面的凸性和正交法则只需要利用在任一可能实现的应力循环中塑性功为正这一条件,因此并不局限于 Drucker 最初研讨的应变硬化或理想塑性材料.当然,可以实现充分应力循环的范围多少带有一点限制没有应变循环那么广.但是,从设置塑性力学中的流动理论来看,Drucker 公设又是被大众所确认的.

## 3.3 流动理论

Prandtl-Reuss(1924,1930)所提出的流动理论在塑性力学中也称作增量型理论.如将 von-Mises 屈服准则的函数形式推广到一般塑性加载情况,那么(3.16)式的函数就可以写成

$$f = \frac{1}{2} S_{ij} S_{ji} = \left[\frac{\sigma_T}{\sqrt{3}}\right]^2 \tag{3.24a}$$

其中的偏应力

$$S_{ij} = \sigma_{ij} - \frac{1}{3} \delta_{ij} \sigma_{kk} = \frac{\partial f}{\partial \sigma_{ij}}$$

$\sigma_T$ 是流动应力,它在屈服点上等于屈服应力 $\sigma_Y$ 而后随着应变硬化材料中塑性应变的增大而增加.我们也可以换一个方式来表达(3.24a)式.由于

$$\delta_{ij} S_{ij} = \delta_{ij} \left[ \sigma_{ij} - \frac{1}{3} \delta_{ij} \sigma_{kk} \right] = 0$$

因此(3.24a)式也就等价于

$$f = \frac{1}{2} S_{ij} \sigma_{ji} = \left[ \frac{\sigma_T}{\sqrt{3}} \right]^2 \qquad (3.24b)$$

如把 $\sigma_T$ 理解为应力状态强度的表征,那么在超屈服之后由作用在一点的各个应力分量所组成的 $\sigma_T$ 就称为等效应力 $\sigma_e$.按第二彰(2.30)式所定义

$$\sigma_e = \sqrt{\frac{3}{2}} (S_{ij} S_{ji})^{1/2} = \sqrt{\frac{3}{2}} (S_{ij} \sigma_{ji})^{1/2} = (3f)^{1/2} \quad (3.25)$$

它在单轴加载下就是 $\sigma_T$.对应于 $\sigma_e$ 就有一个等效塑性应变增量 $d\varepsilon_e^{(p)}$ 以构成由各应力分量所做的塑性功增量,即

$$d W^{(p)} = \sigma_e d\varepsilon_e^{(p)} = \sigma_{ij} d\varepsilon_{ij}^{(p)} \qquad (3.26)$$

根据 Drucker 公设,我们已经导出(3.17)式,在此可以写为

$$d\varepsilon_{ij}^{(p)} = d\lambda \frac{\partial f}{\partial \sigma_{ij}} \qquad (3.27a)$$

$$= d\lambda S_{ij} \qquad (3.27b)$$

(3.27b)式可以说是最先由 Saint-Venant 在 1870 年提出的.当时他指出,塑性应变增量的各主轴与相应时刻各应力的主轴相重合(可参见 Desai 和 Siriwardane(1984)著作中的介绍).由于球

应力部分不影响主轴方向,所以也就是与各偏应力的主轴相重合.

将以上代入(3.26)式之后,我们得到

$$d W^{(p)} = \sigma_{ij} \frac{\partial f}{\partial \sigma_{ij}} d\lambda = \sigma_{ij} S_{ij} d\lambda = \frac{2}{3} \sigma_e^2 d\lambda \qquad (3.28)$$

再利用(3.25),(3.26)和(3.28)各式我们就可以找到用偏应力表示的等效塑性应变增量

$$d\varepsilon_e^{(p)} = \frac{2}{3} \sigma_e d\lambda = \sqrt{\frac{2}{3}} (S_{ij} S_{ji})^{1/2} d\lambda$$

根据(3.27b)式我们可以再将这一表达式转换为

$$d\varepsilon_e^{(p)} = \sqrt{\frac{2}{3}} (d\varepsilon_{ij}^{(p)} d\varepsilon_{ji}^{(p)})^{1/2} \qquad (3.29a)$$

在目前所涉及的小应变情况下,通常可以假定

$$d\varepsilon_{kk}^{(p)} = 0$$

因此在(3.26)式所表示的塑性功增量中也就没有体量的组成部分.依照这样的前提,我们可以略去塑性应变增量的全量 $d\varepsilon_{ij}^{(p)}$ 与偏量 $de_{ij}^{(p)}$ 的区别而认为

$$d\varepsilon_{ij}^{(p)} = d\varepsilon_{ij}^{(p)} - \frac{1}{3} \delta_{ij} d\varepsilon_{kk}^{(p)} = de_{ij}^{(p)}$$

于是,(3.29a)式又可以写作

$$d\varepsilon_e^{(p)} = \sqrt{\frac{2}{3}} (de_{ij}^{(p)} de_{ij}^{(p)})^{1/2} \qquad (3.29b)$$

具备了以上各项关系式,我们接下来就需要确定 $d\lambda$. 由(3.26)和(3.28)两式可见

$$d\lambda = \frac{3}{2} \frac{d\varepsilon_e^{(p)}}{\sigma_e} \left[ = \frac{3}{2} \frac{d\varepsilon_e^{(p)}}{d\sigma_e} \frac{d\sigma_e}{\sigma_e} \right] \qquad (3.30)$$

以后我们定义塑性切线模量为

$$E_{te}^{(p)} = d\sigma_e / d\varepsilon_e^{(p)} \qquad (3.31)$$

又等效应力的增量可以从(3.25)式中导出,即

$$d\sigma_e = \frac{3}{2\sigma_e}(S_{ij} d S_{ji}) = \frac{3}{2\sigma_e}(S_{ij} d\sigma_{ji}) \qquad (3.32)$$

从下面将导出的(3.35b)式可以很容易地找到测定塑性切线模量的办法.例如,利用单轴拉伸应力-应变曲线 $\sigma_1 - \varepsilon_1$ 上的单轴切线模量 $E_t$ 与 $E_{te}^{(p)}$ 之间的关系,就可以得到

$$\frac{1}{E_{te}^{(p)}} = \frac{1}{E_t} - \frac{1}{E} \qquad (3.33)$$

其中 $E$ 是杨氏模量又 $E_t = d\sigma_1 / d\varepsilon_1$ 就是所说的单轴切线模量.这样,综合(3.30),(3.31)和(3.32)各式就得到

$$d\lambda = \frac{3}{2 E_{te}^{(p)}} \frac{d\sigma_e}{\sigma_e} = \frac{9}{4 E_{te}^{(p)}} \frac{S_{ij} d\sigma_{ji}}{\sigma_e^2} \qquad (3.34)$$

如众所周知,弹性应变增量与应力增量之间存在有以下关系,即

$$d\varepsilon_{ij}^{(e)} = \frac{1}{E}[(1+\nu)d\sigma_{ij} - \nu\delta_{ij} d\sigma_{kk}] \qquad (3.35a)$$

其中 $\nu$ 是泊松系数.对于应变硬化材料,包括理想塑性情况,按照 Prandtl-Reuss 理论就应将全部应变增量写作

$$d\varepsilon_{ij} = \frac{1}{E}[(1+\nu)d\sigma_{ij} - \nu\delta_{ij} d\sigma_{kk}] + \alpha \frac{9}{4 E_{te}^{(p)}} \frac{S_{ij} S_{kl}}{\sigma_e^2} d\sigma_{kl}$$

$$\qquad (3.35b)$$

其中 $\alpha = \begin{cases} 1, & \text{塑性情况}(\sigma_e = \sigma_T \text{ 且 } d\sigma_e \geqslant 0) \\ 0, & \text{弹性情况}(\sigma_e < \sigma_T \text{ 或 } \sigma_e = \sigma_T \text{ 但 } d\sigma_e < 0) \end{cases}$

这里我们解释一下以上的各条款. $\sigma_e = \sigma_T$ 且 $d\sigma_e \geqslant 0$ 表示应力状

态是处于加载面上并有扩大加载面的趋势,因为 $d\lambda$ 和 $df$ 都是正的,属于塑性加载情况所以取 $\alpha=1$. 如遇到 $\sigma_e < \sigma_T$,那么一种可能是表明材料从未曾屈服过,或者是虽曾屈服过但目前的等效应力并不处在加载面上.后者又意味着两种可能,一种是处在弹性卸载过程或是仍在重新加载阶段但尚未达到塑性加载面.假使 $\sigma_e = \sigma_T$ 但又有 $d\sigma_e < 0$ 则表示虽然应力状态是处在当时的加载面上但又具有从该面上脱开到弹性卸载路径的趋势,因此 $df$ 是负的而且 $d\varepsilon_{ij}^{(p)}=0$.在有应变软化时也会有类似情况,但那时 $d\varepsilon_{ij}^{(p)} \neq 0$ 并且事先材料已经达到过某种应变软化准则.

下面我们来推导(3.35b)式的逆形式,这是实用中常需要引用的.为此,我们先对(3.35b)式两端乘以 $S_{ij}$ 并利用以下的已知事实,即

$$S_{ij}S_{ji} = \frac{2}{3}\sigma_e^2 \quad \text{且} \quad S_{ij}\delta_{ji} = 0$$

乘积的结果会导致

$$S_{ij}\,d\varepsilon_{ji} = \left[\frac{1+\nu}{E} + \alpha\frac{3}{2\,E_{te}^{(p)}}\right]S_{ij}\,d\sigma_{ji}$$

如果我们用 $\delta_{ij}$ 来乘(3.35b)式的两端,那么又会得到

$$\delta_{ij}\,d\varepsilon_{ji} = \frac{1+\nu}{E}\,d\sigma_{kk} - \frac{3\nu}{E}\,d\sigma_{kk} = \frac{1-2\nu}{E}\,d\sigma_{kk} = d\varepsilon_{kk}$$

再把以上的结果代回到(3.35b)式,将有

$$d\varepsilon_{ij} = \frac{1}{E}\left[(1+\nu)\,d\sigma_{ij} - \nu\delta_{ij}\frac{d\varepsilon_{kk}}{(1-2\nu)/E}\right]$$
$$+ \alpha\frac{9}{4\,E_{te}^{(p)}}\frac{S_{ij}}{\sigma_e^2}\frac{S_{kl}\,d\varepsilon_{lk}}{\left[\frac{1+\nu}{E} + \frac{3}{2\,E_{te}^{(p)}}\right]}$$

最后,我们将应力增量移到等式的左端而使所有的应变增量项留在右端,就可以导出(3.35b)式的逆方程式为

$$d\sigma_{ij} = \frac{E}{1+\nu}\left[ d\varepsilon_{ij} + \frac{\nu}{1-2\nu}\delta_{ij}d\varepsilon_{kk} - \alpha\frac{3}{2\sigma_e^2} \right.$$

$$\left. \times \frac{E}{E_{te}^{(p)}} \frac{S_{ij}S_{kl}d\varepsilon_{lk}}{\frac{2}{3}(1+\nu) + \frac{E}{E_{te}^{(p)}}} \right] \qquad (3.36a)$$

也可以把(3.36a)改写成

$$d\sigma_{ij} = \frac{E}{1+\nu}\left[ \frac{1}{2}(\delta_{ik}\delta_{jl} + \delta_{il}\delta_{jk}) + \frac{\nu}{1-2\nu}\delta_{ij}\delta_{kl} \right.$$

$$\left. - \alpha\frac{3}{2\sigma_e^2}\frac{E}{E_{te}^{(p)}} \frac{S_{ij}S_{kl}}{\frac{2}{3}(1+\nu) + \frac{E}{E_{te}^{(p)}}} \right]d\varepsilon_{kl} \qquad (3.36b)$$

## 3.4　比例加载下的形变理论

这里我们将介绍如何从前面的流动理论出发,在特定的加载方式下,导出形变理论.

### 3.4.1　形变理论的推导(参见王仁等著作(1982))

除了增量型的流动理论之外,塑性力学中还有一种全量型的形变理论.由于加载路径的多样性,要求得一个一般形式的全量理论几乎不可能.目前所得到的是一种简单加载情况.它要求受力物体中各处的应力分量比值不变,即随一个共同因子单调增加,由此称作比例加载.在这种条件的约束下,不允许有弹性卸载或应力值不变的情况(除非是零).依照这种前提,我们可以将各应力分量及等效应力都写成一种比例形式,即

$$\sigma_{ij} = \sigma_{ij(0)}t, \quad S_{ij} = S_{ij(0)}t, \quad \sigma_e = \sigma_e^{(0)}t \qquad (3.37)$$

在(3.37)式中,无论是用(0)作上标或下标都是代表 t＝0 的初始时刻.应变的全量自然应定义为

$$\varepsilon_{ij} = \int_0^t d\varepsilon_{ij}, \quad \varepsilon_e^{(p)} = \int_0^t d\varepsilon_e^{(p)} \qquad (3.38)$$

根据(3.27a)和(3.30)两式,(3.35b)式所代表的增量型本构关系可以改写作

$$d\varepsilon_{ij} = \frac{1}{E}\left[(1+\nu)d\sigma_{ij} - \nu\delta_{ij}d\sigma_{kk}\right] + \alpha\frac{3}{2}\frac{d\varepsilon_e^{(p)}}{\sigma_e}S_{ij}$$

在比例加载下从 0 到 t 积分之后,则有

$$\varepsilon_{ij} = \frac{1}{E}\left[(1+\nu)\sigma_{ij} - \nu\delta_{ij}\sigma_{kk}\right] + \alpha\frac{3}{2}\frac{S_{ij}}{\sigma_e}\varepsilon_e^{(p)}$$

设

$$E_{se}^{(p)} = \sigma_e/\varepsilon_e^{(p)},\quad \psi = 3/(2E_{se}^{(p)}) \tag{3.39}$$

于是,

$$\varepsilon_{ij} = \frac{1}{E}\left[(1+\nu)\sigma_{ij} - \nu\delta_{ij}\sigma_{kk}\right] + \alpha\psi S_{ij} \tag{3.40}$$

其中,

$$\alpha = \begin{cases} 1, & \text{塑性情况} \\ 0, & \text{弹性情况} \end{cases}$$

又 $E_{se}^{(p)}$ 可定名为塑性割线模量.

下面我们来推导参数 $\psi$ 与等效应变和应力之间的关系.首先我们需要明确定义包括弹性和塑性两部分应变的全部等效应变的增量

$$d\varepsilon_e = \sqrt{\frac{2}{3}}(de_{ij}de_{ji})^{1/2} \tag{3.41}$$

其中,

$$de_{ij} = d\varepsilon_{ij} - \frac{1}{3}\delta_{ij}d\varepsilon_{kk} \tag{3.42}$$

代表全部应变增量中的偏量部分,所以(3.41)式与(3.29b)式两者相似.

将(3.35b)式所代表的流动理论本构关系代入(3.41)式并注意到

$$d\varepsilon_{kk} = \frac{1-2\nu}{E}d\sigma_{kk}$$

于是可以把全部等效应变增量写作

$$d\varepsilon_e = \sqrt{\frac{2}{3}}\left[\left[\frac{1+\nu}{E}\right]^2 dS_{ij}dS_{ji} + 2\left[\frac{1+\nu}{E}\right]\left[\frac{3}{2}\frac{d\varepsilon_e^{(p)}}{\sigma_e}\right]\right.$$

$$\left. \times dS_{ij}S_{ji} + \left[\frac{3}{2}\frac{d\varepsilon_e^{(p)}}{\sigma_e}\right]^2 S_{ij}S_{ji}\right]^{1/2} \tag{3.43a}$$

再利用(3.37)式,我们又可以把它改写为

$$d\varepsilon_e = \sqrt{\frac{2}{3}}\left[\left[\frac{1+\nu}{E}\right]^2 S_{ij(0)}S_{ji(0)} + 2\left[\frac{1+\nu}{E}\right]\left[\frac{3}{2}\frac{d\varepsilon_e^{(p)}}{\sigma_e^{(0)}dt}\right]\right.$$

$$\left. \times S_{ij(0)}S_{ji(0)} + \left[\frac{3}{2}\frac{d\varepsilon_e^{(p)}}{\sigma_e^{(0)}dt}\right]^2 S_{ij(0)}S_{ji(0)}\right]^{1/2}dt \tag{3.43b}$$

由于

$$\sigma_e^{(0)} = \sqrt{\frac{3}{2}}(S_{ij(0)}S_{ji(0)})^{1/2}$$

于是,

$$d\varepsilon_e = \frac{2}{3}\sigma_e^{(0)}\left[\left[\frac{1+\nu}{E}\right]^2 + 2\left[\frac{1+\nu}{E}\right]\left[\frac{3}{2}\frac{d\varepsilon_e^{(p)}}{\sigma_e^{(0)}dt}\right] + \left[\frac{3}{2}\frac{d\varepsilon_e^{(p)}}{\sigma_e^{(0)}dt}\right]^2\right]^{1/2}dt$$

$$= \frac{2}{3}\sigma_e^{(0)}\left[\frac{1+\nu}{E} + \frac{3}{2}\frac{d\varepsilon_e^{(p)}}{\sigma_e^{(0)}dt}\right]dt$$

$$= \frac{2}{3}\sigma_e^{(0)}\frac{1+\nu}{E}dt + d\varepsilon_e^{(p)} \tag{3.43c}$$

类似于(3.38)式,令

$$\varepsilon_e = \int_0^t d\varepsilon_e \qquad (3.44a)$$

将以上所得结果代入并积分

$$\varepsilon_e = \frac{2}{3}\left[\frac{1+\nu}{E}\right]\sigma_e + \varepsilon_e^{(p)} \qquad (3.44b)$$

$$= \frac{2}{3}\left[\frac{1+\nu}{E} + \psi\right]\sigma_e \qquad (3.44c)$$

这就是参数 $\psi$ 与 $\varepsilon_e$, $\sigma_e$ 之间的关系式.

如果定义一个等效割线模量为

$$E_{se} = \sigma_e/\varepsilon_e \qquad (3.45)$$

可以很容易地导出这个模量与单轴应力-应变曲线 $\sigma_1 - \varepsilon_1$ 上的单轴割线模量 $E_s$ 之间的关系. 因为在单轴加载下, (3.40)式可以简化为

$$\varepsilon_{11} = \frac{1}{E}\left[(1+\nu)\sigma_{11} - \nu\sigma_{11}\right] + \psi S_{11}$$

$$= \frac{\sigma_{11}}{E} + \frac{3}{2E_{se}^{(p)}}S_{11} \qquad \left[S_{11} = \frac{2}{3}\sigma_{11}\right]$$

$$= \frac{\sigma_{11}}{E} + \frac{\sigma_{11}}{\sigma_e}\varepsilon_e^{(p)}$$

$$= \frac{\sigma_{11}}{E} + \frac{\sigma_{11}}{\sigma_e}\left[\varepsilon_e - \frac{2}{3E}(1+\nu)\sigma_e\right] \qquad (由(3.44b))$$

于是求得

$$\frac{\varepsilon_{11}}{\sigma_{11}} = \frac{1}{E} + \frac{1}{E_{se}} - \frac{2}{3E}(1+\nu)$$

或

$$\frac{1}{E_{se}} = \frac{1}{E_s} - \frac{1-2\nu}{3E} \qquad (E_s = \sigma_1/\varepsilon_1 = \sigma_{11}/\varepsilon_{11}) \qquad (3.46)$$

通过利用(3.39),(3.44c)和(3.45)各式又可以导出有关塑性割线模量

$$\frac{1}{E_{se}^{(p)}} = \frac{1}{E_{se}} - \frac{2}{3}\left[\frac{1+\nu}{E}\right] = \frac{1}{E_s} - \frac{1}{E} \qquad (3.47)$$

改换一下(3.44c)式的表示方法,我们还可以用 $E_{se}$ 表示参数 $\psi$,即

$$\psi = \frac{3}{2\,E_{se}} - \frac{1+\nu}{E} \qquad (3.48)$$

我们不难证明,按照(3.41)和(3.42)两式的定,全部等效应变 $\varepsilon_e$ 和各应变分量的偏量部分 $e_{ij}$ 之间的关系是

$$\varepsilon_e = \sqrt{\frac{2}{3}}\,(e_{ij}e_{ji})^{1/2} \qquad (3.49)$$

其中,

$$e_{ij} = \varepsilon_{ij} - \frac{1}{3}\delta_{ij}\varepsilon_{kk}\,,\;\varepsilon_{kk} = \frac{1-2\nu}{E}\sigma_{kk} \qquad (3.50)$$

从(3.40)式所给出的全量型本构关系式,我们可以将(3.50)式改写为

$$e_{ij} = \frac{1+\nu}{E}S_{ij} + \psi S_{ij} = \left[\frac{1+\nu}{E} + \psi\right]S_{ij}$$

再代回到(3.49)式的右端,我们即可得到

$$\sqrt{\frac{2}{3}}\,(e_{ij}e_{ji})^{1/2} = \sqrt{\frac{2}{3}}\left[\left[\frac{1+\nu}{E}\right]^2 S_{ij}S_{ji} + 2\psi\left[\frac{1+\nu}{E}\right]S_{ij}S_{ji} + \psi^2\,S_{ij}S_{ji}\right]^{1/2}$$

$$= \frac{2}{3}\left[\frac{1+\nu}{E} + \psi\right]\sigma_e = \varepsilon_e$$

由此证明(3.49)式成立.

### 3.4.2　形变理论的增量形式

在实际应用中也会遇到需要采用形变理论的增量形式.这时

我们就可以对(3.40)式作微分而得到

$$d\varepsilon_{ij} = \frac{1}{E}[(1+\nu)d\sigma_{ij} - \nu\delta_{ij}d\sigma_{kk}] + \alpha(\psi dS_{ij} + d\psi S_{ij})$$

$$(3.51)$$

并有

$$d\psi = \frac{3}{2}\left[\frac{1}{E_{te}} - \frac{1}{E_{se}}\right]\frac{d\sigma_e}{\sigma_e} \qquad (3.52)$$

它是(3.48)式中 $\psi$ 的微分结果,其中引入了等效切线模量

$$E_{te} = d\sigma_e/d\varepsilon_e \qquad (3.53)$$

从(3.44b)式,我们可以导出这个模量与以前的塑性切线模量 $E_{te}^{(p)}$ 之间的关系为

$$\frac{1}{E_{te}} = \frac{1}{E_{te}^{(p)}} + \frac{2}{3}\left[\frac{1+\nu}{E}\right] \qquad (3.54)$$

如果要利用单轴加载下的切线模量 $E_t$,我们又可以从(3.33)和(3.54)两式得出

$$\frac{1}{E_{te}} = \frac{1}{E_t} - \frac{1-2\nu}{3E} \qquad (3.55)$$

将有关的量代入(3.51)式后,我们就可以求出全应变增量的表达式为

$$d\varepsilon_{ij} = \frac{1}{E}[(1+\nu)d\sigma_{ij} - \nu\delta_{ij}d\sigma_{kk}]$$

$$+ \alpha\left[\left[\frac{3}{2E_{se}} - \frac{1+\nu}{E}\right]\left[d\sigma_{ij} - \frac{1}{3}\delta_{ij}d\sigma_{kk}\right]\right.$$

$$+ \frac{9}{4}\left[\frac{1}{E_{te}} - \frac{1}{E_{se}}\right]\frac{S_{ij}S_{kl}}{\sigma_e^2}d\sigma_{lk}\right] \qquad (3.56)$$

为求其逆形式可以依照前一节中所施行的办法而最终导出以应变

增量表示的应力增量：

$$d\sigma_{ij} = \frac{2}{3} E_{se} \left[ \frac{1}{2} (\delta_{ik}\delta_{jl} + \delta_{il}\delta_{jk}) + \left[ \frac{E/E_{se}}{2(1-2\nu)} - \frac{1}{3} \right] \right.$$

$$\left. \times \delta_{ij}\delta_{kl} - \frac{3}{2} \left[ 1 - \frac{E_{te}}{E_{se}} \right] \frac{S_{ij}S_{kl}}{\sigma_e^2} \right] d\varepsilon_{kl} \tag{3.57a}$$

如果仅有弹性变形，则可简化为

$$d\sigma_{ij} = \frac{E}{1+\nu} \left[ \frac{1}{2} (\delta_{ik}\delta_{jl} + \delta_{il}\delta_{jk}) + \frac{\nu}{1-2\nu}\delta_{ij}\delta_{kl} \right] d\varepsilon_{kl}$$

$$\tag{3.57b}$$

　　严格地说，形变理论只能适用于简单的（即比例）加载情况．但事实上，在分析结构屈曲问题时，它比流动理论更为可取并可导出较之更低的临界载荷．所得结果与实验相符较好．不难看出，在屈曲的时刻如用（3.56）或（3.57a）来替代流动理论中的（3.35b）或（3.36b）也就相当于在后者中的杨氏模量 E 被置换为 $2(1+\nu) \cdot E_{se}/3$．这一替代的效果是使结构的刚度降低．为解释这一疑难问题，一些研究人员曾设想借助于角点理论，就是假设塑性加载面不是光滑的而带有棱角．例如，Budiansky（1959）就曾试图依此重新评定形变理论的含义，Christoffersen 和 Hutchinson（1979）也讨论过塑性力学中的一组角点理论．

## 3.5　塑性计算的示范

　　鉴于塑性问题的非线性性质，在许多情况下它的求解只能依靠采用增量型的数值计算．在前面的各节中已经建立了有关的增量型应力-应变关系．它们可以适用于小应变条件下的应变硬化材料或者理想塑性情况．以下将给出一些实用的公式并说明它们在实际计算中的应用．

### 3.5.1　流动理论的实例

　　可以将（3.36b）式缩写为

$$d\sigma_{ij} = L_{ijkl} d\varepsilon_{kl} \qquad (3.58)$$

其中的四阶刚度张量为

$$L_{ijkl} = \frac{E}{1+\nu}\left[ \frac{1}{2}(\delta_{ik}\delta_{jl} + \delta_{il}\delta_{jk}) + \frac{\nu}{1-2\nu}\delta_{ij}\delta_{kl} \right.$$

$$\left. - \alpha\frac{3}{2\sigma_e^z}\frac{S_{ij}S_{kl}}{\frac{2}{3}(1+\nu)\dfrac{E_{te}^{(p)}}{E}+1} \right] \qquad (3.59)$$

$\alpha=0$ 属于弹性情况,而 $\alpha=1$ 则是塑性加载.按照(3.33)式又可以得到

$$\frac{E_{te}^{(p)}}{E} = \frac{E_t}{E - E_t} \qquad (3.60)$$

再利用单轴应力-应变曲线就能确定 $E_t$ 的数据.

作为示范,我们在下面写出(3.59)式所包含的一些实际的刚度参数

$$L_{1111} = \frac{E}{1+\nu}\left( 1 + \frac{\nu}{1-2\nu} - \alpha\frac{3}{2\sigma_e^z}\frac{S_{11}S_{11}}{\frac{2}{3}(1+\nu)\dfrac{E_{te}^{(p)}}{E}+1} \right)$$

$$L_{1122} = \frac{E}{1+\nu}\left( \frac{\nu}{1-2\nu} - \alpha\frac{3}{2\sigma_e^z}\frac{S_{11}S_{22}}{\frac{2}{3}(1+\nu)\dfrac{E_{te}^{(p)}}{E}+1} \right) \qquad (3.61)$$

$$L_{1113} = \frac{E}{1+\nu}\left( - \alpha\frac{3}{2\sigma_e^z}\frac{S_{11}S_{13}}{\frac{2}{3}(1+\nu)\dfrac{E_{te}^{(p)}}{E}+1} \right)$$

$$L_{1313} = \frac{E}{1+\nu}\left( \frac{1}{2} - \alpha\frac{3}{2\sigma_e^z}\frac{S_{13}S_{13}}{\frac{2}{3}(1+\nu)\dfrac{E_{te}^{(p)}}{E}+1} \right)$$

(a) 轴对称情况

通常在柱坐标中三个坐标轴可以取作

$$a_1 = r, \ a_2 = \theta \ \text{及} \ a_3 = z$$

它们各自代表径向,环向和轴向.轴对称情况是这一类坐标系中的一种特例.此时,

$$\varepsilon_{r\theta} = \varepsilon_{\theta z} = \sigma_{r\theta} = \sigma_{\theta z} = 0 \tag{3.62}$$

针对这一情况,可以将(3.58)式写成矩阵

$$\left\{ \begin{array}{c} d\sigma_{rr} \\ d\sigma_{\theta\theta} \\ d\sigma_{zz} \\ d\sigma_{rz} \end{array} \right\} = \left[ \begin{array}{cccc} C_{11} & C_{12} & C_{13} & C_{14} \\ \cdot & C_{22} & C_{23} & C_{24} \\ \cdot & \cdot & C_{33} & C_{34} \\ \cdot & \cdot & \cdot & C_{44} \end{array} \right] \left\{ \begin{array}{c} d\varepsilon_{rr} \\ d\varepsilon_{\theta\theta} \\ d\varepsilon_{zz} \\ 2d\varepsilon_{rz} \end{array} \right\} \tag{3.63}$$

这里的$[C_{ij}]$是一个对称矩阵,其中,

$$C_{11} = L_{1111}, \ C_{12} = L_{1122} = L_{2211},$$

$$C_{13} = L_{1133} = L_{3311}, \ C_{14} = L_{1113} = L_{1131},$$

$$C_{22} = L_{2222}, \ C_{23} = L_{2233} = L_{3322},$$

$$C_{24} = L_{2213} = L_{2231}, \ C_{33} = L_{3333},$$

$$C_{34} = L_{3313} = L_{3331}, \ C_{44} = L_{1313} = L_{3131}$$

(b) 平面应变情况

此时,在直角坐标下,

$$\varepsilon_{33} = \varepsilon_{13} = \varepsilon_{23} = \sigma_{13} = \sigma_{23} = 0 \tag{3.64}$$

于是,

$$\left\{ \begin{array}{c} d\sigma_{11} \\ d\sigma_{22} \\ d\sigma_{12} \\ d\sigma_{33} \end{array} \right\} = \left[ \begin{array}{ccc} C_{11} & C_{12} & C_{13} \\ C_{21} & C_{22} & C_{23} \\ C_{31} & C_{32} & C_{33} \\ C_{41} & C_{42} & C_{43} \end{array} \right] \left\{ \begin{array}{c} d\varepsilon_{11} \\ d\varepsilon_{22} \\ 2d\varepsilon_{12} \end{array} \right\} \tag{3.65}$$

其中，

$$C_{11} = L_{1111}, \ C_{12} = L_{1122} = C_{21} = L_{2211}, \ C_{13} = L_{1112}$$
$$= C_{31} = L_{1211},$$
$$C_{22} = L_{2222}, \ C_{23} = L_{2212} = C_{32} = L_{1222}, \ C_{33} = L_{1212}$$
$$= L_{2121},$$
$$C_{41} = L_{3311}, \ C_{42} = L_{3322}, \ C_{43} = L_{3312} = L_{3321}$$

（c）平面应力情况

这种条件是

$$\varepsilon_{13} = \varepsilon_{23} = \sigma_{13} = \sigma_{23} = \sigma_{33} = 0 \tag{3.66}$$

利用 $d\sigma_{33} = 0$ 可以导出

$$\left\{ \begin{matrix} d\sigma_{11} \\ d\sigma_{22} \\ d\sigma_{12} \end{matrix} \right\} = \left[ \begin{matrix} C_{11} & C_{12} & C_{13} \\ \bullet & C_{22} & C_{23} \\ \bullet & \bullet & C_{33} \end{matrix} \right] \left\{ \begin{matrix} d\varepsilon_{11} \\ d\varepsilon_{22} \\ 2d\varepsilon_{12} \end{matrix} \right\} \tag{3.67}$$

这里的刚度矩阵也是对称的，其中，

$$C_{11} = L_{1111} - \frac{(L_{1133})^2}{L_{3333}}, \ C_{12} = L_{1122} - \frac{L_{1133} L_{2233}}{L_{3333}},$$

$$C_{13} = L_{1112} - \frac{L_{1133} L_{1233}}{L_{3333}}, \ C_{22} = L_{2222} - \frac{(L_{2233})^2}{L_{3333}},$$

$$C_{23} = L_{2212} - \frac{L_{2233} L_{1233}}{L_{3333}}, \ C_{33} = L_{1212} - \frac{(L_{1233})^2}{L_{3333}}$$

### 3.5.2 增量形式的形变理论的实例

在塑性加载下，这一理论也可以写成(3.58)式的形式，只需要将其中的刚度张量按照(3.57a)表示为

$$L_{ijkl} = \frac{2}{3} E_{se} \left[ \frac{1}{2} ( \delta_{ik} \delta_{jl} + \delta_{il} \delta_{jk} ) + \left[ \frac{E/E_{se}}{2(1-2\nu)} - \frac{1}{3} \right] \right.$$

$$\left. \times \ \delta_{ij} \delta_{kl} - \frac{3}{2} \left[ 1 - \frac{E_{te}}{E_{se}} \right] \frac{S_{ij} S_{kl}}{\sigma_e^2} \right] \tag{3.68}$$

作为其中的示范,可以写出

$$L_{1111} = \frac{2}{3} E_{se} \left[ 1 + \left[ \frac{E/E_{se}}{2(1-2\nu)} - \frac{1}{3} \right] - \frac{3}{2} \left[ 1 - \frac{E_{te}}{E_{se}} \right] \frac{S_{11} S_{11}}{\sigma_e^2} \right]$$

$$L_{1122} = \frac{2}{3} E_{se} \left[ \left[ \frac{E/E_{se}}{2(1-2\nu)} - \frac{1}{3} \right] - \frac{3}{2} \left[ 1 - \frac{E_{te}}{E_{se}} \right] \frac{S_{11} S_{22}}{\sigma_e^2} \right]$$

$$L_{1113} = \frac{2}{3} E_{se} \left[ -\frac{3}{2} \left[ 1 - \frac{E_{te}}{E_{se}} \right] \frac{S_{11} S_{13}}{\sigma_e^2} \right] \tag{3.69}$$

$$L_{1313} = \frac{2}{3} E_{se} \left[ \frac{1}{2} - \frac{3}{2} \left[ 1 - \frac{E_{te}}{E_{se}} \right] \frac{S_{13} S_{13}}{\sigma_e^2} \right]$$

改写一下(3.46)和(3.55)两式,可以得到

$$E_{se} = 1 \left/ \left[ \frac{1}{E_s} - \frac{1-2\nu}{3E} \right] \right. \tag{3.70}$$

$$E_{te} = 1 \left/ \left[ \frac{1}{E_t} - \frac{1-2\nu}{3E} \right] \right. \tag{3.71}$$

由单轴加载的棒材试验就能够测定以上所引用的割线模量 $E_s$ 和切线模量 $E_t$.

依据这一理论而进行计算时,所要用到的刚度矩阵形式与前面的(3.63),(3.65)和(3.67)完全相同,只要改动一下各刚度系数的实际含义即可.

### 3.5.3 塑性计算的程序

塑性计算的突出特点是需要更换刚度矩阵.从前面的范例可见,刚度矩阵中的系数取决于该时刻的应力情况(偏应力和等效应

力)和有关的模量(如 $E_{te}$, $E_{se}$ 或 $E_{te}^{(p)}$).

为提供这些模量的具体数值,可以利用(3.60),(3.70)和(3.71)各式.还需要说明的是:如何将它们与等效应变联系起来.由于单轴加载的试验符合形变理论所要求的比例加载条件,利用3.4.1段中(3.39),(3.44b),(3.44c),(3.46)和(3.47)各式就可以得到

$$\varepsilon_e^{(p)} = \varepsilon_1 - \frac{\sigma_1}{E}, \quad \varepsilon_e = \varepsilon_1 - \frac{1-2\nu}{3E}\sigma_1 \qquad (3.72)$$

这样,就可以找到对应 $\varepsilon_e$ 或 $\varepsilon_e^{(p)}$ 值的 $E_{te}$, $E_{se}$ 或 $E_{te}^{(p)}$.

具体计算时,每个增量加载过程所应包括的程序有:

(a) 使问题的数值解满足平衡方程和边界条件.

(b) 求出在整个物体域内附加该载荷增量后所应有的位移增量的场 $dU_i$.

(c) 计算应变增量场

$$d\varepsilon_{ij} = \frac{1}{2}(dU_{i,j} + dU_{j,i}) \qquad (3.73)$$

(d) 再利用(3.58)与(3.59)两式或者(3.58)与(3.68)来计算应力增量 $d\sigma_{ij}$ 的分布.

(e) 更新应力场

$$\sigma'_{ij} = \sigma_{ij} + d\sigma_{ij}$$

由此再计算更新后的偏应力和等效应力.

(f) 采用流动理论时,就需要利用(3.35b)式中的附加说明来判别在各物质点上的加载情况是塑性的或是弹性的(从未屈服过或已被卸载).如果采用的是形变理论的增量形式,那么这一步就不需要作了.

(g) 由(3.29b),(3.41)各式计算相应的等效应变

$$\varepsilon_e^{(p)} = \int_0^t d\varepsilon_e^{(p)} \left(= \sum \Delta\varepsilon_e^{(p)}\right), \quad \varepsilon_e = \int_0^t d\varepsilon_e \left(= \sum \Delta\varepsilon_e\right)$$

（h）依据各点的等效应变值和材料试验,确定相应的各项模量值.

（i）计算各点的塑性或弹性的刚度以更新整个刚度矩阵.

（j）进入下一个增量的计算.

很显然,在物体内的各点上,为使瞬时的应力/应变状况与所取的各项模量值相匹配就需要有一个迭代过程或采用充分小的加载增量.最后在表3.1中陈列了本章中所用到的各项模量,以说明各自的含义和比较.

表3.1 塑性模量及相互比较

| | 切线模量 | 割线模量 |
|---|---|---|
| 单轴 | $E_t = d\sigma_1/d\varepsilon_1$ | $E_s = \sigma_1/\varepsilon_1$ |
| 塑性 | $E_{te}^{(p)} = d\sigma_e/d\varepsilon_e^{(p)}$ $= E_t/\left[1-\dfrac{E_t}{E}\right]$ 流动理论 | $E_{se}^{(p)} = \sigma_e/\varepsilon_e^{(p)}$ $= E_s/\left[1-\dfrac{E_s}{E}\right]$ 形变理论 |
| 等效 | $E_{te} = d\sigma_e/d\varepsilon_e$ $= E_t/\left[1-\dfrac{1-2\nu}{3}\dfrac{E_t}{E}\right]$ 形变理论的增量形式 | $E_{se} = \sigma_e/\varepsilon_e$ $= E_s/\left[1-\dfrac{1-2\nu}{3}\dfrac{E_s}{E}\right]$ 形变理论的增量形式 |

## 练　习

3-1　按下页图所示,$S_1$,$S_2$ 和 $S_3$ 为 $\pi$ 面内向量 $\vec{S}$ 的设影分量.证明:

$$S_1 + S_2 + S_3 = 0$$

3-2　在平面应力情况下（$\sigma_3 = 0$）,比较（3.9）和（3.12）两式后可见:在（a）$\sigma_1 = \sigma_y$,$\sigma_2 = 0$,（b）$\sigma_2 = \sigma_y$,$\sigma_1 = 0$,（c）$\sigma_1 = \sigma_2$ 各处,由 Tresca 和 von-Mises 两准则所导出的屈服轨迹之点相同.请说明并给出在情况（c）下的应力值.

3-3　请用你自己的语言描述一下:为什么说图3.6中由 Tresca 和 von-Mises 准则所绘制的结果符合图3.4中对于 $\pi$ 面内屈服轨迹的要求.

3-4　填充以下空白的括弧

（a）Drucker 公设是建立在（　　）循环上的论述而 Il'iushin 公设则是基于

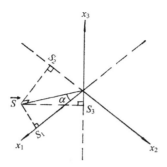

（　）循环.

　　(b) Prandtl-Reuss(流动)理论中的加载面与( 　 )屈服面相似.

3-5　回答以下各问题:

　　(a) 在形成塑性力学中的流动理论过程中,Drucker公设的作用体现在何处?

　　(b) 在什么情况下加载面的凸性可能会消失?

3-6　设 $f = \frac{1}{2} S_{kl} S_{lk}$,证明:

$$\frac{\partial f}{\partial \sigma_{ij}} = S_{ij}$$

(提示: $\frac{\partial \sigma_{kl}}{\partial \sigma_{ij}} = \delta_{ik} \delta_{jl}$)

3-7　在单轴加载下( $\sigma_{22} = \sigma_{33} = 0$ 又 $\sigma_e = \sigma_{11} = \sigma_1$ ),利用(3.35b)式推导和证明(3.33)关系式.

3-8　证明:

$$d\varepsilon_{ij} = \frac{1}{2} (\delta_{ik} \delta_{jl} + \delta_{il} \delta_{jk}) d\varepsilon_{kl}$$

(提示:利用 $d\varepsilon_{ij}$ 的对称性)

3-9　按照形变理论(3.37)式所规定的条件: $\sigma_{ij} = \sigma_{ij(0)} t$,应力加载应具有哪些特征?

3-10　在符合比例加载的条件下,证明:

　　(a) $(S_{kl} S_{lk})(d S_{ij} d S_{ji}) = (S_{ij} d S_{ji})(S_{kl} d S_{lk})$

　　(b) $S_{kl} d S_{ij} = S_{ij} d S_{kl}$

3-11 证明：

    (a) $\sigma_{ij}S_{ji} = S_{ij}S_{ji}$

    (b) $S_{ij}d\sigma_{ji} = S_{ij}dS_{ji}$

3-12 在比例加载条件下,利用(3.25),(3.41),(3.42)和(3.56)各有关式子证明：

$$\sigma_e d\varepsilon_e = \sigma_{ij}d\varepsilon_{ji} - \frac{1}{3}\sigma_{ii}d\varepsilon_{ij}$$

3-13 说明导出(3.56a)式的逆形式(3.57a)的步骤及具体运算.

3-14 具体说明形变理论的增量形式(3.57a)式等同于用 $2(1+\nu)E_{se}/3$ 替代流动理论的(3.36b)式中的杨氏模量 $E$.

$$\left[\text{提示：}\frac{\nu}{1-2\nu}=\frac{2(1+\nu)/3}{2(1-2\nu)}-\frac{1}{3}\text{又由}(3.54)\text{式}\frac{E}{E_{te}}=\frac{E}{E_{te}^{(p)}}+\frac{2(1+\nu)}{3}\right]$$

# 参 考 文 献

王 仁,熊祝华,黄文彬.1982.塑性力学基础.科学出版社

Bridgman P W.1923.The compressibility of thirty metals as a function of pressure and temperature.Prcc Am Acad Art,Sci,58:163—242

Budiansky B.1959.A reassessment of deformation theories of plasticity.J A M, 26:259—264

Christoffersen J and Hutchinson J W.1979.A class of phenomenological corner theories of plasticity.J Mech Phys,Solids,27:465—487

Dafalias Y F.1977.Il'iushin's postulate and resulting thermodynamic conditions on elastoplastic coupling.Int J Solids Structures,13:239—251

Desai C S and Siriwardane H J.1984.Constitutive Laws for Engineering Materials with Emphasis on Geologic Materials.Englewood Cliffs:Prentice-Hall,Inc

Drucker D C.1951.A more fundamental approach to plastic stress-strain relations.Proc,lst U S Nat Congr of Appl Mech,487—491

Fung Y C.1965.Foundations of Solid Mechanics.Englewood Cliffs:Prentice-Hall,Inc

Hill R.1950.The Mathematical Theory of Plasticity,Oxford:Clarendon Press(中译本,R.希尔著.王仁等译.塑性数学理论.科学出版社)

Il'iushin A A.1961.On the postulate of plasticity P M M(俄文),25:503—507

Johnson W and Mellor P B.1985.Engineering Plasticity.Halsted Press:John Wiley & Sons,N.Y

Kachanov L M.1971.Foundations of the Theory of Plasticity.Amsterdam:North-Holland

Publishing Company(中译本,L.M.卡恰诺夫著.周承倜译.塑性理论基础(第二版),人民教育出版社)

Koiter W T.1960.General theorems for elastic-plastic solids,Progress in Solid Mechamcs, 1,Ch.4,Amsterdam:North-Holland Publishing Company

Lode W.1926.Versuche über den einfluss der mittleren hauptspannung auf das fliessen der metalle eisen kupfer und nickel.Z Physik,36:913—939

Mendelson A.1968.Plasticity:Theory and Application.New York:The Macmillan Company

Palmer A C Maier G and Drucker D C.1967.Normality relations and convexity of yield surfaces for unstable materials or structural elements.J A M,34:464—470

Prandtl L.1924.Spannungsverteilung in plastischen körpern.Proc lst Int Congr Appl Mech, Delft,Holland, 43

Reuss A.1930.Berücksichtigung der elastischen formänderungen in der plastizitätstheorie.Z A M M,10:266—274

Ros M and Eichinger A.1929.Versuche zur Klaerung der frage der bruchgefahr III, metalle,Eidgenoss.Material pruf und Versuchsanstalt Industriell Bauwerk und Gewarbe. Diskussionsbericht No 34,Zurich,3

Taylor G I and Quinney H.1931.The plastic distortion of metals.Phil Trans Roy Soc,London,Series A,230:323—362

Tresca H.1864.Mé moite sur I'écoulement des corps solides soumis à de fortes pressions. Comptes Rendus Acad Sci,Paris,59:754

von-Mises R.1913.Mechanik der festen körper im plastisch deformablen zustand,göttinger nachrichten,Math Phys 1:582—592

# 第四章 塑性力学的发展

前几章所谈到的传统理论和准则已得到广泛的工程应用. 但是,为推进和修改塑性理论以适应不同的要求仍然需要付出极大的努力. 为了扩大应用范围也需要消除在理论中所包含的一些限制. 例如,就一些材料情况而言,屈服与塑性流动行为与平均应力有关,于是就应该考虑塑性膨胀性或压缩性. 材料中也会出现时间效应,从而导致蠕变. 对于这类因素,在许多情况下,即使一个近似估算结果也是十分有价值的. 各向异性行为或塑性变形依赖于循环加载条件则引发了对加载面设立机动硬化模型. 对此和其他一些例子,以下将给予介绍性的说明.

值得注意的是,这些理论往往还需要更充分的实验验证. 在各种情况下使用时就应恰当地掌握分寸.

## 4.1 基于塑性耗散能的本构形式

在处理塑性膨胀性的几种方法中,基于塑性耗散能的本构形式是一个可取的途径. 在这种情况下,为设置所需要的塑性本构方程,可以不必局限于采用 Drucker 公设,而将视野扩大为更一般的塑性耗散能计算.

设塑性变形过程中所耗散能量的增量为

$$d W^{(p)} = \sigma_{ij} d \varepsilon_{ij}^{(p)} \tag{4.1}$$

其中,$\sigma_{ij}$ 指的是应力张量而 $d\varepsilon_{ij}^{(p)}$ 是塑性应变增量的张量. 它们各自可分解为其偏量和体量两部分,也就是说

$$\sigma_{ij} = S_{ij} + \frac{1}{3} \delta_{ij} \sigma_{kk}, \quad \sigma_{kk} = \delta_{kl} \sigma_{kl}$$

$$d \varepsilon_{ij}^{(p)} = d e_{ij}^{(p)} + \frac{1}{3} \delta_{ij} d \varepsilon_{kk}^{(p)} , \; d \varepsilon_{kk}^{(p)} = \delta_{kl} d \varepsilon_{kl}^{(p)} \tag{4.2}$$

其中，$S_{ij}$ 和 $d e_{ij}^{(p)}$ 分别是应力和塑性应变增量的偏量部分，而 $\sigma_{kk}$ 和 $d \varepsilon_{kk}^{(p)}$ 则是相应的体量部分，$\delta_{ij}$ 代表 Kronecker delta.

定义

$$\sigma_m = \frac{1}{3} \sigma_{kk}$$

$$d \varepsilon_m^{(p)} = \frac{1}{3} d \varepsilon_{kk}^{(p)} \tag{4.3}$$

并将 (4.2) 和 (4.3) 代入 (4.1) 式，即得

$$d W^{(p)} = ( S_{ij} + \delta_{ij} \sigma_m ) ( d e_{ij}^{(p)} + \delta_{ij} d \varepsilon_m^{(p)} )$$

$$= S_{ij} d e_{ij}^{(p)} + 3 \sigma_m d \varepsilon_m^{(p)} \tag{4.4}$$

这是因为

$$\delta_{ij} d e_{ij}^{(p)} = 0 , \; \delta_{ij} S_{ij} = 0$$

(4.4) 式右端的第一项也可以另外写为

$$S_{ij} d e_{ij}^{(p)} = \sigma_e d \varepsilon_e^{(p)} \tag{4.5}$$

如前所述，其中的 $\sigma_e$ 就是等效应力，

$$\sigma_e = \sqrt{\frac{3}{2} S_{ij} S_{ji}} \tag{4.6}$$

由 (4.5) 所规定的关系式意味着

$$d e_{ij}^{(p)} = \frac{3}{2} \frac{d \varepsilon_e^{(p)}}{\sigma_e} S_{ij} \tag{4.7}$$

于是，

$$d e_{ij}^{(p)} d e_{ji}^{(p)} = \frac{9}{4} \frac{d \varepsilon_e^{(p)2}}{\sigma_e^2} S_{ij} S_{ji}$$

所以

$$d\varepsilon_e^{(p)} = \sqrt{\frac{2}{3}\, d e_{ij}^{(p)}\, d e_{ji}^{(p)}} \tag{4.8}$$

全部的塑性应变增量可以表示为其偏量和体量两部分之和：

$$d\varepsilon_{ij}^{(p)} = d e_{ij}^{(p)} + \delta_{ij}\, d\varepsilon_m^{(p)}$$

$$= \frac{3}{2}\,\frac{d\varepsilon_e^{(p)}}{\sigma_e}\, S_{ij} + \frac{1}{3}\,\delta_{ij}\, d\varepsilon_{kk}^{(p)}$$

$$= \frac{3}{2}\,\frac{S_{ij}\, d\sigma_e}{E_{te}^{(p)}\,\sigma_e} + \delta_{ij}\,\frac{1}{3\,E_{tm}^{(p)}}\, d\sigma_{kk} \tag{4.9}$$

其中，

$$E_{te}^{(p)} = d\sigma_e / d\varepsilon_e^{(p)}$$

$$E_{tm}^{(p)} = d\sigma_{kk} / d\varepsilon_{kk}^{(p)} = d\sigma_m / d\varepsilon_m^{(p)}$$

$$d\sigma_e = \frac{3}{2\sigma_e}\, S_{kl}\, d\sigma_{kl} \tag{4.10}$$

将(4.10)代入(4.9)之后，最终导出

$$d\varepsilon_{ij}^{(p)} = \frac{9}{4\, E_{te}^{(p)}}\,\frac{S_{ij}\, S_{kl}\, d\sigma_{kl}}{\sigma_e^2} + \frac{1}{3\, E_{tm}^{(p)}}\,\delta_{ij}\,\delta_{kl}\, d\sigma_{kl}$$

$$= \left[\frac{9}{4\, E_{te}^{(p)}}\,\frac{S_{ij}\, S_{kl}}{\sigma_e^2} + \frac{1}{3\, E_{tm}^{(p)}}\,\delta_{ij}\,\delta_{kl}\right] d\sigma_{kl} \tag{4.11}$$

这也就是为描述可膨胀塑性而由 Li 和 Howard(1984)所建议的塑性应变增量. 当 $E_{tm}^{(p)} \to \infty$，它自然就简化为基于塑性不可压缩假设的传统塑性力学关系式.

以上的推导过程表明,通过变换(4.5)和(4.7)等与塑性耗散能有关的表达式即能得到相应的本构关系式以代替 Drucker 公设及相应的凸性和正交法则. 利用应力和应变之间的共轭关系,在第七章中还将使(4.11)式推广为大应变情况.

## 4.2 近似蠕变分析——比应力-应变曲线方法

与一般的弹塑性情况相比,蠕变现象的本构描述更为复杂,至今没有成熟的理论. 面对这种困境,如能提供即使是近似的计入时间效应的一种理论也仍具有实际意义.

如图 4.1(a)所示,一般来说,蠕变曲线描述的是在确定的温度下承受恒定应力时应变随时间变化的关系. 就金属材料而言,许多试验表明,这些蠕变曲线的确具有几何相似性. Rabotnov (1948)曾建议将这类曲线转换为图 4.1(b)所示的等时应力-应变曲线. 它们也可以看作是一组几何相似的曲线. 基于这一观点,以后的实验又进一步地证实了存在有相似性.

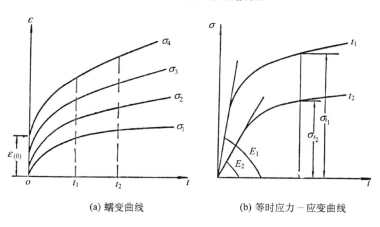

(a) 蠕变曲线　　　　　　　　(b) 等时应力－应变曲线

图 4.1

由图 4.1(b)显见,应力 $\sigma$ 可以用分离变量的形式表示为应变 $\varepsilon$ 和时间 $t$ 的函数,即

$$\sigma = \omega(\varepsilon)\tau(t) \tag{4.12}$$

其中,$\varepsilon$ 包括有第一和第二两阶段的蠕变应变以及瞬时的弹塑性应变 $\varepsilon_0$. 实际上 $\sigma$ 和 $\varepsilon$ 代表了在等时刻 $t_1$, $t_2$,…上的一序列应力

$\{\sigma_{t_1}, \sigma_{t_2}, \cdots\}$ 及其相应的应变 $\{\varepsilon_{t_1}, \varepsilon_{t_2}, \cdots\}$.

在任何 $\varepsilon_{t_1} = \varepsilon_{t_2}$ 的情况下,都可以从(4.12)式导出

$$\frac{\sigma_{t_1}}{\sigma_{t_2}} = \frac{\tau(t_1)}{\tau(t_2)} = C \tag{4.13}$$

一旦用作比较的两个时刻被确定下来,C 就是一个常数. C 值仅随所选择的比较时刻的更动而变化. 另一方面还可以推论,在这一前提下,物体内各处的应力比值将不随时间的延伸而变化. 因为在受力物体内给定任意两点 $x_i$ 和 $x_j$ 之后,在任何的确定时刻均有以下关系式:

$$\frac{\sigma(x_i)}{\sigma(x_j)} = \frac{\omega[\varepsilon(x_i)]}{\omega[\varepsilon(x_j)]} \tag{4.14}$$

这就表明,虽然应力本身可以有升降但其比值处处不随时间而变. 进而,还可以很容易地证明,就任何两个等时曲线而言,他们的割线模量或切线模量之比也保持恒定. 这是由于

$$\frac{E_s(t_1)}{E_s(t_2)} = \frac{\omega(\varepsilon)\tau(t_1)}{\omega(\varepsilon)\tau(t_2)} = \frac{\tau(t_1)}{\tau(t_2)} = C \tag{4.15}$$

代表割线模量之比不变,又

$$\frac{E_t(t_1)}{E_t(t_2)} = \frac{\omega'(\varepsilon)\tau(t_1)}{\omega'(\varepsilon)\tau(t_2)} = \frac{\tau(t_1)}{\tau(t_2)} = C \tag{4.16}$$

表明切线模量之比也不变,其中 $\omega'$ 是 $\omega$ 对 $\varepsilon$ 的导数. 很显然,这里的参数 C 与(4.13)式中所定义的数值相同.

于是,只要承受蠕变的材料所具有的本构行为是能够用一组几何相似的等时应力-应变曲线来描述,那么就可以选择适当的等时模量,例如等时杨氏模量 $E(t_i)$,使应力无量纲化并作为一个时间因子. 用这样的办法就可以绘制一根单一的一维曲线,叫做比应力-应变曲线,用以替换原先画在图 4.1(b)中的一组曲线. 这样,在以后的分析中就只需要涉及比应力 $\sigma/E$ 和比模量 $E_t/E$ 和

$E_s/E$,也就将问题简化为通常的弹塑性解法.

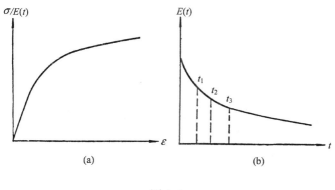

图 4.2

有关的比模量值都可以按图 4.2(a)所示意的曲线而确定. 利用图 4.2(b)所导出的等时模量 $E(t_i)$ 的分布曲线,可以将求解的结果推演到原始试验中所涉及的整个时间范畴. 对于某个给定的时刻 $t_i$,可以由图 4.2(b)选定相应的等时模量 $E(t_i)$. 于是,实际应力 $\sigma$ 就可以通过 $E(t_i)$ 与已知的比应力 $\sigma/E(t_i)$ 二者相乘而得到. 反之,如果在蠕变过程中应力保持恒定,那么利用 $\sigma$ 与已知比应力之间相除又可以推算出等时模量,继而由图 4.2(b)导出寿命时间. 这一方法最早由本书第一作者所提出(李国琛(1981a),(1981b),李芳忠和李国琛(1986))并用于处理蠕变屈曲问题.

总之,在蠕变分析中为实行以上所说的比应力-应变方法所需要的试验和计算步骤包括:

(a) 提供一条在蠕变试样所经受的相同温度下材料的瞬时单轴应力-应变曲线. 在不同的恒定应力水平下测定不少于 5 个蠕变试验曲线. 利用这组数据可以制作不少于 5 条的等时应力-应变曲线.

(b) 选定其中一条等时应力-应变曲线作为标准线,以与其他各条曲线相比较. 为缩小实际偏离几何相似性所带来的误差,所选择的标准线最好是对应于时间范畴的中间部位.

(c) 按 5 个以上相同的应变区间分隔各条等时曲线. 对于任何一个固定的应变值都可以根据各应力比值由(4.13)式计算 C 值. 既然用了至少 5 个应变分隔,可以取其平均值

$$C(t_i) = \sum_{j=1}^{n} C_j / n \quad (n \geqslant 5) \tag{4.17}$$

作为该条等时曲线所固有的比值 $C(t_i)$,其中所涉及的 j 是分隔点的序号.

(d) 由瞬时应力-应变曲线上所测定的杨氏模量 $E_{(o)}$ 可作为一个绝对标量. 利用已求出的各条等时曲线所固有的 $C(t_i)$ 值,可以确定其相应的(虚拟)等时模量 $E(t_i)$,这是因为

$$E(t_i) = \frac{C(t_i)}{C_{(o)}} E_{(o)} \tag{4.18}$$

其中 $C_{(o)}$ 又是瞬时曲线与标准线之间的比值. 将各等时曲线中的应力除以其相应的等时模量 $E(t_i)$,就可以使原有的一组等时曲线统一地纳入图 4.2(a)所示意的一条比应力-应变曲线.

(e) 根据这条比应力-应变曲线又可以确定相应的比割线模量 $E_s / E$ 和比切线模量 $E_t / E$. 这里的(虚拟)杨氏模量 E 就是各等时曲线上的等时模量.

在蠕变分析中,Kraus(1980)曾介绍过参考应力方法. 这一方法与比应力-应变曲线方法的共同之处是借助于相似法则而将一个求解结果推演到整个时间范围上去. 在参考应力方法中,受时间因素影响的物体变形响应 δ 被分解为两部分的乘积,即

$$\delta = \beta \cdot \gamma(t) \tag{4.19}$$

在这个表达式中的 β 是取决于物体的几何形状,加载和边界条件的一个因子. 时间效应被归入 $\gamma(t)$ 函数因子,它是在某个参考应力下测试的材料蠕变曲线. 于是解的可靠性和精确度将决定于被选用的参考应力水平所包含的近似性. 如果认为 $\gamma(t)$ 在各个应

力水平下都具有几何相似性,其结果与比应力-应变曲线方法的就是一致的.由此可见这两种方法的主要区别.

## 4.3 机动硬化模型

在这一节中,塑性变形仍被假设为与平均应力无关.主应力空间中的加载面可以用 π 平面($\sigma_m = 0$)上的轨迹作代表.沿着一个无限长圆筒上,各个横截面的尺寸与形状都相同.

到目前为止,描述塑性所用的屈服和加载面都隐含了各向同性假设.它规定材料不受取向性影响并在整个塑性变形过程都保持这一状态.换句话说,由于这一规定的约束,π 面上加载面轨迹虽可以膨胀或缩小但此闭合曲线的中心始终保持在图 4.3 中的原点 o 上.当轨迹线膨胀了,就叫做(各向同性)应变硬化.如果它缩小,则表明出现了(各向同性)应变软化.但是无论如何,如图4.3所示,这两种情况的轨迹形状保持不变.

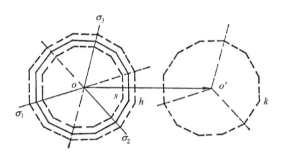

图 4.3　π 面上加载轴迹示意图((h)是应变硬化模型,
(s)是应变软化模型又(k)是机动硬化模型)

Ishlinski(1954)和 Prager(1956)几乎同时介绍了机动硬化模型概念.如图 4.3 所示,这个模型允许整个加载面平移.加载轨迹的形状和尺寸不变且在 π 平面内没有转动而只是将中心从 o 移至 o'.

一般来说,机动硬化模型的加载面可以表示为

$$f(\sigma_{ij} - \alpha_{ij}) = k_0^2 \qquad (4.20)$$

其中,f 是($\sigma_{ij} - \alpha_{ij}$)的函数称作塑性势,$\alpha_{ij}$ 就是应力空间中平移的分量,$k_0$ 代表瞬时加载面的尺寸是一个标量. 因此,这个模型有可能计入所谓的包氏效应,它反映了塑性行为在受拉和受压时的不同. 按照 Prager 的假设,$k_0$ 是个常数,因为加载面的尺寸被认为是不变的.

Prager(1956),Shield 和 Ziegler(1958)最先提出有关加载面平移方向的建议. 他们认为运动的增量移动应平行于塑性应变率向量,因此

$$\dot{\alpha}_{ij} = c\dot{\varepsilon}_{ij}^{(p)} \qquad (4.21)$$

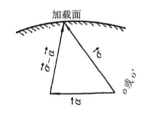

图 4.4 Ziegler(1959)设立的瞬时平移方向

其中的 c 是一个材料常数. 随后,Ziegler(1959)又修改了这一说明并假设加载面的逐级移动是沿着各个时刻的($\vec{\sigma} - \vec{\alpha}$)向量方向. 如图 4.4 所示,后者连接着瞬时中心位置 $\alpha_{ij}$ 和应力点 $\sigma_{ij}$. 由此可以写出

$$\dot{\alpha}_{ij} = \mu(\sigma_{ij} - \alpha_{ij}) \qquad (4.22)$$

其中的 $\mu > 0$ 并需要另外给定.

以上模型还可以进一步地细致化以包括随着加载面的平移而产生膨胀. 这一设想首先由 Hodge(1957)和 Mroz(1959)提出并将机动运动与(各向同性)应变硬化相结合. 在这种情况下,$k_0$ 参数不再是常数而是塑性应变的函数.

很显然,为完善机动硬化模型还需要进一步考虑以下各点:

(a) 平移法则的适当规定.

(b) 加载面尺寸究竟应该是恒定的还是变化的?

(c) 还有可能需要改变加载面形状乃至加入转动运动.

## 4.4 角点理论

在增量型的塑性理论中,还有一类特殊的设置思路,认为加载面在加载点处具有角点或角顶. 有关这方面的推导和解释,建议参考 Budiansky(1959)以及 Christoffersen 和 Hutchinson(1979)的文章. 可以寄希望于这一理论来连接增量型的流动理论与全量型的形变理论. 它保留了增量形式但又可以获得比 Prandtl-Reuss 理论要低的刚度效应.

## 4.5 相关的和非相关的流动法则

以上所介绍的各种塑性模型可以归结为两种类型.

*相关的流动法则* 在不同的应变阶段加载面的形状一直保持与屈服面相似. 换句话说,塑性势函数 f 与屈服函数 F 是一致的.

*非相关的流动法则* 如果塑性势函数 f 不同于屈服函数 F,那么就说加载面与屈服面之间的相似性不再存在.

有关这些法则的更详细的介绍,可以参见 Desai 和 Siriwardane(1984)的著作.

## 参 考 文 献

李国琛. 1981. 圆柱壳体的轴压蠕变屈曲. 力学学报,No. 1:38—48

李国琛. 1981. 圆柱壳体的弯曲蠕变屈曲. 固体力学学报,No. 4:554—562

李芳忠,李国琛. 1986. 加筋圆柱壳纯弯作用下蠕变屈曲及弹塑性屈曲. 力学学报,18:328—334

Budiansky B. 1959. A reassessment of deformation theories of plasticity. J A M, 26:259—264

Christoffersen J and Hutchinson J W. 1979. A class of phenomenological corner theories of plasticity. J Mech Phys Solids, 27:465—487

Desai C S and Siriwardane H J. 1984. Constitutive Laws for Engineering Materials with Emphasis on Geologic Materials, Englewood Cliffs:Prentice-Hall, Inc

Ilodge P G, Jr. 1957. Piecewise linear plasticity. Proc 9th Inter Congress Appl Mech (Brussels 1956), 8:65—72

Ishlinski A Yu. 1954. General theory of plasticity with linear strain hardening. Ukr Mat

Zh, 6:314—324(俄文)

Kraus H. 1980. Creep Analysis. New York:John Wiley & Sons, Inc

Li G C and Howard I C. 1984. A simulation of ductile fracture in three-point bend specimen using a softening material response, Advances in Fracture Research, Proceedings of Inter Conf Fracture—6(ed by S R Valluri et al.), Dec. 1984, New Delhi, India, Pergamon Press, 2, 1191—1196

Mroz Z. 1967. On the deseription of anisotropic work hardening. J Mech Phys Solids, 15: 163—175

Prager W. 1956. A new method of analyzing stresses and strains in work-hardening plastic solids. J A M, 78:493—496

Rabotnov Yu N. 1948. Calculations of machinery element under creep. Izv Akad Nauk SSSR Otd Tekh Nauk,6:789—800(俄文)

Shield R T and Ziegler H. 1958. On Prager's hardening rule. Z A M P, 9:260—276

Ziegler H. 1959. A modification of Prager's hardening rule. Quart Appl Math,17:55—65

# 第二部分

# 大 应 变 分 析

　　有关大应变分析,或连续介质力学的基本理论和数学基础已为许多杰出的作者广泛地研究过. 为进行材料模型的力学分析,这些基本数学公式是至关重要的. 因为,在许多情况下,只有经历了有限量的变形后材料才会在局部区域中出现损伤.

　　这一部分的内容集中和系统地介绍这一专题的已有贡献,并针对某些情况进行了修订和扩充以满足理解和运用大应变分析的各项要求. 对有关的数学公式,还提供了计算步骤和方法以便于实际运用.

# 第五章　一般坐标系中的张量及其各类时间导数

对于分析者来说,在建立力学模型时,一旦需要放弃微小变形的假设那么由有限变形所带来的几何非线性效应将引出一项艰巨的任务. 这时,不能再忽视变形前后构形的变化. 由此引出不同坐标系的问题以及与此有关的各类变化率(或时间导数)的含义和表示方法,这就需要引用一般坐标系中张量的概念.

## 5.1　一般坐标系中的基量

在三维欧氏空间中,任何空间向量都能分解为三个独立分量. 每个分量都有专属的度量向量作为量测的基准. 在直角坐标系中,这些向量就叫做单位向量,它们在空间中构成三个相互垂直的方向且每一个都具有无量纲的单位分隔. 对于更一般的曲线坐标就需要引用基量这个概念.

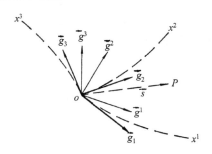

图 5.1　协变基量与逆变基量

一组基量则确定了三个方向,它们可能是也可能不是相互垂直的. 其中每个量都提供了一个可以有也可能没有量纲的测量标度,其大小不一定代表 1. 因此,直角坐标系的单位向量是基量中的一个特例.

设在空间中确立一组这类向量并称之为协变基量 $\vec{g_i}$,它们的方向与坐标曲线 $x^i$ 相切.与此同时,如图 5.1 所示,还可以设立它们的逆系统,叫做逆变基量 $\vec{g^j}$,它们服从以下的法规:

$$\vec{g_i} \cdot \vec{g^j} = \delta_i^j \tag{5.1}$$

其中的 Kronecker delta

$$\delta_i^j = \begin{cases} 1, \text{ 若 } i = j \\ 0, \text{ 若 } i \neq j \end{cases} \quad (i, j = 1,2,3)$$

举例说明(5.1)式.可以依次地说,$\vec{g^1}$ 是垂直于 $\vec{g_2}$ 和 $\vec{g_3}$ 所在的平面,$\vec{g^1}$ 与 $\vec{g_1}$ 之间的点积结果是 1,等等.

在图 5.1 中所示的任一个空间点 P 可由其相应的位置向量 $\vec{S}$ 所确定.作为一个向量,它既可以按协变基量系统分解也能随从于逆变系统.于是

$$\vec{S} = x^i \vec{g_i} = x_j \vec{g^j}, \quad i, j = 1,2 \text{ 和 } 3 \tag{5.2}$$

以后,凡是用同一个字母重复标注一个协变量和一个逆变量就代表一个哑指标,按照 1.1.1 节中的规定就意味着依指标顺序连加.所以,$\vec{S}$ 在 $\vec{g_i}$ 上的投影分量就写成逆变形式 $x^i$,而在 $\vec{g^j}$ 上的相应量则是(5.2)式中的协变分量 $x_j$.

## 5.1.1 基量 $\vec{g_i}$ 和单位向量 $\vec{e_k}$

通过说明一个线元向量 $d\vec{S}$ 还可以进一步认识基量的意义及其与单位向量之间的关系,也就是说

$$d\vec{S} = \vec{g_i} d x^i = \vec{e_k} d \theta^k$$

或

$$\vec{g_i} = \frac{\partial \vec{S}}{\partial x^i}, \quad \vec{e_k} = \frac{\partial \vec{S}}{\partial \theta^k} \tag{5.3}$$

这里的 $\vec{g}_i$ 是一般坐标中的基量而 $\vec{e}_k$ 则是直角坐标里的单位向量. 因此,逆变形式的 $dx^i$ 代表 $d\vec{S}$ 沿着协变基量方向分解的分量,而 $d\theta^k$ 则属于单位向量系统中的分量. 它们是同一向量 $d\vec{S}$ 的两种不同写法. 重复标注 $i$ 或 $k$ 是指依 1,2 和 3 顺序范围做连加.

从连续介质力学角度考虑,$x^i$ 和 $\theta^k$ 具有互为映像关系. 以数学形式表示为

$$x^i = x^i(\theta), \quad \theta^k = \theta^k(x) \tag{5.4}$$

它代表着从直角坐标 $\theta^k$ 转换为一般坐标 $x^i$,或者反过来. 由此,

$$dx^i = \frac{\partial x^i}{\partial \theta^k} d\theta^k, \quad d\theta^k = \frac{\partial \theta^k}{\partial x^i} dx^i \tag{5.5}$$

将(5.5)式右端部分代入(5.3)后即得

$$\vec{g}_i dx^i = \vec{e}_k \frac{\partial \theta^k}{\partial x^i} dx^i$$

既然线元向量 $d\vec{S}$ 是任意选取的,设先让 $d\vec{S} = \vec{g}_1 dx^1$ 并使 $dx^2 = dx^3 = 0$,再以此方法依次处理 $i=2$ 和 3. 这样,最终可以证明

$$\vec{g}_i = \frac{\partial \theta^k}{\partial x^i} \vec{e}_k \tag{5.6a}$$

反之,则有

$$\vec{e}_k = \frac{\partial x^i}{\partial \theta^k} \vec{g}_i \tag{5.6b}$$

对于逆变基量也可以导出 $\vec{g}^j$ 和单位向量 $\vec{e}^l$ 之间的类似关系式. 先设

$$\vec{g}^j = \partial_l^j \vec{e}^l \tag{5.7}$$

其中,$\partial_l^j$ 是一个联系 $\vec{g}^j$ 与 $\vec{e}^l$ 的待定量. 按照(5.1)式所确立的法规,再利用(5.6)和(5.7)各式,对于基量将有

$$\frac{\partial \theta^k}{\partial x^i} \vec{e}_k \cdot \partial_l^j \vec{e}^l = \delta_i^j$$

这里，重复的 k 或 l 表示连加. 既然，

$$\vec{e}_k \cdot \vec{e}^l = \delta_k^l$$

于是应有

$$\frac{\partial \theta^k}{\partial x^i} \partial_l^j \delta_k^l = \frac{\partial \theta^l}{\partial x^i} \partial_l^j = \delta_i^j$$

由于 $x^i$ 和 $\theta^k$ 之间存在有如(5.4)式所表示的函数关系，这样就导致

$$\partial_l^j = \frac{\partial x^j}{\partial \theta^l} \tag{5.8}$$

所以，

$$\vec{g}^j = \frac{\partial x^j}{\partial \theta^l} \vec{e}^l \tag{5.9a}$$

反之，也可以得到

$$\vec{e}^l = \frac{\partial \theta^l}{\partial x^j} \vec{g}^j \tag{5.9b}$$

如在逆变基量系统中分解线元向量 $d\vec{S}$ 并将其结果与单位向量系统的相比较，可以写出

$$d\vec{S} = \vec{g}^j d x_j = \vec{e}^l d\theta_l \tag{5.10}$$

不难证明

$$d x_j = \frac{\partial \theta^l}{\partial x^j} d\theta_l, \quad d\theta_l = \frac{\partial x^j}{\partial \theta^l} d x_j \tag{5.11}$$

例如，将(5.9a)代入(5.10)式的左半部可以导出

$$\frac{\partial x^j}{\partial \theta^l} \vec{e}^l d x_j = \vec{e}^l d\theta_l$$

用 $\vec{e}_k$ 对上式两端进行点积并记住 $\vec{e}^l \cdot \vec{e}_k = \delta_k^l$，那么将有

$$\frac{\partial x^j}{\partial \theta^k} d x_j = d \theta_k$$

再将 k 换为 l 就成为(5.11)中的第二个式子. 类似地,也可以证明其中的第一个等式.

最后值得提出的是,在直角坐标系这一特定的情况下,单位向量的逆变和协变形式按照(5.1)式法规自然应是相重合且等同的. 也就是说

$$\vec{e}_1 = \vec{e}^1, \vec{e}_2 = \vec{e}^2, \vec{e}_3 = \vec{e}^3 \qquad (5.12)$$

因此,按照惯例,本书一般用协变形式表示直角坐标中的物理量. 这里和以后,除非是为了在形式上与一般张量协调一致,否则就不对直角坐标量选用逆变形式.

至此可以说,正如单位向量在直角坐标中所起的作用,在一般坐标系中的基量也是至关重要的. 它们是最基本的向量,以此为基础可以设立任意阶数的张量. 为便于比较,表 5.1 列出了它们与单位向量之间的关系,以及在这一节中所导出的各项转换式.

表 5.1  两个基量系统与单位向量系统的比较

| 基量系统 | 与(直角坐标)单位向量系统的比较 |
|---|---|
| 协变 $\vec{g}_i = \dfrac{\partial \vec{S}}{\partial x^i}$ | $\vec{g}_i = \dfrac{\partial \theta^k}{\partial x^i} \vec{e}_k, \ \vec{e}_k = \dfrac{\partial x^i}{\partial \theta^k} \vec{g}_i$ $d x^i = \dfrac{\partial x^i}{\partial \theta^k} d \theta^k, \ d \theta^k = \dfrac{\partial \theta^k}{\partial x^i} d x^i$ |
| 逆变 $\vec{g}^j = \dfrac{\partial \vec{S}}{\partial x_j}$ | $\vec{g}^j = \dfrac{\partial x^j}{\partial \theta^l} \vec{e}^l, \ \vec{e}^l = \dfrac{\partial \theta^l}{\partial x_j} \vec{g}^j$ $d x_j = \dfrac{\partial \theta^l}{\partial x_j} d \theta_l, \ d \theta_l = \dfrac{\partial x_j}{\partial \theta^l} d x_j$ |

## 5.1.2  度量张量 $g_{ij}$ 和 Kronecker delta $\delta_{kl}$

用线元向量自身相点积应导出

$$d \vec{S} \cdot d \vec{S} = \vec{g}_i d x^i \cdot \vec{g}_j d x^j \quad (\text{一般坐标})$$

$$= \vec{e}_k d\theta^k \cdot \vec{e}_l d\theta^l \quad （直角坐标） \tag{5.13}$$

现定义协变度量张量

$$g_{ij} = \vec{g}_i \cdot \vec{g}_j = \vec{g}_j \cdot \vec{g}_i = g_{ji} \tag{5.14}$$

它们不随下标的对换而改变,所以是对称的. 由(5.13)式可以导出

$$g_{ij} dx^i dx^j = \delta_{kl} d\theta^k d\theta^l = \delta_{kl} \frac{\partial \theta^k}{\partial x^i} \frac{\partial \theta^l}{\partial x^j} dx^i dx^j$$

依次对 $i, j = 1, 2, 3$ 逐项检验后即可得到

$$g_{ij} = \delta_{kl} \frac{\partial \theta^k}{\partial x^i} \frac{\partial \theta^l}{\partial x^j} \tag{5.15}$$

类似地,如果认为

$$d\vec{S} \cdot d\vec{S} = \vec{g}^i dx_i \cdot \vec{g}^j dx_j \quad （一般坐标）$$

$$= \vec{e}^k d\theta_k \cdot \vec{e}^l d\theta_l \quad （直角坐标） \tag{5.16}$$

并定义逆变度量张量为

$$g^{ij} = \vec{g}^i \cdot \vec{g}^j = \vec{g}^j \cdot \vec{g}^i = g^{ji} \tag{5.17}$$

可以求得关系式

$$g^{ij} = \delta^{kl} \frac{\partial x^i}{\partial \theta^k} \frac{\partial x^j}{\partial \theta^l} \tag{5.18}$$

最后来说混合形式

$$d\vec{S} \cdot d\vec{S} = \vec{g}_i dx^i \cdot \vec{g}^j dx_j = g_i^j dx^i dx_j$$

$$= \vec{e}_k d\theta^k \cdot \vec{e}^l d\theta_l = \delta_k^l d\theta^k d\theta_l$$

因此,混合度量张量就是

$$g_i^j = \delta_k^l \frac{\partial \theta^k}{\partial x^i} \frac{\partial x^j}{\partial \theta^l} = \frac{\partial \theta^k}{\partial x^i} \frac{\partial x^j}{\partial \theta^k} = \delta_i^j \tag{5.19}$$

从(5.1)式不难看出，$g_{ij}$ 实际上就是协变基量 $\vec{g}_i$ 沿逆变基量 $\vec{g}^j$ 方向分解的分量．反之亦然．这是因为，设

$$\vec{g}_i = a_{ij}\vec{g}^j$$

那么

$$g_{ik} = \vec{g}_i \cdot \vec{g}_k = a_{ij}\vec{g}^j \cdot \vec{g}_k = a_{ij}\delta^j_k = a_{ik}$$

因此，

$$\vec{g}_i = g_{ij}\vec{g}^j \tag{5.20}$$

同样地也可以证明

$$\vec{g}^i = g^{ij}\vec{g}_j \tag{5.21}$$

在混合的形式下则有

$$\vec{g}_i \cdot \vec{g}^j = g_{ik}\vec{g}^k \cdot g^{jl}\vec{g}_l = g_{ik}g^{jl}\delta^k_l = g_{ik}g^{jk}$$

因此，

$$g_{ik}g^{jk} = \delta^j_i \tag{5.22}$$

这是一组联立线性方程．已知 $g_{ij}$ 后可以求得 $g^{ij}$，反过来若已给出 $g^{ij}$ 则可解出 $g_{ij}$．

由(5.14)和(5.17)所给出的定义可见

$$g_{ii} = \vec{g}_i \cdot \vec{g}_i, \quad g^{jj} = \vec{g}^j \cdot \vec{g}^j \quad （i，j 不连加）$$

分别代表 $\vec{g}_i$ 和 $\vec{g}^j$ "长度"的平方．换句话说

$$|\vec{g}_i| = \sqrt{g_{ii}}, \quad |\vec{g}^j| = \sqrt{g^{jj}} \quad （i，j 不连加） \tag{5.23}$$

指的是基量 $\vec{g}_i$ 和 $\vec{g}^j$ 的实际大小和量纲．于是，

$$\vec{g}_i / \sqrt{g_{ii}} \text{ 和 } \vec{g}^j / \sqrt{g^{jj}}$$

就分别成为在它们各自方向上的单位向量．

### 5.1.3 置换张量 $\varepsilon_{ijk}$ 和置换符号 $e_{imn}$

类似于 1.1.5 段中所做的那样,设直角坐标中的置换符号的定义是:

$$e_{ijk} = e^{ijk} = \begin{cases} 1 & i,\ j,\ k = 1,2,3;2,3,1;3,1,2 \\ -1 & i,\ j,\ k = 3,2,1;2,1,3;1,3,2 \\ 0 & \text{其他情况} \end{cases}$$

$$(5.24)$$

可以用置换符号展开一个三阶的行列式,例如 Jacobi 行列式.

$$\frac{\partial \theta^l}{\partial x^i} \frac{\partial \theta^m}{\partial x^j} \frac{\partial \theta^n}{\partial x^k} e_{lmn} = \frac{\partial \theta^1}{\partial x^i} \frac{\partial \theta^2}{\partial x^j} \frac{\partial \theta^3}{\partial x^k} + \frac{\partial \theta^2}{\partial x^i} \frac{\partial \theta^3}{\partial x^j} \frac{\partial \theta^1}{\partial x^k}$$

$$+ \frac{\partial \theta^3}{\partial x^i} \frac{\partial \theta^1}{\partial x^j} \frac{\partial \theta^2}{\partial x^k} - \frac{\partial \theta^3}{\partial x^i} \frac{\partial \theta^2}{\partial x^j} \frac{\partial \theta^1}{\partial x^k}$$

$$- \frac{\partial \theta^2}{\partial x^i} \frac{\partial \theta^1}{\partial x^j} \frac{\partial \theta^3}{\partial x^k} - \frac{\partial \theta^1}{\partial x^i} \frac{\partial \theta^3}{\partial x^j} \frac{\partial \theta^2}{\partial x^k}$$

$$= \begin{vmatrix} \dfrac{\partial \theta^1}{\partial x^i} & \dfrac{\partial \theta^1}{\partial x^j} & \dfrac{\partial \theta^1}{\partial x^k} \\ \dfrac{\partial \theta^2}{\partial x^i} & \dfrac{\partial \theta^2}{\partial x^j} & \dfrac{\partial \theta^2}{\partial x^k} \\ \dfrac{\partial \theta^3}{\partial x^i} & \dfrac{\partial \theta^3}{\partial x^j} & \dfrac{\partial \theta^3}{\partial x^k} \end{vmatrix}$$

$$= \frac{\partial \theta^1}{\partial x^i} \frac{\partial \theta^2}{\partial x^j} \frac{\partial \theta^3}{\partial x^k} + \frac{\partial \theta^1}{\partial x^j} \frac{\partial \theta^2}{\partial x^k} \frac{\partial \theta^3}{\partial x^i}$$

$$+ \frac{\partial \theta^1}{\partial x^k} \frac{\partial \theta^2}{\partial x^i} \frac{\partial \theta^3}{\partial x^j} - \frac{\partial \theta^1}{\partial x^k} \frac{\partial \theta^2}{\partial x^j} \frac{\partial \theta^3}{\partial x^i}$$

$$-\frac{\partial\theta^1}{\partial x^j}\frac{\partial\theta^2}{\partial x^i}\frac{\partial\theta^3}{\partial x^k}-\frac{\partial\theta^1}{\partial x^i}\frac{\partial\theta^2}{\partial x^k}\frac{\partial\theta^3}{\partial x^j}$$

$$=\begin{vmatrix}\dfrac{\partial\theta^1}{\partial x^i}&\dfrac{\partial\theta^2}{\partial x^i}&\dfrac{\partial\theta^3}{\partial x^i}\\[2mm]\dfrac{\partial\theta^1}{\partial x^j}&\dfrac{\partial\theta^2}{\partial x^j}&\dfrac{\partial\theta^3}{\partial x^j}\\[2mm]\dfrac{\partial\theta^1}{\partial x^k}&\dfrac{\partial\theta^2}{\partial x^k}&\dfrac{\partial\theta^3}{\partial x^k}\end{vmatrix}=e_{ijk}\left|\dfrac{\partial\theta}{\partial x}\right| \tag{5.25a}$$

这就表明,如对式中行列顺序做偶次置换或转置其值不变. 以上的内容也可以用符号紧凑地表示为

$$\left|\frac{\partial\theta}{\partial x}\right|=\partial_1^1\partial_2^m\partial_3^n e_{lmn}$$

及 $\tag{5.25b}$

$$\left|\frac{\partial\theta}{\partial x}\right|e_{ijk}=\partial_i^1\partial_j^m\partial_k^n e_{lmn}$$

按照两个行列式的乘积计算应有

$$\begin{vmatrix}\partial_1^1&\partial_2^1&\partial_3^1\\\partial_1^2&\partial_2^2&\partial_3^2\\\partial_1^3&\partial_2^3&\partial_3^3\end{vmatrix}\begin{vmatrix}\partial_1'^1&\partial_2'^1&\partial_3'^1\\\partial_1'^2&\partial_2'^2&\partial_3'^2\\\partial_1'^3&\partial_2'^3&\partial_3'^3\end{vmatrix}=\begin{vmatrix}c_1^1&c_2^1&c_3^1\\c_1^2&c_2^2&c_3^2\\c_1^3&c_2^3&c_3^3\end{vmatrix}$$

其中的 $c_k^i=\partial_j^i\partial_k'^j$,因此可以说

$$|\partial_j^i||\partial_k'^j|=|\partial_j^i\partial_k'^j|=|c_k^i|=|c|$$

令

$$|\partial_k'^j|=|a|,\quad|\partial_j^i|=|b|$$

那么反过来也可证明

$$|c|=c_1^1 c_2^m c_3^n e_{lmn}=(\partial_i^1\partial_1'^i)(\partial_j^m\partial_2'^j)(\partial_k^n\partial_3'^k)e_{lmn}$$

$$= \partial'^i_1 \partial'^j_2 \partial'^k_3 e_{ijk} \mid b \mid = \mid a \mid \mid b \mid \qquad (5.26)$$

现分别由协变和逆变度量张量的分量各自组成行列式,二者相乘后即得

$$\mid g_{ij} \mid \mid g^{jk} \mid = \mid g_{ij} g^{jk} \mid = \mid \delta^k_i \mid = 1$$

定义

$$\mid g_{ij} \mid = g \qquad (5.27a)$$

那么

$$\mid g^{jk} \mid = 1/g \qquad (5.27b)$$

又由

$$\delta_{ij} = g_{kl} \frac{\partial x^k}{\partial \theta^i} \frac{\partial x^l}{\partial \theta^j}$$

可以知道

$$\mid \delta_{ij} \mid = \left| g_{kl} \frac{\partial x^k}{\partial \theta^i} \frac{\partial x^l}{\partial \theta^j} \right| = \left| g_{kl} \frac{\partial x^k}{\partial \theta^i} \right| \left| \frac{\partial x^l}{\partial \theta^j} \right|$$

$$= \mid g_{kl} \mid \left| \frac{\partial x^k}{\partial \theta^i} \right| \left| \frac{\partial x^l}{\partial \theta^j} \right| = g \left| \frac{\partial x}{\partial \theta} \right|^2$$

既然 $\mid \delta_{ij} \mid = 1$,那么

$$\left| \frac{\partial x}{\partial \theta} \right| = 1/\sqrt{g} \qquad (5.28a)$$

类似地可以导出

$$\left| \frac{\partial \theta}{\partial x} \right| = \sqrt{g} \qquad (5.28b)$$

设置换张量 $\varepsilon_{ijk}$ 是置换符号 $e_{ijk}$ 的转换结果,由转换的等价性出发应有

$$(d\vec{S} \times d\vec{S}) \cdot d\vec{S} = (\vec{g}_i \times \vec{g}_j) \cdot \vec{g}_k dx^i dx^j dx^k \quad \text{(一般坐标)}$$

$$= (\vec{e}_l \times \vec{e}_m) \cdot \vec{e}_n \, d\theta^l d\theta^m d\theta^n \quad \text{（直角坐标）}$$

$$(5.29)$$

按照(1.11)式，

$$(\vec{e}_l \times \vec{e}_m) \cdot \vec{e}_n = e_{lmn}$$

现定义

$$\varepsilon_{ijk} = (\vec{g}_i \times \vec{g}_j) \cdot \vec{g}_k \qquad (5.30)$$

代入(5.29)式后则有

$$\varepsilon_{ijk} \, dx^i dx^j dx^k = e_{lmn} \frac{\partial \theta^l}{\partial x^i} \frac{\partial \theta^m}{\partial x^j} \frac{\partial \theta^n}{\partial x^k} dx^i dx^j dx^k$$

依照以前用过的检验程序和利用(5.25a)和(5.28b)两式，最终可以得到

$$\varepsilon_{ijk} = \frac{\partial \theta^l}{\partial x^i} \frac{\partial \theta^m}{\partial x^j} \frac{\partial \theta^n}{\partial x^k} e_{lmn} = e_{ijk} \left| \frac{\partial \theta}{\partial x} \right| = e_{ijk} \sqrt{g} \quad (5.31a)$$

在逆变形式下则有

$$\varepsilon^{ijk} = \frac{\partial x^i}{\partial \theta^l} \frac{\partial x^j}{\partial \theta^m} \frac{\partial x^k}{\partial \theta^n} e^{lmn} = e^{ijk} \left| \frac{\partial x}{\partial \theta} \right| = e^{ijk} \sqrt{g} \quad (5.31b)$$

基于以上所导出的各项结果，基量之间的叉积可以表示为

$$\vec{g}_i \times \vec{g}_j = \frac{\partial \theta^m}{\partial x^i} \frac{\partial \theta^n}{\partial x^j} \vec{e}_m \times \vec{e}_n = \frac{\partial \theta^m}{\partial x^i} \frac{\partial \theta^n}{\partial x^j} e_{mnl} \vec{e}^l$$

$$= \frac{\partial \theta^m}{\partial x^i} \frac{\partial \theta^n}{\partial x^j} \delta^k_l e_{mnk} \vec{e}^l = \frac{\partial \theta^m}{\partial x^i} \frac{\partial \theta^n}{\partial x^j} \frac{\partial \theta^k}{\partial x^r} \frac{\partial x^r}{\partial \theta^l}$$

$$\times e_{mnk} \vec{e}^l = \varepsilon_{ijr} \frac{\partial x^r}{\partial \theta^l} \vec{e}^l = \varepsilon_{ijk} \vec{g}^k \quad (5.32a)$$

及

$$\vec{g}^i \times \vec{g}^j = \frac{\partial x^i}{\partial \theta^m} \frac{\partial x^j}{\partial \theta^n} \vec{e}^m \times \vec{e}^n$$

$$= \frac{\partial x^i}{\partial \theta^m} \frac{\partial x^j}{\partial \theta^n} \frac{\partial x^r}{\partial \theta^k} \frac{\partial \theta^l}{\partial x^r} e^{mnk} \vec{e}_l$$

$$= \epsilon^{ijr} \frac{\partial \theta^l}{\partial x^r} \vec{e}_l = \epsilon^{ijk} \vec{g}_k \qquad (5.32b)$$

## 5.2 坐标变换,张量及协变导数

延伸第一章中所陈述过的概念可以建立一般坐标系下的张量. 为反映所引入对象的客观不变性,直接推广(1.38)式即得

$$T = T^{\gamma_1 \gamma_2 \cdots \gamma_m}_{\delta_1 \delta_2 \cdots \delta_n} \vec{g}_{\gamma_1} \vec{g}_{\gamma_2} \cdots \vec{g}_{\gamma_m} \vec{g}^{\delta_1} \vec{g}^{\delta_2} \cdots \vec{g}^{\delta_n} \qquad (5.33)$$

其中的 $T$ 应是与坐标选择无关的. 这就要求它的各个分量 $T^{\gamma_1 \gamma_2 \cdots \gamma_m}_{\delta_1 \delta_2 \cdots \delta_n}$ 遵守一定的变换法则. 从一般意义上说,这些分量带有 $m$ 阶逆变上标和 $n$ 阶协变下标,总合起来是一类($m+n$)阶的混合形式. 在一般坐标中,对它们的微分也会带来特定的处理要求.

### 5.2.1 一般坐标中的坐标变换

首先来说明,如何将一个向量的分量从一种坐标体系变换为另一系统中去.

在基量是 $\vec{g}_i$ 的坐标系中,设一向量具有分量或称坐标为 $x^i$. 对于一个带有基量为 $\vec{g}_{j'}$ 的新坐标系,欲求同一个向量在变换后坐标中的分量 $x^{j'}$. 从连续介质意义上说,$x^i$ 和 $x^{j'}$ 之间的映像关系是

$$x^i = x^i(x') \qquad (5.34a)$$

$$x^{j'} = x^{j'}(x) \qquad (5.34b)$$

$x^i$ 和 $x^{j'}$ 互为函数关系. 这些函数是连续且单值的. 于是位置向量的微分就可等价地表示为

$$d\vec{S} = \vec{g}_i dx^i = \vec{g}_{j'} dx^{j'} (= \vec{g}^i dx_i = \vec{g}^{j'} dx_{j'}) \qquad (5.35)$$

按基量 $\vec{g}_{j'}$ 分解 $\vec{g}_i$ 则有

$$\vec{g}_i = \partial_i^{j'}\vec{g}_{j'} \qquad (\text{或 } \vec{g}^{j'} = \partial_i^{j'}\vec{g}^i) \qquad (5.36a)$$

反之，

$$\vec{g}_{j'} = \partial_{j'}^i\vec{g}_i \qquad (\text{或 } \vec{g}^i = \partial_{j'}^i\vec{g}^{j'}) \qquad (5.36b)$$

将(5.36a)代入(5.35)式并注意到(5.34b)，可以求得

$$d\vec{S} = \partial_i^{j'}\vec{g}_{j'}\,dx^i = \vec{g}_{j'}\frac{\partial x^{j'}}{\partial x^i}dx^i \qquad (i = 1,2,3)$$

其中的 $dx^i$ 是 $d\vec{S}$ 在原来坐标中的分量. 既然以上的结果不受 $d\vec{S}$ 限制,可以先取 $d\vec{S}$ 在方向 1 上而使 $dx^2 = dx^3 = 0$. 随之,就能从以上方程的两边消去共同项 $dx^1$. 依此方法再分别沿着方向 2 和 3 去实行,即可得到

$$\partial_i^{j'}\vec{g}_{j'} = \frac{\partial x^{j'}}{\partial x^i}\vec{g}_{j'}$$

用 $\vec{g}^{k'}$ 点积这一方程的两端并利用(5.1)式,可以导出

$$\partial_i^{k'} = \frac{\partial x^{k'}}{\partial x^i} \qquad (5.37a)$$

类似地,

$$\partial_{k'}^i = \frac{\partial x^i}{\partial x^{k'}} \qquad (5.37b)$$

不难证明,(5.37)中的表达式也适用于(5.36a)和(5.36b)在括弧中所列举的逆变基量之间的变换.

在已具备(5.36)和(5.37)各式的条件下,就可以知道如何变换任何向量. 设

$$\vec{V} = V_i\vec{g}^i = V_i\partial_{j'}^i\vec{g}^{j'} = V_{j'}\vec{g}^{j'}$$

$$= V^i\vec{g}_i = V^i\partial_i^{j'}\vec{g}_{j'} = V^{j'}\vec{g}_{j'}$$

用 $\vec{g}_{k'}$ 和 $\vec{g}^{k'}$ 分别点积上面的和下面的式子,即

$$V_i \partial_{j'}^i \vec{g}^{j'} \cdot \vec{g}_{k'} = V_{j'} \vec{g}^{j'} \cdot \vec{g}_{k'}$$

$$V^i \partial_i^{j'} \vec{g}_{j'} \cdot \vec{g}^{k'} = V^{j'} \vec{g}_{j'} \cdot \vec{g}^{k'}$$

随后由(5.1)式可以写出

$$V_i \partial_{j'}^i = V_{j'} \tag{5.38a}$$

$$V^i \partial_i^{j'} = V^{j'} \tag{5.38b}$$

这些就是协变量和逆变量各自之间的变换关系.

利用 $\vec{g}_{i'} \cdot \vec{g}^{j'} = \delta_{i'}^{j'}$ 和(5.36a,b)还可以导出

$$\partial_{i'}^k \vec{g}_k \cdot \partial_i^{j'} \vec{g}^i = \partial_{i'}^k \partial_i^{j'} \delta_k^i = \delta_{i'}^{j'}$$

因此,

$$\partial_{i'}^k \partial_k^{j'} = \delta_{i'}^{j'} \tag{5.39a}$$

反之,则有

$$\partial_i^{k'} \partial_{k'}^j = \delta_i^j \tag{5.39b}$$

展开其中任何一个,例如(5.39a),使其具有矩阵形式

$$\begin{bmatrix} \partial_1^{1'} & \partial_2^{1'} & \partial_3^{1'} \\ \partial_1^{2'} & \partial_2^{2'} & \partial_3^{2'} \\ \partial_1^{3'} & \partial_2^{3'} & \partial_3^{3'} \end{bmatrix} \begin{bmatrix} \partial_{1'}^1 & \partial_{2'}^1 & \partial_{3'}^1 \\ \partial_{1'}^2 & \partial_{2'}^2 & \partial_{3'}^2 \\ \partial_{1'}^3 & \partial_{2'}^3 & \partial_{3'}^3 \end{bmatrix} = \begin{bmatrix} 1 & 0 & 0 \\ 0 & 1 & 0 \\ 0 & 0 & 1 \end{bmatrix}$$

由左端两个矩阵之中任何一个所形成的行列式就称作 Jacobi 行列式,并以符号 J 代表之. 其内容通常用 $|\partial_{j'}^{i'}|$ 表示. 有关其属性等可参见第一章中的 1.3 节.

### 5.2.2  一般坐标中的张量

利用向量的变换规律,可以很容易到推广并得到具有 m 阶逆

变上标和 n 阶协变下标的混合张量. 在不同的坐标体系中,( m ＋ n)阶混合张量之间的变换关系是

$$T'^{\alpha_1 \alpha_2 \cdots \alpha_m}_{\beta_1 \beta_2 \cdots \beta_n} = \partial^{\alpha_1}_{\gamma_1} \partial^{\alpha_2}_{\gamma_2} \cdots \partial^{\alpha_m}_{\gamma_m} \cdot \partial^{\delta_1}_{\beta_1} \partial^{\delta_2}_{\beta_2} \cdots \partial^{\delta_n}_{\beta_n} T^{\gamma_1 \gamma_2 \cdots \gamma_m}_{\delta_1 \delta_2 \cdots \delta_n} \quad (5.40)$$

其中 $\alpha_1 \alpha_2 \cdots \alpha_m$ 和 $\beta_1 \beta_2 \cdots \beta_n$ 属于变换后坐标的指标,而 $\gamma_1 \gamma_2 \cdots \gamma_m$ 和 $\delta_1 \delta_2 \cdots \delta_n$ 则是指原有坐标所附有的. 由此可以说,当 T′ 各分量所构成的实体与 T 之间服从(5.40)式给出的变换法则,它们就称为绝对张量.

更一般地,张量变换也可以遵循下面(5.41)式所指明的法则,即

$$T'^{\alpha_1 \cdots \alpha_m}_{\beta_1 \cdots \beta_n} = \left| \frac{\partial x}{\partial x'} \right|^W \partial^{\alpha_1}_{\gamma_1} \cdots \partial^{\alpha_m}_{\gamma_m} \cdot \partial^{\delta_1}_{\beta_1} \cdots \partial^{\delta_n}_{\beta_n} T^{\gamma_1 \cdots \gamma_m}_{\delta_1 \cdots \delta_n} \quad (5.41)$$

其中 $\left| \dfrac{\partial x}{\partial x'} \right|$ 是指坐标变换的 Jacobi 行列式,又 W 是其加权的幂次. 这类张量就称作权数为 W 的相对张量,以区别于(5.40)中的绝对张量. 可以认为绝对张量是(5.41)式中 W ＝0 的特殊情况(参见 Sokolnikoff(1951)).

作为示范,考虑变换材料密度 $\rho$(它是一个标量或者说是个零阶张量). 在不同的坐标系之间,它能遵循带有权数 W ＝1 的相对张量变换规律. 这是因为,在物体的一定体积内所包含的全部质量可以表示和转换为

$$\int \rho(x) dx^1 dx^2 dx^3 = \int \rho'(x') dx^{1'} dx^{2'} dx^{3'}$$

$$= \int \rho'[x'(x)] \left| \frac{\partial x^{i'}}{\partial x^j} \right| dx^1 dx^2 dx^3$$

于是会有

$$\rho = \rho' \left| \frac{\partial x^{i'}}{\partial x^j} \right| \quad (5.42a)$$

或反之,

$$\rho' = \rho \left| \frac{\partial x^j}{\partial x^{j'}} \right| \qquad (5.42b)$$

这些都符合相对张量的变换要求. 但是,另一方面也可以认为

$$\rho'(x') = \rho'[x'(x)] \text{ 或 } \rho(x) = \rho[x(x')]$$

这又成为(零阶)绝对张量的等式.

从这个实例可以清楚地看出

(a) 一个对象是作为绝对张量或相对张量取决于其定义的方法.

(b) 绝对张量的等式不适用于权数 $W \neq 0$ 的相对张量.

在一般坐标的意义下,(绝对)张量的代数运算等方法可以直接引用 1.4.2 节中所谈过的 Descartes(直角坐标)张量.

两个具有相同形式和阶数的张量(各自的协变指标个数和逆变的数目均等同)如被认为是相等的就意味着

$$T^{(1)\gamma_1\cdots\gamma_m}_{\delta_1\cdots\delta_n} = T^{(2)\gamma_1\cdots\gamma_m}_{\delta_1\cdots\delta_n} \qquad (5.43)$$

只要它在某个坐标系中成立,也就在所有可互相转换的坐标系中适用.

加或减的运算只能在两个具有相同形式和阶数的张量之间进行. 其结果应是一个性质相同的张量.

如第一章中(1.43)式所给出的那样,由张量之间的乘积可以构成一个更高阶数的新张量:

$$T^{(3)} = T^{(1)} T^{(2)} = T^{(1)\gamma_1\cdots\gamma_i}_{\delta_1\cdots\delta_j}$$

$$\times T^{(2)\gamma_{i+1}\cdots\gamma_m}_{\delta_{j+1}\cdots\delta_n} \vec{g}_{\gamma_1}\cdots\vec{g}_{\gamma_i}\vec{g}_{\gamma_{i+1}}\cdots\vec{g}_{\gamma_m}\vec{g}^{\delta_1}\cdots\vec{g}^{\delta_j}\vec{g}^{\delta_{j+1}}\cdots\vec{g}^{\delta_n} \quad (5.44)$$

其中 $T^{(3)}$ 是($m+n$)阶,分别高于 $T^{(1)}$ 的($i+j$)阶和 $T^{(2)}$ 的[($m+n$)$-$($i+j$)]阶.

按照(1.44)和(1.45)两式所表示的方法,也可以通过两个已给张量的缩并而得到较低阶的新张量:

$$T^{(3)}{}^{\gamma_1\cdots\gamma_m}_{\delta_1\cdots\delta_n} = T^{(1)}{}^{\alpha_s}_{\delta_1\cdots\delta_n} \, T^{(2)}{}^{\gamma_1\cdots\gamma_m}_{\alpha_s} \qquad\qquad (5.45)$$

$T^{(3)}$ 的（$m+n$）阶数是（$n+1$）阶的 $T^{(1)}$ 与（$m+1$）阶的 $T^{(2)}$ 相缩并乘积的结果. 与以往的区别仅是,在一般坐标系中,缩并过程体现在某张量的协变指标与另一个张量的逆变指标有相等同的符号. 每一对这类哑指标,经过实行两部分相乘过程中的连加运算,最终导致所得新张量应降低两个阶数. 其原因是很显然的. 按照(5.40)所表示的变换法则,张量阶数的缩并产生于

$$\partial^{\beta_s}_{\alpha_s}\partial^{\alpha_s}_{\beta_t} = \delta^{\beta_s}_{\beta_t}$$

类似于(1.45)式的情况,这里的 $\beta_s$ 和 $\beta_t$ 都附属于变换后的 $T^{(3)'}$ 张量,它们对应着变换前张量 $T^{(3)}$ 中的一对哑指标 $\alpha_s$.

作为以上所述的缩并法则的一项结果,仿照 1.4.1 节内的证明过程,也可以对一般的混合型张量建立其商法则.

最后,利用(5.20)和(5.21)两式中所显示出的度量张量的作用,可以提升混合型张量的下指标或是降下其上指标. 设混合张量的形式为

$$T = T^{ij\cdots}_{lm\cdots} \, \vec{g}_i\vec{g}_j\cdots\vec{g}^l\vec{g}^m\cdots$$

将 $\vec{g}_i = g_{ik}\vec{g}^k$ 代入其中可得

$$T = T^{ij\cdots}_{lm\cdots} \, g_{ik}\vec{g}_j\cdots\vec{g}^k\vec{g}^l\vec{g}^m\cdots$$

或
$$T^{ij\cdots}_{lm\cdots} \, g_{ik} = T^{j\cdots}_{klm\cdots} \qquad\qquad (5.46)$$

另一方面,如以 $g^{ln}\vec{g}_n$ 替代 $\vec{g}^l$,则有

$$T = T^{ij\cdots}_{lm\cdots} \, g^{ln}\vec{g}_i\vec{g}_j\cdots\vec{g}_n\vec{g}^m\cdots$$

这就意味着

$$T^{ij\cdots}_{lm\cdots} \, g^{ln} = T^{ij\cdots n}_{m\cdots} \qquad\qquad (5.47)$$

所以,(5.46)和(5.47)分别示范了如何将一个指标降下来或提上去.

### 5.2.3  协变导数和 Christoffel 符号 $\Gamma_{ijk}$

一个向量的微分法是按照

$$\vec{V}_{,j} = ( V^i \vec{g}_i )_{,j} = V^i_{,j} \vec{g}_i + V^i \vec{g}_{i,j}$$

$$= ( V_i \vec{g}^i )_{,j} = V_{i,j} \vec{g}^i + V_i \vec{g}^i_{,j}$$

定义

$$\vec{g}_{i,j} = \Gamma_{ijk} \vec{g}^k = \Gamma^k_{ij} \vec{g}_k \tag{5.48}$$

于是,

$$\vec{g}_{i,j} \cdot \vec{g}_l = \Gamma_{ijk} \vec{g}^k \cdot \vec{g}_l = \Gamma_{ijk} \delta^k_l = \Gamma_{ijl} = \Gamma^k_{ij} g_{kl}$$

$$\vec{g}_{i,j} \cdot \vec{g}^l = \Gamma^k_{ij} \vec{g}_k \cdot \vec{g}^l = \Gamma^k_{ij} \delta^l_k = \Gamma^l_{ij} = \Gamma_{ijk} g^{kl}$$

由此证明,Christoffel 符号的第三个指标具有向量分量的特点可以提上去或降下来. 但其他两个下标就没有这一属性. 所以说,Christoffel 符号并不表现为一个三阶张量.

然而需要记住的是,由于

$$\vec{g}_{i,j} = \left[ \frac{\partial \vec{S}}{\partial x^i} \right]_{,j} = \left[ \frac{\partial \vec{S}}{\partial x^j} \right]_{,i} = \vec{g}_{j,i}$$

所以 Christoffel 符号是对称于前两个下标而有

$$\Gamma_{ijk} = \Gamma_{jik} , \quad \Gamma^k_{ij} = \Gamma^k_{ji} \tag{5.49}$$

基于事实上

$$g_{ij,k} = ( \vec{g}_i \cdot \vec{g}_j )_{,k} = \vec{g}_{i,k} \cdot \vec{g}_j + \vec{g}_{j,k} \cdot \vec{g}_i$$

$$= \Gamma_{ikm} \vec{g}^m \cdot \vec{g}_j + \Gamma_{jkn} \vec{g}^n \cdot \vec{g}_i = \Gamma_{kij} + \Gamma_{jki}$$

依次置换下标,类似地反复写三次后可得

$$\Gamma_{kij} + \Gamma_{jki} = g_{ij,k} \tag{a}$$

$$\Gamma_{kij} + \Gamma_{ijk} = g_{jk,\,i} \tag{b}$$

$$\Gamma_{jki} + \Gamma_{ijk} = g_{ki,\,j} \tag{c}$$

于是,从(b)+(c)-(a)可以导出关系式

$$\Gamma_{ijk} = \frac{1}{2}(\, g_{jk,\,i} + g_{ki,\,j} - g_{ij,\,k}\,) \tag{5.50}$$

接下来看,如何求得各类分量的协变导数. 由于

$$\vec{V}_{,\,j} = v^{i}_{,\,j}\vec{g}_{i} + v^{i}\Gamma^{k}_{ij}\vec{g}_{k} = (\, v^{i}_{,\,j} + v^{k}\Gamma^{i}_{jk}\,)\,\vec{g}_{i} = v^{i}\mid_{j}\vec{g}_{i}$$

所以逆变分量的协变导数是

$$v^{i}\mid_{j} = v^{i}_{,\,j} + v^{k}\Gamma^{i}_{jk} \tag{5.51}$$

另一方面,既然

$$(\,\vec{g}_{i} \cdot \vec{g}^{j}\,)_{,\,k} = (\,\delta^{j}_{i}\,)_{,\,k}$$

于是,

$$\vec{g}_{i,\,k} \cdot \vec{g}^{j} + \vec{g}^{j}_{,\,k} \cdot \vec{g}_{i} = 0$$

或说

$$\vec{g}^{j}_{,\,k} \cdot \vec{g}_{i} = -\vec{g}_{i,\,k} \cdot \vec{g}^{j} = -\Gamma^{j}_{ik}$$

用 $\vec{g}^{j}_{,\,k} = \alpha^{j}_{ik}\vec{g}^{l}$ 代入之后可以确定 $\alpha^{j}_{ik} = -\Gamma^{j}_{ik}$,所以,

$$\vec{g}^{i}_{,\,j} = -\Gamma^{i}_{jk}\vec{g}^{k}$$

$$\vec{V}_{,\,j} = v_{i,\,j}\vec{g}^{i} - v_{i}\Gamma^{i}_{jk}\vec{g}^{k} = (\, v_{i,\,j} - v_{k}\Gamma^{k}_{ij}\,)\,\vec{g}^{i} = v_{i}\mid_{j}\vec{g}^{i}$$

这样就导出协变分量的协变导数应是

$$v_{i}\mid_{j} = v_{i,\,j} - v_{k}\Gamma^{k}_{ij} \tag{5.52}$$

从(5.40)式显见,在直角坐标中 Christoffel 符号自然消失. 在此情况下,(5.51)和(5.52)两式所表示的协变导数也就简化为一般的偏导数.

按照微分法则也可以写出

$$d\vec{V} = \vec{V}_{,j}\,dx^j = (V^i\,|_j\,dx^j)\vec{g}_i = dV^i\vec{g}_i$$

$$= (V_i\,|_j\,dx^j)\vec{g}^i = dV_i\vec{g}^i \qquad (5.53)$$

可以证明 $V^i\,|_j$ 和 $V_i\,|_j$ 服从二阶张量的变换法则. 设

$$\vec{V} = V_i\vec{g}^i = V_{k'}\vec{g}^{k'}$$

其中的 $x^i = x^i(x')$ 和 $x^{k'} = x^{k'}(x)$ 互相关联,于是

$$\vec{V}_{,1'} = \vec{V}_{,j}\frac{\partial x^j}{\partial x^{1'}} = \partial_{1'}^j\,V_i\,|_j\,\vec{g}^i = V_{k'}\,|_{1'}\,\vec{g}^{k'}$$

用 $\partial_{k'}^i\vec{g}_i = \vec{g}_{k'}$ 点积两边后可得

$$V_{k'}\,|_{1'} = V_i\,|_j\,\partial_{k'}^i\,\partial_{1'}^j \qquad (5.54)$$

当

$$\vec{V}_{,1'} = \vec{V}_{,j}\frac{\partial x^j}{\partial x^{1'}} = \partial_{1'}^j\,V^i\,|_j\,\vec{g}_i = V^{k'}\,|_{1'}\,\vec{g}_{k'}$$

类似地,以 $\partial_i^{k'}\vec{g}^i = \vec{g}^{k'}$ 点积两端会导致

$$V^{k'}\,|_{1'} = V^i\,|_j\,\partial_i^{k'}\,\partial_{1'}^j \qquad (5.55)$$

最后参照以上的计算可以确定任意阶数混合张量 $T_{1m\cdots}^{ij\cdots}$ 的协变导数为

$$T_{1m\cdots}^{ij\cdots}\,|_{\alpha} = T_{1m\cdots,\alpha}^{ij\cdots} + T_{1m\cdots}^{\gamma j\cdots}\,\Gamma_{\alpha\gamma}^i + T_{1m\cdots}^{i\gamma\cdots}\,\Gamma_{\alpha\gamma}^j \cdots$$

$$- T_{\gamma m\cdots}^{ij\cdots}\,\Gamma_{1\alpha}^{\gamma} - T_{1\gamma\cdots}^{ij\cdots}\,\Gamma_{m\alpha}^{\gamma} \cdots \qquad (5.56)$$

## 5.3 坐标系统

为考察物体运动而设置坐标系统时需要做出两个基本选择,观测的方法或坐标体系,和参考框架所用的度量尺度.

### 5.3.1　坐标体系

就物质点的运动而言,不同的参考方法意味着不同的观测观点及描述方法(参见,Truesdell(1966),Gadala et al.(1983)).在固体力学中,通常采用的坐标体系有三种:

**参考方法**

以广义时间 $t=0$ 时物质点的位置为基准来观察各个点的相对运动时称为参考方法,即 Lagrange 体系.此时,位移是以原始构型为出发点.

**空间方法**

换一种方法,观测者也许愿意诊察通过空间中选定点的瞬时运动.所以是以广义时间 $t$ 时空间位置为参考标架.通常称这种空间方法作 Euler 体系.在瞬时 $t$ 的运动是以变形后该时刻的构型为观测的依据.

**相对方法**

这一体系的方法既不是以 $t=0$ 时物质点位置也不是以瞬时 $t$ 的空间点为基准,而是采用固定时刻 $t=t_r$ 的各点位置作为测量相对位移的参考.这就表明,观测者选用了物质点在 $t=t_r$ 固定时刻的位置作为参考依据以诊察从 $t=t_r$ 到 $t'=t_r+\Delta t_r$ 的运动情况.依此类推,从 $t'$ 到 $t''=t'+\Delta t'$ 的过程则是以 $t=t'$ 时的位置为参考,等等.从本质上说,这是 Lagrange 体系的一种延续而称作逐级更新 Lagrange 体系.在这种情况下,如使 $\Delta t$ 增量趋向无穷小,所得观测结果又将与 Euler 的情况相一致.

举例说明,如连续不断地引伸一根弦.其初始长度为 $l_0$,并单调地增长到 $1$.可以选取该弦的伸长 $\Delta 1=1-l_0$ 作为广义时间 $t$.下面,逐个引用以上谈过的三种方法来描述所发生的位移 $U$.

先用物质点在 $t=0$ 时所占据空间的原始"位置 $a$"为其起名.该点于 $t$ 时移至"位置 $b$".所以,如果观测者就站在这个物质点 $a$ 上去看它如何相对空间中某个固定参考标架而运动,所得的结果

将是 Lagrange 意义的移动,即

$$U(a, t) = b(a, t) - a$$

很显然,位移 U 和位置 b 取决于所选择的点和经历的时间.

作为另一种选择,观测者也可能想知道通过空间中某个选定点 x 所流动的总位移量.于是,他用 Euler 意义所做的观测结果应是

$$U(x, t) = \int_0^t dU(x, t)$$

最后,观测者也许会不断地改变他的选择方法而将其结果累积为

$$U(x_r, t_r) = \Delta U(x_0, t_0) + \Delta U(x_1, t_1) + \cdots + \Delta U(x_n, t_n)$$

这里的 $x_r = x_0, x_1, \cdots, x_n$ 对应于时刻 $t_r = t_0, t_1, \cdots, t_n$ 在空间中所选定的一系列物质点位置.很显然,每个观测间隔的过程都对应着某个参考点,这个含意与 Lagrange 描述方法相似.但另一方面,观测者在逐级更新 Lagrange 意义下又不一定要坚守在同一个空间点上.如果他的观测集中于某个固定空间点,且使其观测间隔不断缩短,那么结果将趋近于 Euler 意义.

其实也很自然,既然所选择的参考标架不尽相同,那么不同的观测方法所导致的结果就不一样.再者,即使是处在同一个参考体系中,也会由于坐标框架所用的度量尺度的不同而使观测结果的表示方面出现区别.

### 5.3.2 坐标尺度

一般来说,坐标的尺度可以分为两类:

固定坐标

坐标的尺度是固定的,不随广义时间而变化.例如:

(a) 直角坐标

此时的度量张量非常简单,因为各坐标轴的基量都是单位向

量且有 $x^1 = x_1$，$x^2 = x_2$，$x^3 = x_3$. 于是可知

$$g_{ij} = \delta_{ij} = \begin{cases} 1, & \text{若 } i = j \\ 0, & \text{若 } i \neq j \end{cases}$$

其中，$g_{ij}$ 就是度量张量的协变分量

(b) 柱坐标

$$x^1 = r, \quad x^2 = \theta, \quad x^3 = z$$

$$g_{11} = g^{11} = g_{33} = g^{33} = 1$$

$$g_{22} = r^2, \quad g^{22} = 1/r^2$$

(c) 球坐标

$$x^1 = r, \quad x^2 = \theta, \quad x^3 = \phi$$

并有

$$g_{11} = g^{11} = 1$$

$$g_{22} = (r\cos\phi)^2, \quad g^{22} = 1/(r\cos\phi)^2$$

$$g_{33} = r^2, \quad g^{33} = 1/r^2$$

对于任何形式的固定坐标，其度量张量的各个分量总可以通过基量 $\vec{g}_i$ 与单位向量 $\vec{e}_i$ 之间可确定的关系以及利用(5.14)，(5.17)和(5.22)各式而求出.

随体坐标

除了固定的以外，这里特别地设计和变化坐标尺度，使其具有最自然的特点. 例如，假设它们被嵌入变形体中，从而使其度量尺度随材料变形而变化以确保物体中各点的坐标值维持为原始构形的量而不改变. 也就是说，坐标框架所经受的变形与该处材料变形相一致. 由此在随体坐标下引出变形体坐标值 $x^i$ 和原始的 $a^i$ 之间的一些特殊关系式：

$$x^i = a^i, \quad \frac{\partial a^i}{\partial x^j} = \delta^i_j \quad \left[ \text{或} \frac{\partial x^j}{\partial a^i} = \delta^j_i \right] \qquad (5.57)$$

## 5.4 变换时间导数的 Oldroyd 方程

利用相对张量的变换规律,Oldroyd(1950,1958)建立了张量的全时间导数在随体坐标与固定坐标两种标度之间的流变关系式.

### 5.4.1 物质导数

研究全时间导数之前,先要解释一下物质导数.如前所述,为表示连续介质中各点的位置,或是起用瞬时空间坐标 $x^i$ 或是选取物质点的原始坐标 $a^i$,如以物质点为确定的对象而对一个张量进行时间的偏导数就得出物质导数.由此而给定了一个观测者站在移动的物质点上观测场量随时间的变化率.所以说,这类导数具有 Lagrange 意义的描述并常以 $D/Dt$ 符号代表之.于是,作为偏导数的传统符号 $\partial/\partial t$ 则代表空间意义的变化率,也就是 Euler 描述含意.它意味着,在求时间导数时,作为空间点的 $x_i$ 保持恒定.

例如,如果有一位观测者站在一艘船上(物质点)量测相对岸边(固定参考)的运动,由此所得的速度含有物质导数($D/Dt$)意义.反过来说,如果他站在河中一静止点上观察河水流动的快慢,这样测定的结果体现了 Euler 方法($\partial/\partial t$).

在连续介质中,$x^i$ 和 $a^i$ 互有连续函数的关系,或者说在变形后的构架与原始物体之间存在有惟一的"映像".由此可以写

$$x^i = x^i(a, t)$$
$$a^i = a^i(x, t) \qquad (5.58)$$

按照复合函数的微分法则,由(5.58)可导出张量 $T(x, t)$ 的物质导数是

$$\frac{D}{Dt}T = \left[ \frac{dT}{dt} \right]_a = \left[ \frac{\partial T}{\partial t} \right]_x + T \mid_k V^k \quad (k = 1,2,3) \qquad (5.59)$$

在这一表达式中,方括弧是指所标注的下标为恒定时的导数,$|_k$ 代表对 $x^k$ 求协变导数,又

$$V^k = \frac{D}{Dt} x^k = \left[ \frac{d}{dt} x^k(a, t) \right]_a \tag{5.60}$$

由(5.59)式所表示的物质导数也服从于一般微分中的法则,包括对张量之和或乘积求导数的规则:

$$\frac{D}{Dt}(T_1 + T_2) = \frac{D}{Dt}T_1 + \frac{D}{Dt}T_2 \tag{5.61}$$

$$\frac{D}{Dt}(T_1 T_2) = T_1 \frac{DT_2}{Dt} + \frac{DT_1}{Dt}T_2 \tag{5.62}$$

Eringen(1962)曾针对物质导数的含意做了如下的解释:"在确定的物质点上,一个空间向量随时间变化的速率是以该向量分量的物质导数为其分量". 这就是说

$$\left[ \frac{d}{dt} \vec{f}(x, t) \right]_a = \frac{D}{Dt} f^k \vec{g}_k \tag{5.63}$$

其原因是物质导数 $D/Dt$ 的含义是固定物质点的时间导数 $[d/dt]_a$,即

$$\left[ \frac{d\vec{f}}{dt} \right]_a = \frac{\partial}{\partial t}(f^k \vec{g}_k) + \frac{\partial}{\partial x^1}(f^k \vec{g}_k) V^1$$

这里的符号 $\partial/\partial t$ 是指维持空间点 $x$ 为恒定时的空间意义偏导数. 既然基量 $\vec{g}_k$ 仅依赖于 $x$ 而不随 $t$ 变化,那么

$$\frac{\partial}{\partial t}(f^k \vec{g}_k) = \frac{\partial f^k}{\partial t} \vec{g}_k$$

而上式右端的第二项应导致一个协变导数

$$\frac{\partial}{\partial x^1}(f^k \vec{g}_k) = f^k \,|_1 \vec{g}_k$$

于是最终证明了(5.63)式所表示的定理,即

$$\left[\frac{d\vec{f}}{dt}\right]_a = \left[\frac{\partial f^k}{\partial t} + f^k \mid_1 V^1\right]\vec{g}_k$$

在推论其他有用的结果之前,再来进一步考察(5.60)式所定义的速率. 设有一个空间向量 $\vec{S}$,取其定义为

$$\vec{S} = x^i\vec{g}_i \quad (即 \ d\vec{S} = dx^i\vec{g}_i)$$

以确定在某个坐标系统中一个空间点的位置. 事实上,在同一个坐标系统中,速率向量可以表示为

$$\vec{V} = V^i\vec{g}_i$$

如 Eringen(1962)所定义的那样,认为"速率就是指确定的物质点所占据位置的时间变化率",该点原位置在 a,于是

$$\vec{V} = \left[\frac{d\vec{S}}{dt}\right]_a \tag{5.64}$$

再利用(5.63)式,立即可写出

$$V^i = \frac{Dx^i}{Dt}$$

也就是(5.60)式所表示的内容.

在进入下一段之前还需要推导一些必要的数学关系式. 一个是计算位移梯度的物质导数,即坐标 $x^i$ 与 $x^{j'}$(或 $a^{j'}$)之间的导数关系.

$$\frac{D}{Dt}\left[\frac{\partial x^i}{\partial x^{j'}}\right] = \frac{\partial}{\partial t}\left[\frac{\partial x^i}{\partial x^{j'}}\right] + \left[\frac{\partial x^i}{\partial x^{j'}}\right]\bigg|_k V^k = \frac{\partial}{\partial t}\left[\frac{\partial x^i}{\partial x^{j'}}\right]$$

$$+ \left[\frac{\partial}{\partial x^k}\left[\frac{\partial x^i}{\partial x^{j'}}\right] + \Gamma^i_{kl}\left[\frac{\partial x^l}{\partial x^{j'}}\right]\right]V^k$$

$$= \frac{d}{dt}\left[\frac{\partial x^i}{\partial x^{j'}}\right] + \Gamma^i_{kl}\left[\frac{\partial x^l}{\partial x^{j'}}\right]V^k$$

$$= \frac{\partial v^i}{\partial x^j} + \Gamma^i_{kl} v^k \left[ \frac{\partial x^l}{\partial x^j} \right] = \frac{\partial v^i}{\partial x^k} \frac{\partial x^k}{\partial x^j}$$

$$+ \Gamma^i_{kl} v^l \left[ \frac{\partial x^k}{\partial x^j} \right] = \left[ \frac{\partial v^i}{\partial x^k} + \Gamma^i_{kl} v^l \right] \frac{\partial x^k}{\partial x^j}$$

$$= v^i \mid_k \frac{\partial x^k}{\partial x^j} \tag{5.65}$$

另一项工作是计算 Jacobi 行列式的物质导数

$$\frac{D}{Dt} \left| \frac{\partial x}{\partial x'} \right| = \frac{D}{Dt} \left[ \frac{\partial x^l}{\partial x'^1} \frac{\partial x^m}{\partial x'^2} \frac{\partial x^n}{\partial x'^3} e_{lmn} \right]$$

$$= \left[ v^l \mid_k \frac{\partial x^k}{\partial x'^1} \frac{\partial x^m}{\partial x'^2} \frac{\partial x^n}{\partial x'^3} + v^m \mid_k \frac{\partial x^l}{\partial x'^1} \right.$$

$$\left. \times \frac{\partial x^k}{\partial x'^2} \frac{\partial x^n}{\partial x'^3} + v^n \mid_k \frac{\partial x^l}{\partial x'^1} \frac{\partial x^m}{\partial x'^2} \frac{\partial x^k}{\partial x'^3} \right] e_{lmn}$$

$$= \left[ v^1 \mid_1 + v^2 \mid_2 + v^3 \mid_3 \right] \frac{\partial x^l}{\partial x'^1} \frac{\partial x^m}{\partial x'^2} \frac{\partial x^n}{\partial x'^3} e_{lmn}$$

$$= v^k \mid_k \left| \frac{\partial x}{\partial x'} \right| \tag{5.66}$$

### 5.4.2 随体导数

在已具备以上各项予备知识的条件下,现在来讨论 Oldroyd (1950)给出的导数变换公式. 设 $b^{::k::}_{::l::}$ ( x , t)为固定坐标系中达到 t 广义时刻的一个张量. 这个张量与随体参考系 $\xi^i$ 中的有关分量 $\beta^{::l::}_{::j::}$ ( $\xi$, t)可以互相转换. 如果这种相互关系服从于(5.41)式所规定的相对张量变换法则,那么

$$\Pi' \left[ \frac{\partial x^k}{\partial \xi^l} \right] \beta^{::l::}_{::j::} = \left| \frac{\partial x}{\partial \xi} \right|^w \Pi \left( \frac{\partial x^i}{\partial \xi^j} \right) b^{::k::}_{::l::} \tag{5.67}$$

其中 $\Pi$ 或 $\Pi'$ 是指所有相似项的乘积,分别对应于协变的或逆变的

张量标号.

利用(5.59)—(5.62),(5.65)和(5.66)各式,对(5.67)施以物质导数以后会得到

$$\Pi'\left[\frac{\partial x^k}{\partial \xi^r}\right]\frac{D}{Dt}\beta^{..1..p..}_{..j..n..} + \Sigma'\left[V^k\Big|_s\frac{\partial x^s}{\partial \xi^r}\right]\cdots\frac{\partial x^p}{\partial \xi^r}\beta^{..1..t..}_{..j..n..}$$

$$= \left|\frac{\partial x}{\partial \xi}\right|^w\left\{\Pi\left[\frac{\partial x^i}{\partial \xi^j}\right]\left[\frac{\partial}{\partial t}b^{..k..p..}_{..i..n..} + V^r b^{..k..p..}_{..i..n..}\Big|_r\right]\right.$$

$$\left. + \Sigma\left[V^i\Big|_s\frac{\partial x^s}{\partial \xi^j}\right]\cdots\frac{\partial x^m}{\partial \xi^n}b^{..k..p..}_{..i..m..} + WV^r\Big|_r\Pi\left[\frac{\partial x^i}{\partial \xi^j}\right]b^{..k..p}_{..i..n}\right\}$$

$$(5.68)$$

在这个表达式中,$\Sigma$ 或 $\Sigma'$ 是指所有相似项的相加,分别对应于协变的或逆变的张量标号. 按照 Oldroyd(1950)的解释,(5.68)式"对于任何选择的随体坐标 $\xi^j$ 都应成立,于是可以特别地选取两个系统的坐标面 $\xi^j=\mathrm{const}$ 和 $x^j=\mathrm{const}$ 在所考虑的 t 时刻是相重合的,也就是说在各处均有 $\xi^j = x^j$ ."于是可以认为

$$\frac{\partial x^i}{\partial \xi^j} = \delta^i_j \quad \left[\text{或}\frac{\partial \xi^j}{\partial x^i} = \delta^j_i\right]$$

还有以下等式关系

$$\Pi'\left[\frac{\partial x^k}{\partial \xi^r}\right] = \delta^k_1\cdots, \quad \Pi\left[\frac{\partial x^i}{\partial \xi^j}\right] = \delta^j_j\cdots, \quad \left|\frac{\partial x}{\partial \xi}\right|^w = 1$$

$$\beta^{..1..}_{..j..} = b^{..1..}_{..j..}, \quad \frac{D\beta^{..1..}_{..j..}}{Dt} = \frac{\delta b^{..1..}_{..j..}}{\delta t}\text{(即随体导数)}$$

由此可知,附属于随体坐标的任何张量都能变换为固定坐标中的量. (5.68)式表明,具有随体分量为 $D\beta^{..1..}_{..j..}/Dt$ 的张量其固定分量可写作

$$\frac{\delta b^{..k..}_{..i..}}{\delta t} = \frac{\partial b^{..k..}_{..i..}}{\partial t} + V^m b^{..k..}_{..i..}\Big|_m + \Sigma V^m\Big|_i b^{..k..}_{..m..}$$

$$- \Sigma' V^k \mid_m b^{\cdots m \cdots}_{\cdots j \cdots} + W V^m \mid_m b^{\cdots k \cdots}_{\cdots j \cdots} \qquad (5.69)$$

如定义旋度和变形率与速率的关系分别为

$$\omega_{ij} = \frac{1}{2}( V_j \mid_i - V_i \mid_j)(\omega^k_i = \omega_{ij} g^{jk}),$$

$$D_{ij} = \frac{1}{2}( V_j \mid_i + V_i \mid_j) \qquad (5.70)$$

于是可以将(5.69)式改写为

$$\frac{\delta b^{\cdots k \cdots}_{\cdots j \cdots}}{\delta t} = \frac{\partial b^{\cdots k \cdots}_{\cdots j \cdots}}{\partial t} + V^m b^{\cdots k \cdots}_{\cdots j \cdots} \mid_m + \Sigma \omega^m_i b^{\cdots k \cdots}_{\cdots m \cdots} + \Sigma D^m_i b^{\cdots k \cdots}_{\cdots m \cdots}$$

$$- \Sigma' \omega^k_m b^{\cdots m \cdots}_{\cdots j \cdots} - \Sigma' D^k_m b^{\cdots m \cdots}_{\cdots j \cdots} + W D^m_m b^{\cdots k \cdots}_{\cdots j \cdots} \qquad (5.71)$$

如 Oldroyd(1958)所声明的那样,求证(5.71)式的过程并未要求 $\xi^j$ 必须嵌入实际变形体中,于是这个公式就能适用于任何连续地变形坐标系统中完全一般的全导数. 这样,速率 $V^i$,旋度 $\omega_{ij}$ 和变形率 $D_{ij}$(它们都是坐标 $x^i$ 和时间 t 的函数)就同任意选定的空间坐标系统 $\xi^j$ 中的运动相联系起来. 所以,与该坐标系统有关的张量全导数就具有(5.71)式这个一般形式.

随后,Oldroyd(1958)又提供了全导数在一些情况下的特殊形式. 采用本书的符号和名词可以写成

物质导数

$$\frac{D}{Dt} b^{\cdots k \cdots}_{\cdots j \cdots} = \frac{\partial b^{\cdots k \cdots}_{\cdots j \cdots}}{\partial t} + V^m b^{\cdots k \cdots}_{\cdots j \cdots} \mid_m \qquad (5.72)$$

这一变化率的测度仅考虑到了物质的平移运动. 它所认定的是一个无转动($\omega_{ij}=0$)的刚性坐标系统($D_{ij}=0$),于时刻 t,在 $x^i$ 处所具有的速率恰好等同于那时通过该点的物质材料的速率 $V^i$. Oldroyd(1958)称其为内在(intrinsic)导数.

Jaumann 导数

$$\frac{D}{Dt} b^{\cdots k \cdots}_{\cdots j \cdots} = \frac{\partial}{\partial t} b^{\cdots k \cdots}_{\cdots j \cdots} + V^m b^{\cdots k \cdots}_{\cdots j \cdots} \mid_m + \Sigma \omega^m_i b^{\cdots k \cdots}_{\cdots m \cdots}$$

$$- \Sigma' \omega_m^k b_{\cdot\cdot;\cdot}^{\cdot\cdot m\cdot\cdot} \qquad (5.73)$$

这一导数既考虑到了转动作用也包括有物质单元的平移运动. 它所选择的刚性坐标系($D_{ij}=0$),于时刻 $t$,在 $x^i$ 处所具有的旋度 $\omega_{ij}$ 和速率 $V^i$ 都等同于被跟随的物质单元在该处的值. 因而,常称之为共旋率. 不过, Oldroyd 用的名词是"物质导数",这一点与习惯用法不同.

可以认为随体导数是随同变形体的一种变化率. 除了计入物体的平移和转动运动以外,它还使坐标跟踪变形率,不断随时间变化而改变量测物体内间距长度的自然标距. 在本书中,涉及具有绝对张量(权数 $W=0$)属性的有关量,所用的名词是随体导数并常用符号 $(\dot{\ })$ 替代 $\delta/\delta t$. 由此可以认为,随体导数是一种"纯"时间导数. 既然所设置的坐标系能够随同物体而移动和变形,在确定张量的变化时,它就排除了这些运动和变形量的影响. 于是,所涉及的率就仅计入了时间因素.

在以上的各项陈述之中, Jaumann 导数常用于描述本构行为. 例如,有时需要测量材料的单向切线模量. 设单向应变 $\varepsilon$ 为广义时间 $t$. 按照第三章中的有关定义,那么

$$E_t = d\sigma/d\varepsilon = D\sigma/Dt \quad (t = \varepsilon) \qquad (5.74)$$

这个表达式所指的就是单向应力 $\sigma$ 对应变 $\varepsilon$(或广义时间 $t$)的 Jaumann 率. 因为,在以上的(5.74)定义式中,坐标系可以跟随受力杆件而平移或转动. 在此,仅需要核准沿杆件单轴方向上应力的增加情况. 实际上说,试验结果仅取决于材料本身的行为而与试验过程中杆件所处的位置无关.

练 习

5-1 请解释协变基量系统与其互换对象-逆变基量系统之间的关系.

5-2 证明:

(a) $\vec{g}^i = g^{ij}\vec{g}_j$

· 129 ·

(b) $V^i = g^{ij} V_j$

(提示：$\vec{V} = V^i \vec{g_i} = V_j \vec{g}^j$)

(c) $V_i = g_{ij} V^j$

(d) $\delta_{kl} = g_{ij} \dfrac{\partial x^i}{\partial \theta^k} \dfrac{\partial x^j}{\partial \theta^l}$

(提示：$\vec{e}_k = \dfrac{\partial x^i}{\partial \theta^k} \vec{g_i}$)

(e) $\delta^{kl} = g^{ij} \dfrac{\partial \theta^k}{\partial x^i} \dfrac{\partial \theta^l}{\partial x^j}$

(f) $\varepsilon^{ijk} = \dfrac{\partial x^i}{\partial \theta^l} \dfrac{\partial x^j}{\partial \theta^m} \dfrac{\partial x^k}{\partial \theta^n} e^{lmn}$

(g) $V_i = \partial_i^{j'} V_{j'}$

(提示：$\vec{g}^{j'} = \partial_i^{j'} \vec{g}^i$)

(h) $V^i = \partial_j^i V^{j'}$

(i) $g_{ij} = \partial_i^{k'} \partial_j^{l'} g_{k'l'}$

(j) $g^{ij} = \partial_{k'}^i \partial_{l'}^j g^{k'l'}$

5-3 请展开写出由

$$g_{ik} g^{jk} = \delta_i^j$$

所代表的九个线性方程.

5-4 试通过形成二阶逆变张量 $T^{ij}$ 的两种一般途径：

(a) 乘积 $T^{ij} = U^i V^j$

(b) 缩并 $V^j = T^{ij} U_i$

证明(a)和(b)中均有 $T^{k'l'} = \partial_i^{k'} \partial_j^{l'} T^{ij}$.

5-5 在以下各个实例中，请说明各有关的度量张量的分量应该是

(a) 柱坐标：$x^1 = r$, $x^2 = \theta$, $x^3 = z$,

　　$g_{11} = g^{11} = g_{33} = g^{33} = 1$, $g_{22} = r^2$, $g^{22} = 1/r^2$,

其他均为零.

(b) 球坐标：$x^1 = r$, $x^2 = \theta$, $x^3 = \phi$

　　$g_{11} = g^{11} = 1$,

　　$g_{22} = (r\cos\phi)^2$, $g^{22} = 1/(r\cos\phi)^2$,

　　$g_{33} = r^2$, $g^{33} = 1/r^2$

其他均为零.

5-6 计算柱坐标中的 Christoffel 符号 $\Gamma_{ik}$ 和 $\Gamma_{ij}^k$

5-7 请解释 Lagrange，Euler 和逐级更新 Lagrange 体系的含意和区别.

5-8 利用(5.59)式对物质导数的定义证明

(a) $\dfrac{D}{Dt}(T_1 + T_2) = \dfrac{D}{Dt}T_1 + \dfrac{D}{Dt}T_2$

(b) $\dfrac{D}{Dt}(T_1 T_2) = T_1 \dfrac{DT_2}{Dt} + \dfrac{DT_1}{Dt}T_2$

# 参 考 文 献

Eringen A C. 1962. Nonlinear Theory of Continuous Media. New York：McGraw-Hill Company Inc

Flügge W. 1972. Tensor Analysis and Continuum Mechanics. Berlin：Springer-Verlag

Fung Y C. 1965. Foundations of Solid Mechanics. Englewood Cliffs：Prentice-Hall

Gadala M S, Oravas G A E and Dokainish M A. 1983. A consistent Eulerian formulation of large deformation problems in statics and dynamics. Int J Nonlinear Mech, 18：21—35

Oldroyd J G. 1950. On the formulation of rheological equations of state. Proc Roy Soc Ser A, Math and Phys Sci, 200, 1063：523—541

Oldroyd J G. 1958. Non-Newtonian effects in steady motion of some idealized elasticoviscous liquids. Proc Roy Soc Ser A, Math and Phys Sci, 245, No. 1241：278—297

Sokolnikoff I S. 1951. Tensor Analysis Theory and Applications. New York：John Wiley and Sons

Truesdell C. 1966. The Elements of Continuum Mechanics. New York：Springer-Verlag

# 第六章　应变张量,应力张量和它们的变化率

在有限变形过程中,应力和应变的定义自然应与基量系统和所确认的构型相联系,由此导致各种类型的应力和应变的定义方法.于是就需要推究各个定义的意义,还应推导它们各自之间的关系式,再包括它们的各种变化率.本章将分门别类地就应变张量和应力张量所组成的这一广泛专题进行介绍.为达到有限应变分析这一最终目标,即将有限变形下的问题用泛函系统表示,必须重视和了解这部分内容.

## 6.1　应变张量

### 6.1.1　各类应变的定义

设物质点的原始位置为 $a^i$,其相应的坐标基量是 $\vec{g}_i^{(0)}$ ( $i=1$, 2,3).这里的指标(0)是指 Lagrange 描述意义的原始构型.如图6.1所示,经历了时间 t 以后,该物质点移至新的位置 $x^i$,其相应的坐标基量也变化为 $\vec{g}_i$.既然,物体运动是连续的,以下可以用连续可微的函数来建立 $a^i$ 与 $x^i$ 之间的关系.

$$a^i = a^i(x, t) \tag{6.1a}$$

$$x^i = x^i(a, t) \tag{6.1b}$$

也就是说,如果在 t=0 时选择 $a^i$ 为物质点,它在瞬时 t 的空间位置 $x^i$ 可通过(6.1b)而确定.反之,针对 t 时刻所选定的 $x^i$ 也可以利用(6.1a)而追溯其原始位置 $a^i$.

为确定物体内任意两点间的相对变形,需要了解连接这两点的线元于变形前后所产生的长度变化.在图 6.1 中,设 $d\vec{S}^{(0)}$ 为 t=0时的线元.其平方值是

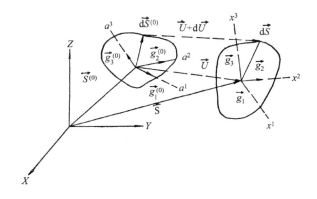

图 6.1

$$dS^{(0)^2} = d\vec{S}^{(0)} \cdot d\vec{S}^{(0)} = \vec{g}_i^{(0)} da^i \cdot \vec{g}_j^{(0)} da^j = g_{ij}^{(0)} da^i da^j$$

变形后,该线元成为 $d\vec{S}$. 于是,

$$dS^2 = d\vec{S} \cdot d\vec{S} = g_{ij} dx^i dx^j$$

既然 $a^i$ 和 $x^i$ 之间可以按(6.1a)关系互相转换,原始的线元就能表示为坐标 $x^i$ 的函数. $d\vec{S}^{(0)}$ 自身的点积结果则是

$$dS^{(0)^2} = d\vec{S}^{(0)} \cdot d\vec{S}^{(0)} = \frac{\partial a^i}{\partial x^k} \frac{\partial a^j}{\partial x^l} g_{ij}^{(0)} dx^k dx^l$$

类似地,变形后的线元 $d\vec{S}$ 自身点积的结果也可以用原始坐标表示为

$$dS^2 = d\vec{S} \cdot d\vec{S} = \frac{\partial x^i}{\partial a^k} \frac{\partial x^j}{\partial a^l} g_{ij} da^k da^l$$

于是,变形后的与原始的线元平方之差就是

$$dS^2 - dS^{(0)^2} = \left[ g_{kl} \frac{\partial x^k}{\partial a^i} \frac{\partial x^l}{\partial a^j} - g_{ij}^{(0)} \right] da^i da^j \qquad (6.2a)$$

$$= \left[ g_{ij} - g_{kl}^{(0)} \frac{\partial a^k}{\partial x^i} \frac{\partial a^l}{\partial x^j} \right] dx^i dx^j \qquad (6.2b)$$

如果 $dS^2 - dS^{(0)^2} = 0$ 则意味着所涉及的物体内两点之间没有相对变形. 但这并不排除物体可以有刚体位移.

现指定

$$\varepsilon_{ij} = \frac{1}{2}\left[ g_{kl} \frac{\partial x^k}{\partial a^i} \frac{\partial x^l}{\partial a^j} - g_{ij}^{(0)} \right] \qquad (6.3)$$

和

$$E_{ij} = \frac{1}{2}\left[ g_{ij} - g_{kl}^{(0)} \frac{\partial a^k}{\partial x^i} \frac{\partial a^l}{\partial x^j} \right] \qquad (6.4)$$

于是可以改写(6.2a)和(6.2b)而成为

$$dS^2 - dS^{(0)^2} = 2\varepsilon_{ij} da^i da^j \qquad (6.2c)$$

$$= 2E_{ij} dx^i dx^j \qquad (6.2d)$$

(6.2c)和(6.2d)中的 $\varepsilon_{ij}$ 和 $E_{ij}$ 都代表了线元原始长度变化的无量纲化的表示方法,所以,可以定义它们为应变张量. 按照(6.3)和(6.4)所作的规定,这些应变张量既是由对称的度量张量所组成也是对称的. (6.3)式所表示的定义是对应于 Lagrange 体系的 Green 应变,而(6.4)式所代表的则是附属于 Euler 体系的 Almansi 应变.

不难看出:

$$\varepsilon_{ij} = E_{kl} \frac{\partial x^k}{\partial a^i} \frac{\partial x^l}{\partial a^j}, \quad E_{ij} = \varepsilon_{kl} \frac{\partial a^k}{\partial x^i} \frac{\partial a^l}{\partial x^j}$$

由此说明,在 Lagrange 和 Euler 两个体系之间变换时,它们符合(5.40)式所规定的变换法则.

### 6.1.2 在一般坐标系中的运动关系

由图 6.1 可见,相对于固定在空间中的一组坐标,当位置向量 $\vec{S}^{(0)}$ 移至 $\vec{S}$ 时所产生的位移向量是

$$\vec{U} = \vec{S} - \vec{S}^{(0)} = U_k^{(0)} \vec{g}_{(0)}^k = U_k \vec{g}^k \qquad (6.5)$$

于是,$\vec{g}_{(0)}^k$ 和 $\vec{g}^k$ 分别是对应于原始的和变形后的逆变基量;$U_k^{(0)}$ 和 $U_k$ 则是向量 $\vec{U}$ 在这些逆变基量上的投影分量. 由此得到

$$g_{kl}\frac{\partial x^k}{\partial a^i}\frac{\partial x^l}{\partial a^j} = \left[\vec{g}_k\frac{\partial x^k}{\partial a^i}\right]\cdot\left[\vec{g}_l\frac{\partial x^l}{\partial a^j}\right]$$

$$= \left[\frac{\partial \vec{S}}{\partial x^k}\frac{\partial x^k}{\partial a^i}\right]\cdot\left[\frac{\partial \vec{S}}{\partial x^l}\frac{\partial x^l}{\partial a^j}\right] = \frac{\partial \vec{S}}{\partial a^i}\cdot\frac{\partial \vec{S}}{\partial a^j} \qquad (6.6)$$

从(6.5)式以及(5.3)式中有关基量的定义,可以导出

$$\frac{\partial \vec{S}}{\partial a^i} = \frac{\partial \vec{S}^{(0)}}{\partial a^i} + \frac{\partial \vec{U}}{\partial a^i} = \vec{g}_i^{(0)} + U_j^{(0)}\mid_i \vec{g}_{(0)}^j = (\delta_i^j + U_{(0)}^j\mid_i)\vec{g}_j^{(0)}$$

$$(6.7)$$

将(6.6)和(6.7)两式代入(6.3)式则有

$$\varepsilon_{ij} = \frac{1}{2}\left[(\vec{g}_i^{(0)} + U_k^{(0)}\mid_i\vec{g}_{(0)}^k)\cdot(\vec{g}_j^{(0)} + U_l^{(0)}\mid_j\vec{g}_{(0)}^l) - g_{ij}^{(0)}\right]$$

$$= \frac{1}{2}(U_i^{(0)}\mid_j + U_j^{(0)}\mid_i + U_k^{(0)}\mid_i U_{(0)}^k\mid_j) \qquad (6.8)$$

需要注意的是,这里的协变导数是对原始坐标 $a^i$ 求导的. 类似地,还有

$$E_{ij} = \frac{1}{2}(U_i\mid_j + U_j\mid_i - U_k\mid_i U^k\mid_j) \qquad (6.9)$$

现在的协变导数应是针对所考虑时刻 $t$ 的空间坐标 $x_i$ 而作的.

在小变形情况下,Lagrange 和 Euler 两个体系的差别将消失.(6.8)和(6.9)式中所包含的非线性项的作用也减小,于是,二者相重合而成为

$$\zeta_{ij} = \frac{1}{2}(U_i\mid_j + U_j\mid_i) \qquad (6.10)$$

这被称作 Cauchy 应变张量. 作为一类应变的定义, 它在下面一章的大应变分析中也会起到一种特殊的作用.

用一个简单的实例可以示范说明 (6.8) 和 (6.9) 所包括的位移 $U_1^{(0)}$ 和 $U_1$ 的区别. 设有一直杆固定于一端并沿其自身的轴向被均匀地拉长. 该杆件的原长为 $L_0$, 在整个拉伸过程中单调地增长. 其瞬时长度是 1 并有瞬时增量 d1 直到最终长度 L. 所以, 总伸长量 $\Delta L_0 = L - L_0$, 1 则变化于 $L_0 < 1 < L$ 之间.

既然杆件是被均匀地拉伸, 沿其拉伸方向或杆轴上所产生的轴向位移 $U_1^{(0)}$ 或 $U_1$ 应呈线性分布状态. 在固定端 $U_1^{(0)} = U_1 = 0$, 及至另一端而达到它们的最大值. 沿杆方向可以取某一物质点 $a_1$, 它所处的范围是 $0 < a_1 \leqslant L_0$. 在 $0 < x_1 \leqslant 1$ 范围内也可以选定空间点 $x_1$. 需要牢牢记住, 在拉伸的过程中实际上物质点 $a_1$ (根据选择情况具有固定值) 是移动着的而为观测所选定的空间点 $x_1$ 则是固定的.

基于以上原因, 最终导致

$$U_1^{(0)} = \frac{a_1}{L_0} \Delta L_0 = \left[ \frac{L}{L_0} - 1 \right] a_1$$

又

$$U_1 = \int_{L_0}^{L} \frac{x_1}{1} d1 = x_1 \int_{L_0}^{L} \frac{d1}{1} = \ln \frac{L}{L_0} x_1$$

所以, 即使一开始时选择 $a_1 = x_1$, 随着变形的增大二者在位置上将出现差异, 以上两式的结果总是不等的.

如引用图 6.1 中各项坐标, 在这个例子内对于 $\vec{g}_i^{(0)}, \vec{g}_i$ 和空间固定坐标框架三者均采用了同一个单位向量系统. 可以认为, 以上所给出的结果 $U_1^{(0)}$ 和 $U_1$ 都是投影到 (X, Y, Z) 系统上的量, 它们是可以比较的.

除了固定观测点之外, 也可以用变形物体的瞬时构型作为参考的依据 (例如, 变形前后都用同一个直角坐标, Fung(1965)). 例

如图 6.1 中,三个系统都用单位向量作为度量,那么就可以简单地归结出

$$x_1 = a_1 + U_1^{(0)}$$

这里的 $x_1$ 既是 $a_1$ 所处的瞬时位置又被选作瞬时观测的空间点. 从 Euler 意义所要求的瞬时构型出发,

$$U_1 = \frac{x_1}{L} \Delta L_0 = \left[ 1 - \frac{L_0}{L} \right] x_1$$

不难核实

$$U_1 = \frac{a_1 + U_1^{(0)}}{L} \Delta L_0 = \frac{\dfrac{L_0}{\Delta L_0} U_1^{(0)} + U_1^{(0)}}{L} \Delta L_0 = U_1^{(0)}$$

这里,Lagrange 位移 $U_1^{(0)}$ 表明物质点 $a_1$ 如何移动到 $x_1$,而反过来,Euler 位移 $U_1$ 则提供了从空间位置 $x_1$ 追溯其起源点. 这是一个事物的两个方面.

这个例子也表明,如果所选择的瞬时观测点的基准不同,其结果也会不同. 如何做出选择取决于观测者的愿望. 如果他希望知道通过某一固定的空间点累积的总位移,就应该选用前一个 $U_1$ 表达式. 而如果他需要为瞬时位于 $x_1$ 的点寻找其源点,那么就要采用后一个. 在固体力学计算中,后者更为可取.

### 6.1.3 物理应变

需要指出的是,以上所提到的各类应变张量并不一定是物理量. 因为(6.1)式中 $a^i$ 和 $x^i$ 并不肯定具有长度量纲. 为获取应变的物理分量,还需要做以下的变换.

$$dS^2 - dS^{(0)^2} = \frac{2\,\varepsilon_{ij}}{\sqrt{g_{ii}^{(0)}}\,\sqrt{g_{ij}^{(0)}}} \left( \sqrt{g_{ii}^{(0)}}\,d a^i \right) \left( \sqrt{g_{ij}^{(0)}}\,d a^j \right)$$

这里,$\sqrt{g_{ii}^{(0)}}\,d a^i$ 和 $\sqrt{g_{ij}^{(0)}}\,d a^j$ 都是物理量,因为

$$d\vec{S}^{(0)} = da^i \vec{g}_i^{(0)} = da^i \sqrt{g_{ii}^{(0)}} \, \vec{e}_i \quad (g_{ii}^{(0)} \text{中} i = 1,2,3 \text{但不连加})$$

其中 $\vec{e}_i$ 是与 $\vec{g}_i^{(0)}$ 同方向的单位向量,于是 $da^i \sqrt{g_{ii}^{(0)}}$ 就是 $d\vec{S}^{(0)}$ 在这些单位向量上投影的分量. 这样就可以找到物理应变的各个分量

$$(\varepsilon_{ij}) = \frac{1}{\sqrt{g_{ii}^{(0)}} \sqrt{g_{jj}^{(0)}}} \varepsilon_{ij} \quad (i, j \text{不连加}) \tag{6.11}$$

它们都符合物理应变所要求的无量纲.

从这个实例可见,为导出一个张量的物理分量,其原则是通过系统地变换而找到它在单位向量系统中的分量.

对于应变张量,常取其协变形式. 在随体坐标下

$$\left[ a^i = x^i, \frac{\partial x^i}{\partial a^j} = \delta^i_j \text{ 或} \frac{\partial a^j}{\partial x^i} = \delta^j_i \right],$$

由此可获取明晰的几何意义. 因为从(6.3)和(6.4)可得

$$\varepsilon_{ij} = E_{ij} = \frac{1}{2}(g_{ij} - g_{ij}^{(0)}) \tag{6.12}$$

说明应变是指度量张量的变化. 但另一方面,如取逆变分量时,则

$$\varepsilon^{ij} \neq \frac{1}{2}(g^{ij} - g_{(0)}^{ij})$$

这是因为

$$\varepsilon^{ij} = g_{(0)}^{ik} g_{(0)}^{jl} \varepsilon_{kl} = \frac{1}{2}(g_{(0)}^{ik} g_{(0)}^{jl} g_{kl} - g_{(0)}^{ik} g_{(0)}^{jl} g_{kl}^{(0)})$$

$$= \frac{1}{2}(g_{(0)}^{ik} g_{(0)}^{jl} g_{kl} - g_{(0)}^{ij})$$

它并不代表度量张量逆变分量的变化. 由于这个原因,一般选用应变张量的协变形式. 与此相关的,应力就应取作逆变形式,以使二者组成应变能的标量表达式.

## 6.2 各类应变率张量

应变张量的变化率总量按物质导数意义计算的. 在求导之前,作为预备性工作,需要推导速度和位移之间的关系式. 利用(5.64)式的概念,可以写出

$$\vec{V} = \left[ \frac{d\vec{S}}{dt} \right]_a = \left[ \frac{d\vec{U}}{dt} \right]_a = \left[ \frac{d}{dt}( U_k^{(0)} \vec{g}_{(0)}^k ) \right]_a = \left[ \frac{d}{dt}( U_k \vec{g}^k ) \right]_a$$

另一方面,

$$\vec{V} = V_k^{(0)} \vec{g}_{(0)}^k = V_k \vec{g}^k$$

其中 $\vec{g}_{(0)}^k$ 和 $\vec{g}^k$ 分别为某物质点在初始时刻($t=0$)和时刻 $t$ 时所设定的基量,因此都与时间 $t$ 无关. 比较以上两式可知

$$V_k^{(0)} = \frac{D}{Dt} U_k^{(0)}, \quad V_k = \frac{D}{Dt} U_k \qquad (6.13)$$

利用有关物质导数的微分法则,(5.61)和(5.62)各式,从(6.8)式可以求出

$$\frac{D}{Dt}\epsilon_{ij} = \frac{1}{2}( V_i^{(0)} |_j + V_j^{(0)} |_i$$

$$+ U_{(0)}^k |_j V_k^{(0)} |_i + U_k^{(0)} |_i V_{(0)}^k |_j ) \qquad (6.14)$$

在这个表达式中,协变导数是对 $a^i$ 坐标做的. 这就是 Green 应变率张量. 从(6.2c)式可知,其含义也等同于说

$$\frac{D}{Dt}\epsilon_{ij} = \frac{1}{2} \frac{D}{Dt}( dS^2 - dS^{(0)^2} )$$

这是因为 $\frac{D}{Dt}( da^i )=0$.

由(5.65)式可知

$$\frac{D}{Dt}\left[ \frac{\partial x^i}{\partial a^k} \right] = V^i |_m \frac{\partial x^m}{\partial a^k}$$

两端乘以 $da^k$ 后,又因 $da^i$ 与 $t$ 无关,可以移入左端括弧内,这样

$$\frac{D}{Dt}(dx^i) = V^i \big|_m dx^m$$

由此可以借助于(6.2d)来求 Almansi 应变 $E_{ij}$ 的物质导数. 因为

$$\frac{D}{Dt}(dS^2 - dS^{(0)2}) = \frac{D}{Dt}(dS^2) \qquad \left[\frac{D}{Dt}(dS^{(0)2}) = 0\right]$$

$$= 2\frac{D}{Dt}(E_{ij}dx^i dx^j)$$

又 $$\frac{D}{Dt}(dS^2) = \frac{D}{Dt}(g_{ij}dx^i dx^j)$$

在利用分解法则(5.62)求取以上乘积量的物质导数时,还需注意:基量及由其组成的度量张量的物质导数均为零,即

$$\frac{D}{Dt}\vec{g}_i = 0, \qquad \frac{D}{Dt}\vec{g}^j = 0$$

$$\frac{D}{Dt}g_{ij} = 0, \qquad \frac{D}{Dt}g^{ij} = 0$$

具备以上条件后,利用(6.9)和(6.13)两式就可以导出空间意义的 Almansi 应变率张量为

$$\frac{D}{Dt}E_{ij} = \frac{1}{2}(V_i\big|_j + V_j\big|_i) - E_{jk}V^k\big|_i - E_{ik}V^k\big|_j \qquad (6.15)$$

这里的协变导数应该作用于 $x^i$ 坐标上.

对于小变形情况还会有 Cauchy 应变率张量.

$$\frac{D}{Dt}\zeta_{ij} = \frac{1}{2}(V_i\big|_j + V_j\big|_i) \qquad (6.16)$$

它在形式上与变形率 $D_{ij}$(见(5.70)式)相似. 但是,在 Cauchy 应变率中意味着忽略了 Lagrange 和 Euler 两种描述方法的区别. 还需要记住的是,变形率是基于瞬时坐标情况的,所以具有 Euler 意

义的描述.

前面曾提及,Green 应变和 Almansi 应变服从 Lagrange 和 Euler 两体系之间的张量变换法则. 但是它们的物质导数之间却并非如此. 实际上,Green 应变的物质导数是以变形率为其 Euler 映像. 证明如下. 从(6.3)式可以写出

$$
\frac{D}{Dt}\varepsilon_{ij} = \frac{1}{2}\frac{D}{Dt}\left[ g_{kl} \frac{\partial x^k}{\partial a^i} \frac{\partial x^l}{\partial a^j} \right]
$$

$$
= \frac{1}{2} g_{kl}\left[ \frac{D}{Dt}\left[ \frac{\partial x^k}{\partial a^i} \right] \frac{\partial x^l}{\partial a^j} + \frac{\partial x^k}{\partial a^i} \frac{D}{Dt}\left[ \frac{\partial x^l}{\partial a^j} \right] \right]
$$

既然

$$
\frac{D}{Dt}\left[ \frac{\partial x^k}{\partial a^i} \right] = V^k\mid_m \frac{\partial x^m}{\partial a^i}, \qquad g_{kl} V^k\mid_m = V_l\mid_m
$$

于是,

$$
\frac{D}{Dt}\varepsilon_{ij} = \frac{1}{2}( V_l\mid_k + V_k\mid_l) \frac{\partial x^k}{\partial a^i} \frac{\partial x^l}{\partial a^j} = D_{kl} \frac{\partial x^k}{\partial a^i} \frac{\partial x^l}{\partial a^j}
$$

这就表明,$\frac{D}{Dt}\varepsilon_{ij}$ 和 $D_{ij}$ 之间确实遵守协变张量的变换法则.

## 6.3 应力张量

### 6.3.1 面积分量的几何描述

在图 6.2(a)中,设立一组协变基量 $\vec{g_i}$ 以架设一个四面体的三个框架线. 垂直于 $o_1 o_2 o_3$ 截面的外单位法线向量是 $\vec{\nu}$. 截开四面体之后,可以获得阴线面积 dA. 沿着 $\vec{\nu}$ 方向移动可以切割出不同大小的截面积. 于是,可以定义面元向量为

$$
d\vec{A} = dA\vec{\nu}
$$

$$
= \frac{1}{2}( \overline{o_1 o_2} \times \overline{o_1 o_3} ) \qquad \text{(用右螺旋法则)}
$$

$$= \frac{1}{2}\left[(\overline{oo_2} - \overline{oo_1}) \times (\overline{oo_3} - \overline{oo_1})\right]$$

$$= \frac{1}{2}\left[\overline{oo_2} \times \overline{oo_3} + \overline{oo_3} \times \overline{oo_1} + \overline{oo_1} \times \overline{oo_2}\right]$$

$$= \mathrm{d}A_1 \vec{\nu}^1 + \mathrm{d}A_2 \vec{\nu}^2 + \mathrm{d}A_3 \vec{\nu}^3 \tag{6.17}$$

这里的 $\vec{\nu}^1$, $\vec{\nu}^2$ 和 $\vec{\nu}^3$ 分别是四面体的另外三个面 $oo_2 o_3$, $oo_3 o_1$ 和 $oo_1 o_2$ 的内单位法线.

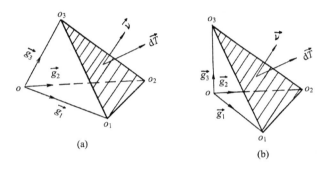

(a)　　　　　　　　　　(b)

图 6.2

反之,每一组协变基量都有相应的逆变基量 $\vec{g}^j$,其中 $\vec{g}^1$, $\vec{g}^2$ 和 $\vec{g}^3$ 分别垂直于由 $\vec{g}_2 \times \vec{g}_3$, $\vec{g}_3 \times \vec{g}_1$ 和 $\vec{g}_1 \times \vec{g}_2$ 所组成的各面. 于是可以说,四面体的三个内法线 $\vec{\nu}^1$, $\vec{\nu}^2$ 和 $\vec{\nu}^3$ 不仅平行于而且指向逆变基量 $\vec{g}^1$, $\vec{g}^2$ 和 $\vec{g}^3$ 的方向. 于是,同一个面元向量 $\mathrm{d}\vec{A}$ 也可以是由图 6.2(b) 中逆变基量所组成的框架切割出来. 所谓"同一"是指面元的外单位法线向量 $\vec{\nu}$ 和面积值均相同,并不一定需要其几何形状完全相同. 类似地,采用前面的推导过程,也可以沿着图 6.2(b) 所示的四面体中另外三个面的内法线向量 $\vec{\nu}_i$ 分解面元向量 $\mathrm{d}\vec{A}$. 由此得到

$$\mathrm{d}\vec{A} = \mathrm{d}A^1 \vec{\nu}_1 + \mathrm{d}A^2 \vec{\nu}_2 + \mathrm{d}A^3 \vec{\nu}_3 \tag{6.18}$$

其中的单位向量 $\vec{\nu}_i$ 分别与协变基量 $\vec{g}_i$ 同向.

(6.17)和(6.18)两式建立了四面体中任一面元向量与其他三个面元向量之间的关系. $dA_1, dA_2, dA_3$ 和 $dA$ 都是物理量,这是因为 $\vec{v}^1, \vec{v}^2, \vec{v}^3$ 和 $\vec{v}$ 都是单位向量. 对于 $dA^1, dA^2$ 和 $dA^3$ 也是一样.

协变基量,逆变基量与单位向量之间的关系可以写为

$$\vec{v}_i = \frac{\vec{g}_i}{\sqrt{g_{ii}}}, \qquad \vec{v}^i = \frac{\vec{g}^i}{\sqrt{g^{ii}}} \qquad （i\ \text{不连加}） \qquad (6.19)$$

如沿着协变和逆变基量系统,分别分解面元向量 $d\vec{A}$,则有

$$d\vec{A} = dS^i \vec{g}_i = dS_i \vec{g}^i \qquad (6.20)$$

其中,$dS^i = \dfrac{dA^i}{\sqrt{g_{ii}}}$,$dS_i = \dfrac{dA_i}{\sqrt{g^{ii}}}$ （$i=1,2,3$ 但在 $g_{ii}$ 或 $g^{ii}$ 中并不连加）. 既然 $dS_i$ 和 $dS^i$ 分别是投影在 $\vec{g}^i$ 和 $\vec{g}_i$ 上的分量,所以除非是处在直角坐标中否则它们就不会全是物理量.

### 6.3.2 应力的不同张量形式

由前面的说明可以清楚地看到,既然对于基量系统可以有选择的余地,一个等价的面元向量就会由两类四面体所组成. 于是,作用在面元 $dA$ 上的微元力 $d\vec{T}$ 就能够以四种不同方式分解为其他三个面上的应力分量. 其方式取决于选择两个四面体中的那一个,此后又沿着那一类基量方向来分解应力. 基于这些考虑,可以设立应力张量的逆变,协变和两种混合形式.

(a) 截面垂直于逆变基量(图 6.2(a)),应力平行于协变基量——应力张量的逆变分量 $\sigma^{ij}$

$$d\vec{T} = \sigma^{ij} dS_i \vec{g}_j \qquad (6.21)$$

(b) 截面垂直于逆变基量(图 6.2(a)),应力平行于逆变基量——应力张量的混合分量 $\sigma^{i}_{.j}$

$$d\vec{T} = \sigma^{i}_{.j} dS_i \vec{g}^j \qquad (6.22)$$

(c) 截面垂直于协变基量(图 6.2(b)),应力平行于协变基

量——应力张量的混合分量 $\sigma_j^{\cdot i}$

$$d\vec{T} = \sigma_j^{\cdot i} dS^j \vec{g}_i \qquad (6.23)$$

(d) 截面垂直于协变基量(图 6.2(b)),应力平行于逆变基量——应力张量的协变分量 $\sigma_{ji}$

$$d\vec{T} = \sigma_{ji} dS^j \vec{g}^i \qquad (6.24)$$

根据一个连续介质微元块体上所作用的力矩应该符合平衡条件,可以证明(见 Flügge(1972),46—67 页)

$$\sigma^{ij} = \sigma^{ji} \qquad (6.25)$$

于是,

$$\sigma_{\cdot j}^{i} = \sigma^{ik} g_{kj} = g_{kj} \sigma^{ki} = \sigma_j^{\cdot i} = \sigma_j^{i}$$

还有

$$\sigma_{ij} = \sigma^{kl} g_{ki} g_{lj} = \sigma^{lk} g_{lj} g_{ki} = \sigma_{ji}$$

但是

$$\sigma_j^{i} \neq \sigma_i^{j}$$

因此,在引用逆变或协变张量时,只要六个应力分量就足以描述一点处的应力状态. 然而,对于混合张量则需要全部九个分量.

### 6.3.3 应力张量的物理分量

由于 $dS_i$ 和 $dS^i$ 并不一定具备实际面积的量纲,$\vec{g}^i$ 或 $\vec{g}_i$ 也不是单位向量,所以,以上所提到的应力张量通常不是物理量. 依照寻求物理应变时所用过的变换程序,也可以导出应力的物理分量. 例如,利用(6.21)式做如下变换:

$$d\vec{T} = \sigma^{ij} \frac{dS_i}{\sqrt{g^{ii}}} \sqrt{g^{ii}} \frac{\vec{g}_j}{\sqrt{g^{jj}}} \sqrt{g_{jj}} \qquad (度量张量中 i, j 不连加)$$

其中 $dS_i \sqrt{g^{ii}}$ 是物理的面积,又 $(\vec{g}_j / \sqrt{g_{jj}})$ 代表单位向量. 因此,

应力的物理分量应是

$$(\sigma^{ij}) = \frac{\sigma^{ij}}{\sqrt{g^{ii}}}\sqrt{g_{jj}} \quad （i，j不连加） \tag{6.26}$$

这些应力分量所作用的截面仍然是垂直于(或说,具有法线平行于)逆变基量,其方向平行于协变基量.

类似地,混合张量的物理分量是

$$(\sigma^{i}_{\cdot j}) = \sigma^{i}_{\cdot j}\frac{\sqrt{g^{ii}}}{\sqrt{g_{jj}}} \quad （i，j不连加） \tag{6.27}$$

又

$$(\sigma^{\cdot i}_{j}) = \sigma^{\cdot i}_{j}\frac{\sqrt{g_{ii}}}{\sqrt{g^{jj}}} \quad （i，j不连加） \tag{6.28}$$

既然 $\sigma^{i}_{\cdot j} = \sigma^{\cdot i}_{j}$,那么一般来说,在 $i \neq j$ 时的物理分量 $(\sigma^{i}_{\cdot j}) \neq (\sigma^{\cdot i}_{j})$. 除非是正交坐标情况,将有 $i \neq j$ 的 $g_{ii} = 0$ 和 $g^{ii} = 0$,又由 (5.22)式可以知道 $g_{ii} = 1/g^{ii}$,$(\sigma^{i}_{\cdot j}) = (\sigma^{\cdot i}_{j})$. 但是,无论是在什么坐标框架下,(6.27)和(6.28)两式又表明,$i = j$ 时,$(\sigma^{i}_{\cdot j}) = (\sigma^{\cdot i}_{j})$ $= \sigma^{i}_{\cdot j} = \sigma^{\cdot i}_{j}$. 也就是说,当 $i = j$ 时各个混合应力张量的分量都具有物理意义,其方向平行于所作用截面的法向. 所以,混合法向应力分量总是垂直于受力的截面. 这一特点在设置本构方程时是很有用处的.

### 6.3.4 变形物体中的应力定义

至此讨论的是不同应力张量形式的来源. 在变形体中,由于截面和基量的变化,每一种应力张量形式还可以有不同的应力含意. 下面仅就逆变应力分量(Hill(1959))给出不同应力名词的定义,对于协变分量和混合分量也可以做相似的归类.

名义应力 $T^{ij}$(或称 Lagrange 应力,第一 Piola-Kirchhoff 应力)

$$\mathrm{d}\vec{T} = T^{ij}\mathrm{d}\overset{0}{S}_{i}\overset{\to 0}{g}_{j} \tag{6.29}$$

其中 $dS_i^0$ 是指起始构型的面元分量,它们与物理的面元分量之间的关系是

$$dS_i^0 = dA_i^0/ \sqrt{g_0^{ii}}$$

又 $\vec{g}_j^0$ 是起始时的基量. 注意这里的"0"标号代表起始状态不一定是在 t=0. 但是,以前所用的"(0)"则一定是在 t=0(Lagrange 含意).

所以说,$T^{ij}$ 是按照起始状态的截面和基量所分解的各个分量.

<u>真应力</u> $\sigma^{ij}$(或 Euler,Cauchy 应力)

$$d\vec{T} = \sigma^{ij} dS_i \vec{g}_j \tag{6.30}$$

所涉及的分量是变形状态下由瞬时的截面和基量所归结出的. 因此,

$$dS_i = dA_i/ \sqrt{g^{ii}} \quad (i 不连加)$$

<u>Kirchhoff 应力</u> $\tau^{ij}$(或 Trefftz 应力)

$$d\vec{T} = \tau^{ij} dS_i^0 \vec{g}_j \tag{6.31}$$

这里的应力取自一种混合方式. 截面是按照起始构型而确定,应力的分解则跟随变形状态下的瞬时基量.

在小应变的情况下,面积的变化可以忽略不计而且仅有微小转动,从实用角度看,采用名义应力这一概念比较方便. 当应变增大或出现有限量的转动时,情况就不同了,这时就需要考虑真应力. 所以,这两种应力定义都有其实际的物理意义. 至于 Kirchhoff 应力以及下面谈及的第二 Piola-Kirchhoff 应力则只能从应力和应变之间的关系要构成应变能这一角度去理解. 下一章中将讨论这方面的问题.

### 6.3.5 各类应力定义之间的关系

下面来推导这三类应力之间的关系

（1）随体坐标中应力张量之间的关系

根据质量守恒定律,在变形过程中瞬时材料密度 $\rho$ 与体积的乘积应与其起始值相等. 因此,

$$\rho(\vec{g}_1 \times \vec{g}_2 \cdot \vec{g}_3 d x^1 d x^2 d x^3) = \rho_0(\vec{g}_1^0 \times \vec{g}_2^0 \cdot \vec{g}_3^0 d a^1 d a^2 d a^3)$$

由(6.17)式可知

$$\frac{1}{2} \vec{g}_1 \times \vec{g}_2 d x^1 d x^2 = d A_3 \vec{\nu}^3 = d A_3 \frac{\vec{g}^3}{\sqrt{g^{33}}}$$

再利用(6.20)式的定义,即得到以下的结果:

$$\frac{1}{2} \vec{g}_1 \times \vec{g}_2 d x^1 d x^2 = d S_3 \vec{g}^3$$

用类似的方式也可以写出

$$\frac{1}{2} \vec{g}_1^0 \times \vec{g}_2^0 d a^1 d a^2 = d S_3^0 \vec{g}_0^3$$

将这些代入上面的质量守恒表达式并注意到在随体坐标中 $d x^i = d a^i$,于是得到

$$\rho d S_3 = \rho_0 d S_3^0$$

依次置换序号,在随体坐标中最终导出一个一般形式的规律, Nanson 关系式(Hill(1959)):

$$\rho d S_i = \rho_0 d S_i^0 \quad (i = 1, 2, 3) \tag{6.32}$$

它描述了面积分量从起始状态变化到所考虑时刻的情景.

将(6.32)式代入(6.30)和(6.31)之后,可以得到随体坐标中 Kirchhoff 应力与真应力之间的关系式. 因为,根据微元力相等应有

$$\tau^{ij} d S_i^0 \vec{g}_j = \sigma^{ij} \frac{\rho_0}{\rho} d S_i^0 \vec{g}_j$$

用 $\vec{g}^k$ 点积等式两边并依次对 $i = 1, 2$ 和 3 逐项验证,最后可从两

边消去 $\vec{g}_j$ 和 $dS_i^0$ 而得到

$$\tau^{ij} = \frac{\rho_0}{\rho}\sigma^{ij} \tag{6.33}$$

下面再从 $(6.29),(6.30)$ 及 $(6.32)$ 各式出发来建立名义应力与真应力之间的关系. 由于

$$T^{ij}dS_i^0\vec{g}_j = \sigma^{ij}\frac{\rho_0}{\rho}dS_i^0\vec{g}_j \quad \left[ \text{其中,} \frac{\rho_0}{\rho}dS_i^0 = dS_i \right]$$

又有 $\vec{g}_j = \partial\vec{S}/\partial x^j$ 且在随体坐标中 $x^j = a^j$, 如推导 $(6.7)$ 式时所用的办法,应该得到

$$\vec{g}_j = (\delta_j^k + U_0^k \mid_j)\vec{g}_k^0 \tag{6.34}$$

利用 $(6.34)$ 式并对换其中的标号 $j$ 和 $k$,可以改写上式为

$$T^{ij}dS_i^0\vec{g}_j^0 = \sigma^{ik}\frac{\rho_0}{\rho}dS_i^0(\delta_k^j + U_0^j \mid_k)\vec{g}_j^0$$

仿照前面所做的那样,可以从两端消去 $dS_i^0$ 和 $\vec{g}_j^0$. 从而得到名义应力,真应力和 Kirchhoff 应力彼此之间的关系式:

$$T^{ij} = \frac{\rho_0}{\rho}(\delta_k^j + U_0^j \mid_k)\sigma^{ik} = (\delta_k^j + U_0^j \mid_k)\tau^{ik} \tag{6.35}$$

由于 $\sigma^{ik}$ 是对称的真应力分量,那么 Kirchhoff 应力分量 $\tau^{ik}$ 必然是对称的. 但由此也表明,名义应力分量 $T^{ij}$ 不是对称的.

（2）物体的起始和变形后构型均采用同一固定坐标时各应力张量之间的关系式.

另外一种坐标的选择方法是固定度量尺度而在变形过程中记录坐标值的变化. 这与随体坐标中的作法恰好相反. 设在固定坐标中起始坐标 $a^i$ 与变形后构型的坐标 $x^i$ 之间按 $(6.1)$ 式相互联系. 在这里,不需要再区分 $\vec{g}_i^0$ 和 $\vec{g}_i$ 而统一用 $\vec{g}_i$ 代表基量.

先来推导起始面元与变形后面元之间的关系式. 假设变形后面元向量为

$$d\vec{A} = \frac{1}{2}(\vec{g}_i d x^i) \times (\vec{g}_j d x^j) = \frac{1}{2} d x^i d x^j \vec{g}_i \times \vec{g}_j$$

$$= \frac{1}{2} d x^i d x^j \varepsilon_{ijk} \vec{g}^k = d S_k \vec{g}^k$$

其中,$\varepsilon_{ijk}$ 是置换张量并可表示为

$$\varepsilon_{ijk} = \begin{cases} \sqrt{g} & (\text{当 } i, j, k = 1,2,3 \text{ 或 } 2,3,1 \text{ 或 } 3,1,2) \\ -\sqrt{g} & (\text{当 } i, j, k = 3,2,1 \text{ 或 } 2,1,3 \text{ 或 } 1,3,2) \\ 0 & (\text{其他情况}) \end{cases}$$

又

$$g = \det | g_{ij} | = \begin{vmatrix} g_{11} & g_{12} & g_{13} \\ g_{21} & g_{22} & g_{23} \\ g_{31} & g_{32} & g_{33} \end{vmatrix}$$

类似地,对于起始面元向量也可以写为

$$d\vec{A}_0 = \frac{1}{2} d a^i d a^j \varepsilon_{ijk} \vec{g}^k = d S_k^0 \vec{g}^k$$

如用变形后构型的坐标来表示起始的面元分量,则有

$$d S_k^0 = \frac{1}{2} \varepsilon_{ijk} \frac{\partial a^i}{\partial x^m} \frac{\partial a^j}{\partial x^n} d x^m d x^n$$

于是,

$$\frac{\partial a^k}{\partial x^l} d S_k^0 = \frac{1}{2} \varepsilon_{ijk} \frac{\partial a^i}{\partial x^m} \frac{\partial a^j}{\partial x^n} \frac{\partial a^k}{\partial x^l} d x^m d x^n$$

$$= \frac{1}{2} \det \left| \frac{\partial a^i}{\partial x^j} \right| \varepsilon_{mnl} d x^m d x^n$$

(参见 Flügge(1972),30—34 页). 按照质量守恒定律,

$$\rho = \left| \frac{\partial a^i}{\partial x^j} \right| \rho_0$$

其中的 $\rho_0$ 应用 $a^i$ 表示而 $\rho$ 则是 $x^i$ 的函数. 于是,

$$\frac{\partial a^k}{\partial x^l} dS_k^0 = \frac{\rho}{\rho_0} \left[ \frac{1}{2} \varepsilon_{mnl} dx^m dx^n \right] = \frac{\rho}{\rho_0} dS_l$$

最后得到, 对应于随体坐标中 (6.32) 式所表示的 Nanson 关系式, 这里的表达式

$$dS_k = \frac{\rho_0}{\rho} \frac{\partial a^i}{\partial x^k} dS_i^0 \qquad (6.36)$$

基于以上的论述和 (6.36) 式并按照 (6.29) 和 (6.30) 两式所给出的名义应力和真应力的定义, 下面可写

$$T^{ij} dS_i^0 = \sigma^{kj} dS_k = \frac{\rho_0}{\rho} \frac{\partial a^i}{\partial x^k} \sigma^{kj} dS_i^0$$

也就是说

$$T^{ij} = \frac{\rho_0}{\rho} \frac{\partial a^i}{\partial x^k} \sigma^{kj} \qquad (6.37)$$

既然

$$\frac{\partial a^i}{\partial x^k} \frac{\partial x^l}{\partial a^i} = \delta_k^l \qquad (6.38)$$

对 (6.37) 式两端均乘以 $\partial x^l / \partial a^i$, 可以导出 (6.37) 式的逆形式

$$\sigma^{ij} = \frac{\rho}{\rho_0} \frac{\partial x^i}{\partial a^k} T^{kj} \qquad (6.39)$$

在目前的坐标系中, (6.31) 式所定义的 Kirchhoff 应力的含义自然消失, 它与名义应力相重合. 除非保留 (6.33) 关系式作为 Kirchhoff 应力的一般定义, 否则在固定坐标系中就没有必要设立这一类应力.

基于这一情况, 可对力的向量施以变换, 设

$$d \vec{T}^{(k)} = d T^{(k)i} \vec{g}_i \quad ((k) \text{ 不是自由指标}) \qquad (6.40)$$

这一变换导致变换后的分量 $d T^{(k)i}$ 与原始的 $d T^j$ 之间服从以下关系式：

$$d T^{(k)i} = \frac{\partial a^i}{\partial x^j} d T^j \qquad (6.41)$$

其中,$d T^j$ 是原始的力向量的分量,即

$$d \vec{T} = d T^j \vec{g}_j \qquad (6.42)$$

若在起始截面上并沿协变基量方向分解新的力向量 $d \vec{T}^{(k)}$,于是,

$$d \vec{T}^{(k)} = S^{ij}_{(k)} d S^0_j \vec{g}_i \qquad (6.43)$$

这就是第二 Piola-Kirchhoff 应力, $S^{ij}_{(k)}$ ,的定义.它与名义应力的区别在于,二者所依赖的力定义是不同的.下一章中将解释为什么要引入如此变换以获取这一新的应力.

为寻求 $S^{ij}_{(k)}$ 与 $T^{ij}$ 之间的关系,可以利用(6.41),(6.43)和(6.29)各式.于是,

$$d T^{(k)i} = \frac{\partial a^i}{\partial x^j} d T^j = \frac{\partial a^i}{\partial x^j} T^{kj} d S^0_k = S^{ik}_{(k)} d S^0_k$$

由此导致

$$S^{ij}_{(k)} = \frac{\partial a^i}{\partial x^k} T^{jk} \qquad (6.44)$$

以 $\partial x^l / \partial a^i$ 乘(6.44)式的两端,再利用

$$\frac{\partial a^i}{\partial x^k} \frac{\partial x^l}{\partial a^i} = \delta^l_k \qquad (6.45)$$

还可以求得(6.44)式的逆形式:

$$T^{ij} = \frac{\partial x^j}{\partial a^k} S^{ki}_{(k)} \qquad (6.46)$$

将名义应力与真应力的关系式(6.37)代入(6.44)后,立即得到

$$S_{(k)}^{ij} = \frac{\rho_0}{\rho} \frac{\partial a^i}{\partial x^k} \frac{\partial a^j}{\partial x^l} \sigma^{kl} \qquad (6.47)$$

反之，

$$\sigma^{ij} = \frac{\rho}{\rho_0} \frac{\partial x^i}{\partial a^k} \frac{\partial x^j}{\partial a^l} S_{(k)}^{kl} \qquad (6.48)$$

由于 $\sigma^{ij}$ 是对称的张量分量,很显然, $S_{(k)}^{ij}$ 也应是对称的. 然而,由(6.44)式也可说明,既然

$$\frac{\partial a^i}{\partial x^k} T^{jk} = \frac{\partial a^j}{\partial x^k} T^{ik} \qquad (6.49)$$

那么 $T^{ij}$ 就不会是对称的.

### 6.3.6  摘要

结束这一部分之前,再总结一下有关应力张量的定义以重点说明其中的主要概念.

(a) 由图 6.2 可见,根据应力所作用的四面体及跟随的基量方向,其张量的分量可以取为协变,逆变和混合形式.

(b) 所作用的截面和选择的基量又是对应于变形的起始状态或是变形后的状态. 由此,应力又可区分为名义应力,真应力和 Kirchhoff 应力. 就固定坐标系而言,由于起始的和变形后状态均采用同一基量系统,还要引入一个新应力张量,它称作第二 Piola-Kirchhoff 应力.

### 6.4  应力张量的各种变化率

按照第五章中所讨论过的 Oldroyd 的推导,率的问题应该区分为物质,Jaumann 和随体各类导数. 对于任何一类应力张量,可以将它们写成(见 Hill(1969))

$$\frac{D\sigma^{ij}}{Dt} = \frac{\partial \sigma^{ij}}{\partial t} + V^k \sigma^{ij}|_k \quad (物质) \qquad (6.50a)$$

$$\frac{D \sigma^{ij}}{D t} = \frac{D \sigma^{ij}}{D t} - \omega_k^i \sigma^{kj} - \omega_k^j \sigma^{ik} \quad (\text{Jaumann}) \quad (6.50b)$$

$$\frac{\delta \sigma^{ij}}{\delta t} = \dot{\sigma}^{ij} = \frac{D \sigma^{ij}}{D t} - \sigma^{kj} D_k^i - \sigma^{ik} D_k^j \quad (\text{随体}) \quad (6.50c)$$

对于任何一种应力张量(逆变,协变,混合,再有名义的,真的和 Kirchhoff 的)都可以有(6.50)式中某一种意义的率. 所以,实际上可以有许多种形式的张量率. 没有必要罗列全部的各类率的关系. 以下仅推导和介绍起源于随体坐标的一些有用的关系式(见 Hill(1959),(1962a, b),(1967)). 在推导过程中还应特别注意坐标体系是属于 Lagrange 或 Euler 中的那一种. 下面着重考虑具有"纯"时间导数的随体率. 一旦有了它,可以很容易地利用(6.50a, b, c)而导出其他意义的率.

(1) Kirchhoff 应力率和真应力率

在变形过程中,由(6.33)式所给出的 Kirchhoff 应力和真应力之间的关系式是

$$\tau^{ij} = \frac{\rho_0}{\rho} \sigma^{ij}$$

从广义时刻 t 起至 t+ δt,材料经历一段变形后,该方程变为

$$(\rho + \dot{\rho}\delta t)(\tau^{ij} + \dot{\tau}^{ij}\delta t) = \rho(\sigma^{ij} + \dot{\sigma}^{ij}\delta t)$$

在时刻 t,各类应力都起始于同一个构型(方程(6.30)和(6.31)中的 $dS_i = dS_i^0$),因此 $\tau^{ij} = \sigma^{ij}$. 保留(δt)的一阶项而略去二阶小项后,可以简化为

$$\rho \dot{\tau}^{ij} + \dot{\rho} \sigma^{ij} = \rho \dot{\sigma}^{ij}$$

质量守恒定律现在应表示为

$$\rho d V = (\rho + \dot{\rho}\delta t)(1 + V^k|_k \delta t)d V$$

其中 d V 是 t 时的体积单元, $V^k|_k$ 则是其体积变形率. 以紧凑方式还可以使这一表达式写成

$$\dot\rho = - \rho V^k \big|_k \qquad (6.51)$$

将(6.51)式代入上面的关系式即可导出 Kirchhoff 应力率和真应力率之间的关系：

$$\dot t^{ij} = \dot\sigma^{ij} + \sigma^{ij} V^k \big|_k \qquad (6.52)$$

(2) 名义应力率和 Kirchhoff 应力率

在以上寻求 Kirchhoff 应力率和真应力率之间的关系时可以不考虑坐标体系是属于 Lagrange 或 Euler 意义之中的那一种,因为 $\tau^{ij}$ 和 $\sigma^{ij}$ 都是按同一个基量系统分解的. 但是这里的情况就不同了. 名义应力率和 Kirchhoff 应力率之间的区别只有当充分揭示随体坐标下其基量所隐含的意义才能显示出来. 下面先就图 6.1来寻找基量的变化与某个固定坐标之间的关系.

从 Euler 意义的体系看,由 t 至 t+ δt 所获取的位移向量增量是 $\delta \vec U$. 与此同时,协变基量 $\vec g_i^{(t)}$ 演变至 (t+ δt) 时刻的 $\vec g_i^{(E)}$. 于是,

$$\vec g_i^{(E)} = \frac{\partial \vec S^{(t+\delta t)}}{\partial x^i} = \frac{\partial \vec S^{(t)}}{\partial x^i} + \frac{\partial \delta \vec U}{\partial x^i}$$

由于

$$\delta \vec U = \vec V \delta t = V^k \vec g_k^{(t)} \delta t$$

所以

$$\vec g_i^{(E)} = (\delta_i^k + V^k \big|_i \delta t) \vec g_k^{(t)} \qquad (6.53)$$

然而,Lagrange 体系则以另一种方式处理这一问题. 起始基量是以原始时刻 t=0 为基准,也就是 $\vec g_i^{(0)}$. 相对此一系统而言,从 t=0 到某个时刻 t 所经历的位移是 $\vec U$. 随着时间延续到 t+ δt,又有位移增量 $\delta \vec U$. 在这种情况下的协变基量是

$$\vec g_i^{(L)} = \frac{\partial \vec S^{(t+\delta t)}}{\partial a^i} = \frac{\partial \vec S^{(0)}}{\partial a^i} + \frac{\partial}{\partial a^i}(\vec U + \delta \vec U)$$

其中，

$$\vec{U} = U_{(0)}^k \vec{g}_k^{(0)}, \quad \delta\vec{U} = V_{(0)}^k \vec{g}_k^{(0)} \delta t$$

于是，

$$\vec{g}_i^{(L)} = (\delta_i^k + U_{(0)}^k \big|_i + V_{(0)}^k \big|_i \delta t) \vec{g}_k^{(0)} \tag{6.54}$$

以上(6.53)和(6.54)两个基量表达式分别对应着 Euler 和 Lagrange 体系. 由此就能够进一步研究名义应力与 Kirchhoff 应力之间的关系.

在 Euler 体系中(也包括逐级更新 Lagrange 情况)，按照名义应力和 Kirchhoff 应力的定义，根据力向量的等价性，从 t 至 t+δt 时将有

$$(T^{ij} + \dot{T}^{ij}\delta t) dS_i^{(t)} \vec{g}_j^{(t)} = (\tau^{ij} + \dot{\tau}^{ij}\delta t) dS_i^{(t)} \vec{g}_j^{(E)}$$

于起始 t 时，$T^{ij} = \tau^{ij}$（因为那时(6.29)和(6.31)中的 $\vec{g}_j = \vec{g}_j^0$）. 将 (6.53)代入上面的右端部分并略去(δt)的二阶小项，可以获得 Euler 体系中

$$\dot{T}^{ij} = \dot{\tau}^{ij} + \tau^{ik} V^j \big|_k \tag{6.55}$$

由于 Lagrange 体系起始于 t=0，达到 t 时，力向量等价性表明

$$T^{ij} dS_i^{(0)} \vec{g}_j^{(0)} = \tau^{ij} dS_i^{(0)} \vec{g}_j^{(t)}$$

其中，

$$\vec{g}_j^{(t)} = \frac{\partial \vec{S}}{\partial a^j} = \frac{\partial \vec{S}^{(0)}}{\partial a^j} + \frac{\partial \vec{U}}{\partial a^j} = (\delta_j^k + U_{(0)}^k \big|_j) \vec{g}_k^{(0)}$$

因此，

$$T^{ij} = (\delta_k^j + U_{(0)}^j \big|_k) \tau^{ik} \tag{6.56}$$

它与(6.35)式相似. 其区别是，这里的起始状态按照 Lagrange 描述的要求取在 t=0，而在推导(6.35)式时是对应于 t=t₀. 从 t

到 $t+\delta t$ 这一时间过程,(6.56)表达式改变为

$$( \ T^{ij} + \ T^{ij}\delta t)d \ S_i^{(0)} \ \vec{g}_j^{(0)} = ( \ \tau^{ij} + \ t^{ij}\delta t)d \ S_i^{(0)} \ \vec{g}_j^{(L)}$$

将(6.54)式代入上面等式的右端部分,归结($\delta t$)的一次项,就能得到 Lagrange 体系中

$$T^{ij} = \ t^{ij} + \ t^{ik} \ U_{(0)}^j \ |_k + \ \tau^{ik} \ V_{(0)}^j \ |_k \tag{6.57}$$

由于 $\sigma^{ij}$ 代表真应力张量的对称分量,它们的率也是对称的. 从(6.52)式不难看出,$t^{ij} = t^{ji}$. 所以说 Kirchhoff 应力率也是对称的. 利用这一结果和在 $t$ 时刻 $\tau^{ij} = \sigma^{ij}$,可以重新写出 Euler 体系中的(6.55)式而有

$$T^{ij} - \sigma^{ik} \ V^j \ |_k = \ T^{ji} - \sigma^{jk} \ V^i \ |_k \tag{6.58}$$

由(6.58)式可见,对换指标顺序以后,名义应力率不具备对称性.

最后,利用(6.50c)和(6.55)两式还可以获得名义应力的随体率与 Kirchhoff 应力的 Jaumann 率二者之间的重要关系. 在 Euler 体系中,它表现为

$$T^{ij} = \frac{D \ \tau^{ij}}{D \ t} - \sigma^{kj} \ D_k^i - \sigma^{ik} \ D_k^j + \sigma^{ik} \ V^j \ |_k \tag{6.59}$$

对于下一章所要谈及的变分原理,这个关系式是非常有用的.

练　习

6-1　请用(6.4)式证明(6.9)式.

6-2　请用(6.3)式证明

$$E_{ij} = \ e_{kl} \frac{\partial \ a^k}{\partial \ x^i} \frac{\partial \ a^l}{\partial \ x^j}$$

6-3　证明:$V_{(0)}^k = \dfrac{D}{D \ t} U_{(0)}^k$,　$V^k = \dfrac{D}{D \ t} U^k$

(提示:参见(6.13)式的推导)

6-4　利用(6.9)和(6.13)两式证明(6.15)式.

6-5　用(6.3)式证明

$$\varepsilon_{ij} = \varepsilon_{ji}.$$

$$（提示：g_{kl} = g_{lk}）$$

6-6 用(6.15)式证明

$$\frac{D\,E_{ij}}{D\,t} = \frac{D\,E_{ji}}{D\,t}$$

6-7 请导出轴对称柱坐标中的物理应变率($D_{22}$).

(提示：$\Gamma_{22}^{1} = -r$, $\Gamma_{22}^{2} = \Gamma_{22}^{3} = 0$, $D_{22} = V_2 \mid_2$, $V_{2,2} = 0$)

6-8 设有一直杆从 $L_0$ 延伸到 $L$,其伸长量为 $\Delta L_0 = L - L_0$. 它的瞬时长度和伸长的增量分别是 $1$ 和 $dl$. 若称 Lagrange 坐标为 $a_1$ ($0 \leqslant a_1 \leqslant L_0$), Euler 坐标为 $x_1$ ($0 \leqslant x_1 \leqslant 1$). 二者均以固定端为零点,沿轴向逐渐增大. 再假设 $U_2^{(0)} = U_3^{(0)} = U_2 = U_3 = 0$.

(a) 由(6.8)求出以 $\Delta L_0$ 和 $L_0$ 表示的 Lagrange 应变 $\varepsilon_{11}$

$$（ U_1^{(0)} = (\Delta L_0 / L_0) a_1 ）.$$

(b) 由(6.9)求出以 $L$ 和 $L_0$ 表示的 Euler 应变 $E_{11}$

$$\left[ U_1 = \left[ \int_{L_0}^{L} dl/1 \right] x_1 \right].$$

(c) 由随体坐标系的(6.12)式计算 Lagrange 应变 $\varepsilon_{11}$.

6-9 设基量系统的各个方向如图所示.

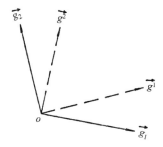

请按(6.21)—(6.24)所定义的四种应力分量,在二维情况下($i=1,2$)的四边形上端,绘制：(a) $\sigma^{ij}$,(b) $\sigma_{\cdot j}^{i}$,(c) $\sigma_{j}^{\cdot i}$,(d) $\sigma_{ij}$ 的正方向.

6-10 用(6.46)式解释 $T^{ij} \neq T^{ji}$.

6-11 在随体坐标中用(6.29),(6.30)和(6.32)各式证明

$$\sigma^{ij} = \frac{\rho}{\rho_0} ( \delta_k^{j} - U^{j} \mid_k ) T^{ik}$$

6-12 证明(6.48)式并说明它符合 $\sigma^{ij}$ 和 $S^{kl}_{(k)}$ 之间的相对张量变换法则.

6-13 请用(6.50c)和(6.55)两式推导(6.59)式.

6-14 在固定直角坐标的平面应变条件下,由(6.39)式写出以名义应力分量和位移表示的各真应力分量( $\sigma_{11}$ , $\sigma_{22}$ , $\sigma_{33}$ , $\sigma_{12} = \sigma_{21}$ ).(提示: $x_i = a_i + U_i$,又 $\sigma_{13} = \sigma_{23} = T_{13} = T_{31} = T_{23} = T_{32} = U_3 = 0$ ).

6-15 在轴对称情况下( $T^{12} = T^{21} = T^{23} = T^{32} = t^{12} = t^{23} = \sigma^{12} = \sigma^{23} = V^1|_2 = V^2|_1 = V^2|_3 = V^3|_2 = 0$ ),用(6.55)式写出以 Kirchhoff 应力率,真应力和速率分量表示的名义应力随体率.

# 参 考 文 献

Fung Y C. 1965. Foundations of Solid Mechanics. Englewood Cliffs: Prentice-Hall

Hill R. 1959. Some basic principles in the mechanics of solids without a natural time J Mech Phys Solids, 7:209—225

Hill R. 1962a. Acceleration waves in solids. J Mech Phys Solids, 10:1—16

Hill R. 1962b. Uniqueness criteria and extremum principles in self-adjoint problems of continuum mechanics. J Mech Phys Solids, 10:185—194

Hill R. 1967. Eigenmodal deformations in elastic/plastic continua. J Mech Phys Solids, 15:371—386

Flügge W. 1972. Tensor Analysis and Continuum Mechanics. Berlin: Springer-Verlag

# 第七章　在有限变形下平衡的变分原理及分叉理论

本章将叙述全量型和增量型的变分原理.也要讨论变形偏离基本模态而分叉的现象.原来在小应变情况下适用的本构方程,在这里,就应被推广为大应变的模式.最后说明大应变数值计算的方法和步骤.

## 7.1　固体的弹性,超弹性和亚弹性

为进行平衡分析,在连续介质力学中常需要定义一个应变能函数.不同场合下的不同材料都有一个怎样恰当地表征它们的问题.Truesdell(1955,1966)提出可以将它们一般地归纳为三个范畴:弹性,超弹性和亚弹性(见 Fung(1965),Prager(1961)和 Hill(1959)).

**弹性**　表示材料具有一个均质的无应力自然状态.一旦受载后,与应变之间存在着一一对应的关系.以上陈述的数学表示方法是

$$\sigma_{ij} = F(\epsilon_{ij}) \tag{7.1}$$

**超弹性**是指材料变形总是受控于一个单位质量的应变能 $W_p$.它是应变的解析函数.应变是相对均质的无应力自然状态的变化而言的.由此,可以在不同的坐标体系下建立单位质量的应变能变化率与各应力分量所做的功率之间的关系.在 Euler 意义下应有

$$W_p = \frac{1}{\rho} \sigma^{ij} D_{ij} \tag{7.2a}$$

其中,$\rho$ 是瞬时的材料密度.真应力将符合

$$\sigma^{ij} = \rho \frac{\partial W_p}{\partial \zeta_{ij}} \tag{7.2b}$$

$\zeta_{ij}$ 就是第六章中所说到的 Cauchy 应变,如果采用 Lagrange 含义,则有

$$W_p = \frac{1}{\rho_{(0)}} S_{(k)}^{ij} \frac{D}{Dt} \varepsilon_{ij} \tag{7.3a}$$

这里的第二 Piola-Kirchhoff 应力 $S_{(k)}^{ij}$ 与 Green 应变 $\varepsilon_{ij}$ 之间的关系符合

$$S_{(k)}^{ij} = \rho_{(0)} \frac{\partial W_p}{\partial \varepsilon_{ij}} \tag{7.3b}$$

其中,$\rho_{(0)}$ 代表原始的材料密度.

**亚弹性**是用作表征另一类材料的力学行为,在它的本构表达式之中应力率分量(常用的是 Kirchhoff 应力的 Jaumann 率)是变形率分量的齐次线性函数,也就是说

$$\frac{D\tau^{ij}}{Dt} = L^{ijkl} D_{kl} \tag{7.4}$$

有关瞬时应力/应变状态及应力路径等的影响因素都可以包括在刚度张量 $L^{ijkl}$ 之中.

以上三种具有一般性的模式既可以用作表征不同材料的行为也能满足以不同方式表示同一个材料行为的需要.所说到的弹性行为是许多实际材料中常具有的属性.例如,符合 Hooke 定律的传统弹性介质或是遵循形变类型理论的塑性材料.对此读者都是熟悉的.以下我们将着重阐明引用超弹性和亚弹性的重要意义以及它们在构成应变能函数和用于设立变分原理之中的作用.此外还需讨论在确定应变能过程中应力与应变的共轭性.

## 7.2 变分原理及应力与应变的共轭关系

这一节将依次说明和导出全量型的及增量型的变分原理.超

弹性材料适合于前一种情况而亚弹性描述则是后者所需要的.

## 7.2.1　全量型变分原理

这里,在分析原始的和变形后的构形时,将一致采用同一固定坐标.设单位质量的应变能为 $W_p$,它是应变分量 $\varepsilon_{ij}$ 的解析函数.又因 $\varepsilon_{ij}$ 是对称的分量,从而可以认为

$$W_p = \frac{\partial W_p}{\partial \varepsilon_{ij}} \frac{D \varepsilon_{ij}}{D t}, \quad \frac{\partial W_p}{\partial \varepsilon_{ij}} = \frac{\partial W_p}{\partial \varepsilon_{ji}}$$

再利用(7.3a)式中的含义可以得到

$$\left[ \frac{1}{\rho_{(0)}} S^{ij}_{(k)} - \frac{\partial W_p}{\partial \varepsilon_{ij}} \right] \frac{D \varepsilon_{ij}}{D t} = 0$$

既然应变率不全是零,那么括弧中所代表的(7.3b)式应成立.

下一步就要确定应变能与名义应力的关系.如果相对位移分量的协变导数求出(6.8)式中 Green 应变的偏导数,那么

$$\frac{\partial \varepsilon_{kl}}{\partial U^{(0)}_i \big|_j} = \frac{1}{2} ( \delta^i_k \delta^j_l + \delta^j_k \delta^i_l + \delta^j_k U^i_{(0)} \big|_l + \delta^j_l U^i_{(0)} \big|_k ) \quad (7.5)$$

再利用(7.3b)式中的第二 Piola-Kirchhoff 应力分量的对称性,可以导出

$$\frac{\partial ( \rho_{(0)} W_p )}{\partial U^{(0)}_i \big|_j} = \frac{\partial ( \rho_{(0)} W_p )}{\partial \varepsilon_{kl}} \frac{\partial \varepsilon_{kl}}{\partial U^{(0)}_i \big|_j}$$

$$= \frac{\partial ( \rho_{(0)} W_p )}{\partial \varepsilon_{kl}} ( \delta^i_l + U^i_{(0)} \big|_l ) \delta^j_k$$

当原始的和变形后的构形中都以同一固定坐标为参考系,位置向量的变化就可以表示为

$$\vec{S} = \vec{S}^{(0)} + \vec{U}$$

又

$$\vec{S} = x^i \vec{g}_i, \quad \vec{S}^{(0)} = a^i \vec{g}_i, \quad \vec{U} = U_{(0)}^i \vec{g}_i$$

$$\frac{\partial \vec{S}}{\partial a^j} = \frac{\partial x^i}{\partial a^j} \vec{g}_i = (\delta_j^i + U_{(0)}^i |_j) \vec{g}_i$$

于是，

$$\frac{\partial (\rho_{(0)} W_p)}{\partial U_i^{(0)} |_j} = \frac{\partial (\rho_{(0)} W_p)}{\partial \varepsilon_{jl}} \frac{\partial x^i}{\partial a^l} = S_{(k)}^{jl} \frac{\partial x^i}{\partial a^l} = T^{ji} \quad (7.6a)$$

对换一个标号的次序，也可以写出

$$T^{ij} = \frac{\partial (\rho_{(0)} W_p)}{\partial U_j^{(0)} |_i} \quad (7.6b)$$

这就是所需要的名义应力与应变能函数的关系.至此,所有的陈述(包括(7.3)式中的含义)都是以 Lagrange 系统为背景的.

在 Euler 系统中,单位质量的应变能 $W_p$ 就应表示为 Cauchy 应变 $\zeta_{ij}$(6.10 式)的解析函数.由于 $\zeta_{ij}$ 是对称的,自然应有

$$\frac{\partial W_p}{\partial \zeta_{ij}} = \frac{\partial W_p}{\partial \zeta_{ji}}$$

又因为

$$W_p = \frac{\partial W_p}{\partial \zeta_{ij}} \frac{D}{Dt} \zeta_{ij} = \frac{\partial W_p}{\partial \zeta_{ij}} D_{ij}$$

于是利用(7.2a)式后将导出

$$\left[ \frac{1}{\rho} \sigma^{ij} - \frac{\partial W_p}{\partial \zeta_{ij}} \right] D_{ij} = 0$$

既然 $D_{ij}$ 所代表的变形率是任意的,这就证明(7.2b)式成立.

基于上面已有的结果,就可以用同一固定坐标的度量方法,针对 Lagrange 和 Euler 两个描述系统建立其平衡分析中的变分原理(参见 Fung(1965)和 Hibbitt 等(1970)).

设 Lagrange 系统中的泛函为

$$\Pi = \int_{V_{(0)}} \rho_{(0)} \, W_p \, d \, V_{(0)} - \int_{V_{(0)}} F_{(0)}^i \, U_i^{(0)} \, d \, V_{(0)} - \int_{S_{(0)}} T_{(0)}^i \, U_i^{(0)} \, d \, S_{(0)}$$

$$(7.7)$$

(7.7)式中的第一项代表全部的应变能,$F_{(0)}^i$ 是(原始的)单位体积中的体力分量,$T_{(0)}^i$ 则是作用在(原始的)单位边界面积上的边界力,$V_{(0)}$ 和 $S_{(0)}$ 分别代表原始的体积和边界面.

按照虚功原理,泛函 $\Pi$ 的一次变分将是

$$\delta\Pi = \int_{V_{(0)}} \frac{\partial(\rho_{(0)} \, W_p)}{\partial U_i^{(0)} \big|_j} \delta U_i^{(0)} \big|_j \, d \, V_{(0)} - \int_{V_{(0)}} F_{(0)}^i \, \delta U_i^{(0)} \, d \, V_{(0)}$$

$$- \int_{S_{(0)}} T_{(0)}^i \, \delta U_i^{(0)} \, d \, S_{(0)} \qquad (7.8a)$$

由散度定理及(7.6)式,可以将(7.8a)式改写为

$$\delta\Pi = - \int_{V_{(0)}} ( \, T^{ji} \big|_j + F_{(0)}^i \, ) \delta U_i^{(0)} \, d \, V_{(0)}$$

$$+ \int_{S_{(0)}} ( \, T^{ji} \nu_j^{(0)} - T_{(0)}^i \, ) \delta U_i^{(0)} \, d \, S_{(0)} \qquad (7.8b)$$

在(7.8b)式中,$\nu_j^{(0)}$ 是在原始边界面上向外方向的单位法线向量的分量.在前面(6.46)式中曾给出名义应力与第二 Piola-Kirchhoff 应力之间的关系式,由此(7.8b)式又可以变换为

$$\delta\Pi = - \int_{V_{(0)}} \left[ \left( S_{(k)}^{jk} \frac{\partial x^i}{\partial a^k} \right) \Big|_j + F_{(0)}^i \right] \delta U_i^{(0)} \, d \, V_{(0)}$$

$$+ \int_{S_{(0)}} \left[ \left( S_{(k)}^{jk} \frac{\partial x^i}{\partial a^k} \right) \nu_j^{(0)} - T_{(0)}^i \right] \delta U_i^{(0)} \, d \, S_{(0)}$$

$$= \int_{V_{(0)}} S_{(k)}^{jk} \frac{\partial x^i}{\partial a^k} \delta U_i^{(0)} \big|_j - \int_{V_{(0)}} F_{(0)}^i \, \delta U_i^{(0)} \, d \, V_{(0)}$$

$$-\int_{S_{(0)}} T^i_{(0)} \, \delta U^{(0)}_i \, d S_{(0)} \qquad (7.8c)$$

由(7.5)和(7.6)两式的含义可知

$$S^{jk}_{(k)} \frac{\partial x^i}{\partial a^k} = S^{kl}_{(k)} \frac{\partial \varepsilon_{kl}}{\partial U^{(0)}_i \Big|_j}$$

代入(7.8c)式后,即得

$$\delta\Pi = \int_{V_{(0)}} S^{ij}_{(k)} \, \delta\varepsilon_{ij} \, d V_{(0)} - \int_{V_{(0)}} F^i_{(0)} \, \delta U^{(0)}_i \, d V_{(0)}$$

$$-\int_{S_{(0)}} T^i_{(0)} \, \delta U^{(0)}_i \, d S_{(0)} \qquad (7.8d)$$

当 $\delta\Pi=0$ 条件得到满足时,(7.8)中各式就提供了以名义应力或第二 Piola-Kirchhoff 应力表示的平衡方程和有关的边界条件及其相应的变分形式.

上面的(7.8)各式都是以 Lagrange 意义为参考背景.注意到(6.47)式可以将第二 Piola-Kirchhoff 应力转换为真应力,就不难找到以上结果的相应的 Euler 形式.此外,在 6.2 节中也曾提到过 Green 应变分量的物质导数和变形率(或说 Cauchy 应变分量的物质导数)二者之间符合协变张量的转换规律.于是,

$$S^{ij}_{(k)} \, \delta\varepsilon_{ij} = \frac{\rho_{(0)}}{\rho} \frac{\partial a^i}{\partial x^k} \frac{\partial a^j}{\partial x^l} \sigma^{kl} \frac{\partial x^m}{\partial a^i} \frac{\partial x^n}{\partial a^j} \delta\zeta_{mn}$$

$$= \frac{\rho_{(0)}}{\rho} \sigma^{kl} \delta\zeta_{kl}$$

由此,

$$\frac{\sigma^{kl} \delta\zeta_{kl}}{\rho} = \frac{S^{ij}_{(k)} \, \delta\varepsilon_{ij}}{\rho_{(0)}} = \delta W_p \qquad (7.9)$$

这就表明,按照(7.2)式和(7.3)式分别定义的超弹性在含义上是一致而且等价的.

鉴于质量,体力和表面作用力在变形过程中保持恒定,以下各等式应该成立:

$$\rho_{(0)} d V_{(0)} = \rho d V, \quad F^i_{(0)} d V_{(0)} = F^i d V \text{ 和 } T^i_{(0)} d S_{(0)} = T^i d S$$

于是,利用(7.9)式,可以使(7.8)式所表示的虚功原理改变其形式为

$$\delta \Pi = \int_V \sigma^{ij} \delta \zeta_{ij} d V - \int_V F^i \delta U_i d V - \int_S T^i \delta U_i d S \qquad (7.10a)$$

$$= - \int_V (\sigma^{ij} |_j + F^i) \delta U_i d V + \int_S (\sigma^{ij} \nu_j - T^i) \delta U_i d S \qquad (7.10b)$$

在(7.10)各式中的 $\nu_j$ 是变形后边界面上向外方向的单位法线向量的分量.

以上的(7.8)和(7.10)各式就分别构成了按照 Lagrange 和 Euler 描述方法的变分原理.其中被虚位移所乘的各括弧项组成了 Euler 方程,它们代表所需要满足的平衡方程和自然边界条件.在变分运算过程中,外力是作为恒定的.也就是说,它的大小和分布情况都不变.这种加载状况被称之为"死载".

从以上的结果中还可以看出: $S^{ij}_{(k)}$ 与 $\varepsilon_{ij}$, $\sigma^{ij}$ 与 $\zeta_{ij}$ 分别为相互共轭的.Hill(1968)曾为此作出这样的定义和说明:"在加载路径上,每个变形构形所对应的无限小(虚)功增量 d W 可以表示为应变微分 $d \vec{\varepsilon}$ 的线性形式.也就是说,在单位参考体积中 $d W = \vec{\sigma} \cdot d \vec{\varepsilon}$"."由 $\vec{\sigma}$ 所组成的对称矩阵系数可以作为代表微元中的瞬时应力状态.这样,就可以称 $\vec{\sigma}$ 与 $\vec{\varepsilon}$ 为共轭的".这就解释了为什么要定义一个第二 Piola-Kirchhoff 应力,因为它与 Green 应变之间构成共轭体.定义 Cauchy 应变的意义则在于它是与真应力相互共轭的.

至此,单位质量的应变能函数 $W_\rho$ 都是以应变作为变量并由此形成最小势能原理.当受载物体保持为稳定的,则所涉及的势能泛函 $\Pi$ 在 $\delta \Pi = 0$ 这点上达到最小值.这是因为此时 $\Pi$ 的二阶变

分是正的,即 $\delta^2 \Pi > 0$.

相反地,也可以设立单位质量的余能,或称作余应变能密度 $W_c$.它是应力的函数,其含义被定义为

$$W_c = \frac{1}{\rho} \vec{\sigma} \cdot \vec{\varepsilon} - W_p \qquad (7.11a)$$

其中,

$$\vec{\varepsilon} = \frac{\partial W_c}{\partial \vec{\sigma}} \qquad (7.11b)$$

用(7.11a)式这种定义余应变能的方法就称作:对 $W_p$ 施以 Legendre 变换.由此可以在弹性理论中建立余能原理和广义变分原理(见附录 B).

### 7.2.2 增量型变分原理

为建立增量型变分原理,下面将采用 Kirchhoff 应力及其变化率.从(7.9)式可以直接导出变形后的单位体积中(内)能变化率 $W$,即

$$W = \sigma^{ij} D_{ij} \qquad (7.12)$$

另一方面,根据质量守恒定律,Kirchhoff 应力与真应力之间的关系式(6.33)可以改写为

$$\tau^{ij} = \frac{dV}{dV_0} \sigma^{ij} \qquad (7.13)$$

在(7.13)式中,$dV_0$ 和 $dV$ 分别代表起始的(在每个增量的起点)和变形后的(在每个增量的末点)微元体积.将它代入(7.12)式后即得到

$$\tau^{ij} D_{ij} = \frac{dV}{dV_0} W = W_0 \qquad (7.14)$$

其中,$W_0$ 是物体起始时的单位体积(内)能率.比较(7.12)和

(7.14)两式后可见,Kirchhoff 应力 $\tau^{ij}$ 和真应力 $\sigma^{ij}$ 一样是与 Cauchy 应变 $\zeta^{ij}$ 相共轭的.其中的微小差别是,$W$ 对应着变形后的单位体积而 $W_0$ 是属于 $t_0$ 起始时刻的构形.

在 Lagrange 系统中,为正确地导出平衡方程及其边界条件的增量形式,设泛函

$$\Pi = \frac{1}{2} \int_{V_{(0)}} \overset{\bullet}{T}{}^{ij} V_j^{(0)} \mid_i d V_{(0)} - \int_{V_0} \overset{\bullet}{F}{}_{(0)}^{j} V_j^{(0)} d V_{(0)}$$

$$- \int_{S_{(0)}} \overset{\bullet}{T}{}_{(0)}^{j} V_j^{(0)} d S_{(0)} \qquad (7.15)$$

其中,

$$\overset{\bullet}{T}{}^{ij} = E^{ijkl} V_l^{(0)} \mid_k \quad (E^{ijkl} = E^{klij})$$

由此导出 $\Pi$ 的一次变分为

$$\delta\Pi = - \int_{V_{(0)}} (\overset{\bullet}{T}{}^{ij} \mid_i + \overset{\bullet}{F}{}_{(0)}^{j}) \delta V_j^{(0)} d V_{(0)}$$

$$+ \int_{S_{(0)}} (\overset{\bullet}{T}{}^{ij} \nu_i^{(0)} - \overset{\bullet}{T}{}_{(0)}^{j}) \delta V_j^{(0)} d S_{(0)}$$

其中所包含的 Euler 方程就是平衡方程及其相应的边界条件,也就是说

$$\overset{\bullet}{T}{}^{ij} \mid_i + \overset{\bullet}{F}{}_{(0)}^{j} = 0, \quad 在\ V_{(0)}\ 内 \qquad (7.16a)$$

和

$$\overset{\bullet}{T}{}^{ij} \nu_i^{(0)} - \overset{\bullet}{T}{}_{(0)}^{j} = 0, \quad 在\ S_{(0)}\ 上 \qquad (7.16b)$$

从力的平衡角度看,这些方程确实是所应满足的.由此也就可以用 (7.16)中的表达式检验(7.15)式中所设立的泛函.

类似于前面的推导,设立在 Lagrange 系统中的(7.15)式可以被转换成 Euler 系统.由(6.55)式就能得到

$$\dot{T}^{ij} V_j \big|_i = ( \tau^{ij} + \tau^{ik} V^j \big|_k ) V_j \big|_i$$

$$= t^{ij} \frac{1}{2} ( V_i \big|_j + V_j \big|_i ) + \tau^{ij} V_k \big|_i V^k \big|_j$$

$$= t^{ij} D_{ij} + \tau^{ij} V_k \big|_i V^k \big|_j \qquad (7.17)$$

如将(7.17)式中的随体率改为 Jaumann 率,就可以写成

$$\dot{T}^{ij} V_j \big|_i = \left[ \frac{D \tau^{ij}}{D t} - \sigma^{kj} D_k^i - \sigma^{ik} D_k^j + \sigma^{ik} V^j \big|_k \right] V_j \big|_i$$

$$= \frac{D \tau^{ij}}{D t} D_{ij} - \sigma^{ij} ( 2 D_{ki} D_{lj} g^{kl} - V_k \big|_i V^k \big|_j ) \quad (7.18)$$

(7.18)式中已将应力 $\tau^{ij}$ 改为 $\sigma^{ij}$,这是因为在每个增量起点 $t_0$ 时都会有 $\sigma^{ij} = \tau^{ij}$.

　　根据这些说明就可以很清楚地理解为什么在(7.4)式中要引入亚弹性材料的 Jaumann 率.既然材料的力学行为是与刚体位移和转动无关的,那么这种描述方法恰好反映了这一事实.

　　(7.17)和(7.18)两式最先由 Hill(1959,1967)导出.后来 Mc-Meeking 和 Rice(1975)又利用它们提出了逐级更新 Lagrange 系统中的变分原理(起初作者们称其为 Euler 系统).最后需要提及的是,在增量型表达式中用 $t^{ij}$ 比 $\sigma^{ij}$ 要简洁,否则(7.17)式将成为

$$\dot{T}^{ij} V_j \big|_i = ( \sigma^{ij} + \sigma^{ij} D^k \big|_k ) D_{ij} + \sigma^{ij} V_k \big|_i V^k \big|_j$$

## 7.3　平衡的稳定性和分叉准则

　　设固体中存在有势函数 $\Pi$.若在平衡的邻域内有任意的微小扰动,此泛函将获得一个增量 $\Delta \Pi$.用 Taylor 级数在此平衡位置的邻域内展开,由此写出

$$\Delta \Pi = \delta \Pi + \frac{1}{2!} \delta^2 \Pi + \cdots \qquad (7.19)$$

其中,

$$\Pi = \frac{1}{2} \int_V \overset{\bullet}{T}{}^{ij} V_j \big|_i dV - \int_V \overset{\bullet}{F}{}^j V_j dV - \int_S \overset{\bullet}{T}{}^j V_j dS \qquad (7.20)$$

$$\overset{\bullet}{T}{}^{ij} = E^{ijkl} V_1 \big|_k \quad (E^{ijkl} = E^{klij})$$

在 Lagrange 系统中(7.20)式应以 t＝0 时为参考坐标而在 Euler 系统中则以瞬时 t 的位置为依据.

由虚功原理可知,物体平衡的必要和充分条件是

$$\delta \Pi = 0 \qquad (7.21)$$

其中,

$$\delta \Pi = \int_V \overset{\bullet}{T}{}^{ij} \delta V_j \big|_i dV - \int_V \overset{\bullet}{F}{}^j \delta V_j dV - \int_S \overset{\bullet}{T}{}^j \delta V_j dS$$

根据 Dirichlet 和 Kelvin 对于稳定性所作出的定义,Hill (1957)归结为:如果对平衡物体施以任意的微小扰动所形成的附加位移保持无限小,则可以认为平衡状态是稳定的.反之,若任意微小的扰动可导致物体位移为有限值,该平衡状态则为不稳的.很显然,保持稳定性所应有的一个充分条件就是,对平衡位置施加任何(无限小)几何可能的位移之后物体中所存贮的或由此而耗散的内能应大于外力对该系统所做之功(若外力随着物体的位置或形状的改变而变化则应详细说明).这是因为,根据能量守恒原理,该系统游离平衡位置的程度将限定于至多使以上的超额量达到由扰动而传递的动能;既然这个位移幅度必将消失于扰动之中,该系统就是稳定的." 由此可知,为使(7.21)式所表示的平衡状态保持稳定,其充分条件是

$$\Delta \Pi > 0 \qquad (7.22a)$$

在平衡位置上 $\delta \Pi = 0$ 已被满足,根据(7.19)式中的 Taylor 展开式,于是充分条件可以改写为

$$\delta^2 \Pi > 0 \qquad (7.22b)$$

(7.20)和(7.22b)两式一起确立了最小势能原理.如果

$$\delta^2 \Pi < 0 \qquad (7.23)$$

那么系统就是不稳定的.而当

$$\delta^2 \Pi = 0 \qquad (7.24)$$

就是达到了稳定限或临界点,此时在结构中则有稳定或不稳定的两种可能(见 Koiter(1970)).这一事实也可说明(7.22b)仅是一个充分条件,它并不一定是稳定性的必要条件.事实上在 $\delta^2 \Pi = 0$ 这个点上确有稳定的例子.

以上的变分过程都采用了"死载"条件,因而外力率的变分为零.

下面再来看分叉或说解的惟一性的丧失与稳定限概念之间的等价性.

### 7.3.1 稳定限分析

当势函数的一次变分 $\delta\Pi$ 为零时,(7.21)式中的各项 Euler 方程即代表平衡方程

$$\dot{T}^{ij}|_i + \dot{F}^j = 0 \qquad (7.25a)$$

和边界条件

$$\dot{T}^{ij}\nu_i = \dot{T}^j \qquad (7.25b)$$

出现分叉就意味着解的惟一性消失,也就是说至少存在有一组非零解 $\Delta\dot{T}^{ij}$ 和 $\Delta V_i$,它们满足方程

$$\Delta\dot{T}^{ij}|_i = 0 \qquad (7.26a)$$

和边界条件

$$\Delta\dot{T}^{ij}\nu_i = 0 \qquad (7.26b)$$

很容易证明:满足(7.26a)和(7.26b)等价于

$$\int_V \Delta \dot{T}^{ij} \Delta V_j \mid_i dV = 0 \qquad (7.27)$$

这又等同于说 Ⅱ 的二次变分为零,即

$$\delta^2 \Pi = \int_V \delta \dot{T}^{ij} \delta V_j \mid_i dV = 0 \qquad (7.28a)$$

又要将 Δ 符号改为 δ 即可.

由此可见,稳定限的定义完全等价于分叉的准则或丧失惟一性的条件.由于稳定限上的稳定性是未确定的,所以在平衡位置上出现分叉现象时也会有同样的情况.在结构分析中,分叉常被称作屈曲,也就不应等同于失稳.

为证实(7.27)与(7.26)中各式之间的等价性,先要证明(7.28a)式成立时就会满足方程

$$\delta \dot{T}^{ij} \mid_i = 0$$

和边界条件

$$\delta \dot{T}^{ij} \nu_i = 0$$

为此,先定义

$$Q = \delta^2 \Pi \qquad (7.28b)$$

在变分运算中可以取($\delta V_i$)的变分为 $\delta^*(\delta V_i)$,相应地就会导致 Q 的新变分为 $\delta^* Q$(这种新变分方法最早是由 Trefftz(1933)和 Kappus(1939)采用的).由于

$$\delta \dot{T}^{ij} = E^{ijkl} \delta V_l \mid_k \quad 且 \quad E^{ijkl} = E^{klij} \qquad (7.29)$$

就可以说新变分 $\delta^*(\delta V_i)$将导致以下后果,即

$$\delta^* Q = 2 \int_V E^{ijkl} \delta V_l \mid_k \delta^*(\delta V_j) \mid_i dV = 2 \int_V \delta \dot{T}^{ij} \delta^*(\delta V_j) \mid_i dV$$

$$= -2 \int_V (\delta \dot{T}^{ij} \mid_i) \delta^*(\delta V_j) dV + 2 \int_S (\delta \dot{T}^{ij} \nu_i) \delta^*(\delta V_j) dS$$

$$(7.30a)$$

比较(7.30a)与(7.28)可见,它们彼此是相似的.由于 $\delta V_j$ 和 $\delta^*(\delta V_j)$ 都是任意的,相互替代以后,当 Q 达到驻值时,即

$$\delta^* Q = 0 \qquad (7.30b)$$

则 Q 本身也为零.这就证明了 $\delta^* Q = 0$ 和 $Q = 0$ 之间的等价性.更重要的一点是,在达到 $\delta^* Q = 0$ 的情况下,其中所包括的 Euler 方程将会等同于(7.26)中的相应式子,二者在形式上的差异只要用符号 $\delta$ 替代 $\Delta$ 即可消除.这样就证明了(7.27)所表达的状况等同于(7.26)的要求.根据推理过程

$$(7.27) \equiv (7.28) \equiv (7.30) \equiv (7.26)$$

其中,($\equiv$)符号代表等价的含义,以上的结论就应成立.

### 7.3.2 分叉时的加载路径

下一步就需讨论(7.29)式中所包括的材料刚度系数.在静力加载情况下达到稳定限时,可以预计有三种具有代表性的加载路径,如图7.1所示.

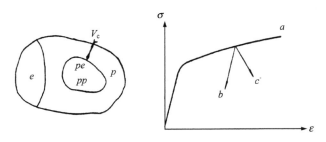

图 7.1 分叉时的加载路径

(a) 邻近稳定限之前物体中的塑性区(p)在临界时刻保持为塑性的.这也意味着,如存在有弹性区(e)则也会继续为弹性的.在(7.29)式中的刚度张量就用 $E_c^{ijkl}$ 代表.图7.1绘制了这类加载路径(a),在文献中它被称作"一致加载"情况(见 Bushnell(1974))或"比较弹性固体"模型(见 Hutchinson(1974)).

(b) 达到临界点时,从原有的塑性区中部分体积 $V_c$ 内,发生弹性卸载情况(pe).在图 7.1 中它被标为路径(b),对此情况以后将用符号 $E_0^{ijkl}$.

(c) 最后,当实际材料内部结构许可时,图 7.1 中所示意的应力-应变关系曲线会从应变硬化路径转为应变软化路径(c),它是不可逆的塑性卸载.如在一部分体积 $V_c$ 内出现材料损伤,通常就可以用这类加载路径代表以区别于物体中的其他塑性区.对于这种情况(pp),就用 $E_*^{ijkl}$ 代表刚度张量.为了与(a)项中的一致加载情况相对比,这类路径可以视为非一致加载情况或加载分叉.

下面的问题就是:为寻求最低的临界载荷参数,究竟应选择三种应力-应变路径中的哪一种? 根据实际控制加载的情况,载荷参数可以是力或变形.

### 7.3.3 分叉时加载路径的讨论

为回答如何正确选择加载路径问题,可以设想用三个固体中的情况来比较路径(a),(b)和(c).这些固体是用同一种材料加工成完全相同的形状和尺寸并受有相同的外载情况.随后,让每个固体经受任何一种相同的微小扰动.与此同时,其中一个固体的一部分体积 $V_c$ 保持为塑性的并跟随路径(a),另一个跟随路径(b)及至第三个则为路径(c).此外,其他部分 $V_s$ 为三个物体中的共同区,其中的弹塑性加载路径也是相同的.

针对以上三种临界时刻加载路径,可以将势函数 $\Pi$ 的二次变分依次表示为

(a)
$$Q_c = Q_s + \Delta Q_c \qquad (7.31a)$$

(b)
$$Q_0 = Q_s + \Delta Q_0 \qquad (7.31b)$$

(c)
$$Q_* = Q_s + \Delta Q_* \qquad (7.31c)$$

其中,

$$Q_s = \int_{V_s} E^{ijkl} \delta V_j \big|_i \delta V_1 \big|_k d V_s$$

$$\Delta Q_c = \int_{V_c} E_c^{ijkl} \delta V_j \big|_i \delta V_1 \big|_k d V_c \quad (塑性加载路径(a))$$

$$\Delta Q_0 = \int_{V_c} E_0^{ijkl} \delta V_j \big|_i \delta V_1 \big|_k d V_c \quad (弹性卸载路径(b))$$

和

$$\Delta Q_* = \int_{V_c} E_*^{ijkl} \delta V_j \big|_i \delta V_1 \big|_k d V_c \quad (塑性卸载路径(c))$$

又

$$V_s + V_c = V \quad (即总体积)$$

既然所施加的扰动是相同的,在积分符号中的速率变分及其协变导数就都是相同的.这一点并不影响下面证明的有效性也不会带来任何限制,因为在互相比较时只要保证用的是同一种扰动即可,所选择的扰动可以是任何几何可能的一种.于是,$\Delta Q_c$,$\Delta Q_0$ 和 $\Delta Q_*$ 将只决定于 $E_c^{ijkl}$,$E_0^{ijkl}$ 和 $E_*^{ijkl}$ 中各自所包含的材料模量值.前面也曾提到,三个模型中的应力状态也是相同的.

结合具体的本构表达式(以后将与增量型理论相联系)不难证明

$$\Delta Q_0 \geqslant \Delta Q_c \geqslant \Delta Q_*$$

$Q_s$ 是共同部分不影响比较关系,于是

$$Q_0 \geqslant Q_c \geqslant Q_* \tag{7.32}$$

就总是成立的.

比较(7.32)式中的 $Q_0$ 和 $Q_c$ 可见,物体受有微小扰动后若原塑性区保持为塑性的且弹性部分继续是弹性的则有 $Q_0 = Q_c$. $Q_c$ 是"比较弹性固体"所包含的泛函二次变化.但是,如果分叉时在共

同区域 $V_s$ 之外还有个出现弹性卸载的 $V_c$ 区,就会造成 $Q_0 > Q_c$.

下面先来考虑分叉时应力–应变的路径问题. 可以认为, 为寻找临界载荷参数的最低值(也称作本征值)只需要在 $Q_c$ 范围内研究各种几何可能的扰动 $\delta V_i$(在此可称为本征函数). 这是因为, 在 $Q_c$ 范围内任何分布形式的本征函数都不会使其所对应的载荷参数值达到更低的水平. 如其不然, 则将导致 $Q_c > 0$ 时先出现 $Q_0 = 0$. 但这种情况是不可能的, 因为它违背(7.32)中的不等式次序. 目前这一结论已为结构的塑性屈曲分析所广泛接受和采用(例如, Bushnell(1974), Hutchinson(1974)和李国琛(1984)). 它构成了塑性屈曲准则中一个重要部分.

对于第二个问题可以由下面的陈述作出回答. 如果材料情况允许, 或说在临界时刻材料的力学行为跟随图 7.1 所示的应变软化路径, 也就意味着材料行为本身也出现分叉, 那么就会导致 $Q_* \leqslant Q_c$. 采用同样的推理方法可以说, 只需要限定在 $Q_*$ 范围内来寻求最低的临界载荷参数及其相应的扰动分布(本征函数). 因为不存在能够从 $Q_c$ 范围内导出更低的临界参数的任何可能性. 否则就会出现 $Q_*$ 大于零时 $Q_c$ 已达到零, 而这种现象是违反(7.32)式所排列的次序.

以上回答的第二部分就形成了大应变情况下材料分叉准则中的组成部分. 它也需要满足(7.28)或(7.30)中所规定的稳定限条件, 就这点而言, 其含义是与结构分叉分析一样. 二者的区别在于分叉时所选择的应力–应变路径不同.

在以后介绍剪切带型局部化分析的章节中, 还要解释和应用材料分叉准则.

### 7.3.4  用流动理论证明(7.32)式

这里将利用第三章中(3.36b)式所表达的本构关系来论证(7.32)式. 设 $\bar{\sigma}$ 和 $\bar{\varepsilon}$ 为一对共轭的应力和应变. 可以象征性地将(7.28)式所代表的分叉准则归结为

$$Q = \int_V [\delta(d\sigma^{ij})\delta(d\varepsilon_{ij}) + F(\vec{\sigma}, \delta\vec{V})]dV$$

其中 F( ) 是应力状态和速率变分的标量函数（例如,(7.38a)式).既然分叉前应力状态相同,所给的速率扰动也相同,比较各模型时可以将此因素排除.参照(3.36b)式,在一般坐标系下, $\delta(d\sigma^{ij})$ 与 $\delta(d\varepsilon_{ij})$ 之间的关系可以表示为

$$\delta(d\sigma^{ij}) = E_{(e)}^{ijkl}\,\delta(d\varepsilon_{kl}) \qquad （弹性情况）$$

和

$$\delta(d\sigma^{ij}) = (E_{(e)}^{ijkl} - E_{(p)}^{ijkl})\delta(d\varepsilon_{kl}) \qquad （弹塑性情况）$$

在这些关系式中

$$E_{(e)}^{ijkl} = \frac{E}{1+\nu}\left[\frac{1}{2}(g^{ik}g^{jl} + g^{il}g^{jk}) + \frac{\nu}{1-2\nu}g^{ij}g^{kl}\right]$$

$$E_{(p)}^{ijkl} = \frac{E}{1+\nu}\left[\frac{3}{2\sigma_e^z}\frac{E}{E_{te}^{(p)}}\frac{S^{ij}S^{kl}}{\frac{2}{3}(1+\nu) + \frac{E}{E_{te}^{(p)}}}\right]$$

按照(7.31)式中所作的分类,在计算三个模型的势函数二次变分的 Q 值时,可以略去其共同的部分 $Q_s$ 而只要注意图 7.1 中 $V_c$ 区内的局部不同.这样,

$$\Delta Q_0 = \int_{V_c} E_{(e)}^{ijkl}\,\delta(d\varepsilon_{ij})\delta(d\varepsilon_{kl})dV_c$$

$$\Delta Q_c = \int_{V_c} (E_{(e)}^{ijkl} - E_{(p)}^{ijkl})\delta(d\varepsilon_{ij})\delta(d\varepsilon_{kl})dV_c \qquad 且 \ E_{te}^{(p)} \geqslant 0$$

$$\Delta Q_* = \int_{V_c} (E_{(e)}^{ijkl} - E_{(p)}^{ijkl})\delta(d\varepsilon_{ij})\delta(d\varepsilon_{kl})dV_c \qquad 且 \ E_{te}^{(p)} \leqslant 0$$

很显然地是

$$E_{(p)}^{ijkl}\,\delta(d\varepsilon_{ij})\,\delta(d\varepsilon_{kl}) \approx \dfrac{\dfrac{E}{E_{te}^{(p)}}}{\dfrac{2}{3}(1+\nu)+\dfrac{E}{E_{te}^{(p)}}}S^{ij}S^{kl}\,\delta(d\varepsilon_{ij})\,\delta(d\varepsilon_{kl})$$

既然

$$\left[\,S^{ij}\delta(d\varepsilon_{ij})\,\right]\left[\,S^{kl}\delta(d\varepsilon_{kl})\,\right]\geqslant 0$$

于是,

(a) 当 $E_{te}^{(p)} \geqslant 0$ 时, $\triangle Q_0 \geqslant \triangle Q_c$

(b) 当 $E_{te}^{(p)} \leqslant 0$ 时,通常情况下 $\left[\dfrac{2}{3}(1+\nu)+\dfrac{E}{E_{te}^{(p)}}\right]$ 项为负值

而且会有以下比较关系,即

$$\left\{\dfrac{\dfrac{E}{E_{te}^{(p)}}}{\dfrac{2}{3}(1+\nu)+\dfrac{E}{E_{te}^{(p)}}}\right\}_{E_{te}^{(p)}\leqslant 0} \geqslant \left\{\dfrac{\dfrac{E}{E_{te}^{(p)}}}{\dfrac{2}{3}(1+\nu)+\dfrac{E}{E_{te}^{(p)}}}\right\}_{E_{te}^{(p)}\geqslant 0}$$

只有在理想塑性情况下两边才会相等.至此又证明了

$$\triangle Q_c \geqslant \triangle Q_*$$

综合以上可见,(7.32)中的不等式排列次序是成立的.

## 7.4 Lagrange 和逐级更新 Lagrange 系统中平衡和分叉的增量型变分原理

利用名义应力率与 Kirchhoff 应力率之间已知的关系式,可以建立不同参考系统中平衡和分叉的增量型变分原理.

### 7.4.1 Lagrange 系统(参见 Hutchinson(1974),Needleman 和 Tvergaard(1977),Tvergaard(1981))

用 Lagrange 描述方法,虚功原理的增量形式可以写为

$$\delta \Pi = \int_{V_{(0)}} \overset{\bullet}{T}{}^{ij} \delta V^{(0)}_j |_i \, dV_{(0)} - \int_{V_{(0)}} \overset{\bullet}{F}{}^j_{(0)} \delta V^{(0)}_j \, dV_{(0)}$$

$$- \int_{S_{(0)}} \overset{\bullet}{T}{}^j_{(0)} \delta V^{(0)}_j \, dS_{(0)} = 0 \qquad (7.33a)$$

其中，$\overset{\bullet}{F}{}^j_{(0)}$ 是（原始）单位体积中体力分量的变化率，$\overset{\bullet}{T}{}^j_{(0)}$ 代表（原始）单位面积上边界力分量的变化率又 $V_{(0)}$ 和 $S_{(0)}$ 分别是（原始）体积和面积.

利用第六章中（6.57）式可以很容易地实现名义应力率和 Kirchhoff 应力率之间的转换，由此得到

$$\overset{\bullet}{T}{}^{ij} \delta V^{(0)}_j |_i = (t^{ij} + t^{ik} U^j_{(0)} |_k + \tau^{ik} V^j_{(0)} |_k) \delta V^{(0)}_j |_i$$

又因 $t^{ij} = t^{ji}$，于是，

$$t^{ij} \delta V^{(0)}_j |_i = t^{ij} \frac{1}{2} (\delta V^{(0)}_j |_i + \delta V^{(0)}_i |_j)$$

还有

$$t^{ik} U^j_{(0)} |_k \delta V^{(0)}_j |_i = t^{ij} U^k_{(0)} |_j \delta V^{(0)}_k |_i$$
$$= t^{ij} g^{kl}_{(0)} U^{(0)}_l |_j \delta V^{(0)}_k |_i$$
$$= t^{ij} U^{(0)}_k |_j \delta V^k_{(0)} |_i$$
$$= t^{ij} \frac{1}{2} (U^k_{(0)} |_j \delta V^{(0)}_k |_i + U^{(0)}_k |_i \delta V^k_{(0)} |_j)$$

所以又可以得到

$$\overset{\bullet}{T}{}^{ij} \delta V^{(0)}_j |_i = t^{ij} \frac{D}{Dt} \delta \varepsilon_{ij} + \tau^{ij} V^k_{(0)} |_j \delta V^{(0)}_k |_i$$

这是因为（见第六章中有关 Green 应变的材料导数（6.14）式）

$$\frac{D}{Dt} \delta \varepsilon_{ij} = \frac{1}{2} (\delta V^{(0)}_i |_j + \delta V^{(0)}_j |_i$$
$$+ U^k_{(0)} |_j \delta V^{(0)}_k |_i + U^{(0)}_k |_i \delta V^k_{(0)} |_j)$$

通过这些推导运算,就能够将增量型虚功原理的数学表达式写成

$$\delta\Pi = \int_{V_{(0)}} \left[ t^{ij} \frac{D}{Dt} \delta\varepsilon_{ij} + \tau^{ij} V_{(0)}^{k} \big|_j \delta V_{k}^{(0)} \big|_i \right] dV_{(0)}$$

$$- \int_{V_{(0)}} \overset{\bullet}{F}{}^{j} \delta V_{j}^{(0)} dV_{(0)} - \int_{S_{(0)}} \overset{\bullet}{T}{}_{(0)}^{j} \delta V_{j}^{(0)} dS_{(0)} = 0$$

$$(7.33b)$$

右端的第一个积分项可用散度定理进行变换得到

$$\delta\Pi = -\int_{V_{(0)}} \left[ ( t^{ij} + t^{ik} U_{(0)}^{j} \big|_k + \tau^{ik} V_{(0)}^{j} \big|_k ) \big|_i + \overset{\bullet}{F}{}_{(0)}^{j} \right] \delta V_{j}^{(0)} dV_{(0)}$$

$$+ \int_{S_{(0)}} \left[ ( t^{ij} + t^{ik} U_{(0)}^{j} \big|_k + \tau^{ik} V_{(0)}^{j} \big|_k ) \nu_i - \overset{\bullet}{T}{}_{(0)}^{j} \right] \delta V_{j}^{(0)} dS_{(0)}$$

$$= 0 \qquad\qquad (7.33c)$$

在方括弧中的 Euler 方程恰好就是 Lagrange 描述系统中的平衡方程与应力边界条件.

从(7.33)式出发并按照"死载"要求,可以导出在稳定限上泛函 $\Pi$ 的二次变化,即

$$Q = \int_{V_{(0)}} \left[ \delta t^{ij} \frac{D}{Dt} \delta\varepsilon_{ij} + \tau^{ij} \delta V_{k}^{(0)} \big|_j \delta V_{k}^{(0)} \big|_i \right] dV_{(0)} = 0$$

$$(7.34)$$

为求出分叉方程就需要确定由 $\delta V_{i}^{(0)}$ 的变分 $\delta^*(\delta V_{i}^{(0)})$ 所引起的 $Q$ 的变化.由此,从(7.34)式可以得到

$$\delta^* Q = -2\int_{V_{(0)}} \left[ ( \delta t^{ij} + \delta t^{ik} U_{(0)}^{j} \big|_k + \tau^{ik} \delta V_{(0)}^{j} \big|_k ) \big|_i \right] \delta^*(\delta V_j) dV_{(0)}$$

$$+ 2\int_{S_{(0)}} \left[ ( \delta t^{ij} + \delta t^{ik} U_{(0)}^{j} \big|_k + \tau^{ik} \delta V_{(0)}^{j} \big|_k ) \nu_i \right] \delta^*(\delta V_j) dS_{(0)}$$

$$= 0 \qquad\qquad (7.35)$$

(7.35)式中的各个 Euler 方程就是在分叉时刻所应满足的平衡方程和应力边界条件.

### 7.4.2 逐级更新 Lagrange 系统(参见 McMeeking 和 Rice(1975), Burke 和 Nix(1979))

在第五章中曾介绍过逐级更新 Lagrange 系统,从实际计算要求来看,使用这个系统有其可取之处.当广义时间增量 $\Delta t$ 趋于无穷小时,所得结果将符合 Euler 系统的观测.尽管在以下的推导过程中将采用 Euler 系统中的基本关系式,但实际计算时都是基于广义时间的有限(小的)增值,所以称其为逐级更新 Lagrange 系统更为切题.

在(7.18)式中曾归结出

$$\overset{\bullet}{T}{}^{ij} V_j \mid_i = \frac{D \tau^{ij}}{D t} D_{ij} - \sigma^{ij}(2 D_{ki} D_{lj} g^{kl} - V_k \mid_i V^k \mid_j)$$

于是,定义以下一个泛函

$$\Pi = \frac{1}{2} \int_v \left[ \frac{D \tau^{ij}}{D t} D_{ij} - \sigma^{ij}(2 D_{ki} D_{lj} g^{kl} - V_k \mid_i V^k \mid_j) \right] d V$$

$$- \int_v \overset{\bullet}{F}{}^j V_j d V - \int_s \overset{\bullet}{T}{}^j V_j d S \tag{7.36}$$

其中,Kirchhoff 应力的 Jaumann 率将由材料行为的亚弹性率所表征.由(7.36)式的一次变分所能导出的结果应该符合增量型的虚功原理,即

$$\delta \Pi = \int_v \left[ \frac{D \tau^{ij}}{D t} \delta D_{ij} - 2 \sigma^{ik} D_k^j \delta D_{ij} + \sigma^{ik} V^j \mid_k \delta V_j \mid_i - \overset{\bullet}{F}{}^j \delta V_j \right] d V$$

$$- \int_s \overset{\bullet}{T}{}^j \delta V_j d S = 0 \tag{7.37a}$$

通过运用散度定理还可以改写为

$$\delta \Pi = - \int_v \left[ \left[ \frac{D \tau^{ij}}{D t} - \sigma^{ik} D_k^j - \sigma^{jk} D_k^i + \sigma^{ik} V^j \mid_k \right] \Big|_i + \overset{\bullet}{F}{}^j \right] \delta V_j d V$$

$$+ \int_s \left[ \left( \frac{D\tau^{ij}}{Dt} - \sigma^{ik} D_k^j - \sigma^{jk} D_k^i + \sigma^{ik} V^j \mid_k \right) \nu_i + \dot{T}^j \right] \delta V_j \, dS$$

$$= 0 \tag{7.37b}$$

(7.37b)中的 Euler 方程恰好就是符合静力平衡要求的平衡方程和应力边界条件.由此证实了(7.36)式所定义的 $\Pi$ 是正确的.

如同在前面 Lagrange 系统中所采用的方式一样,为得到 $Q = 0$ 的分叉准则,可以利用 $\Pi$ 的二次变分

$$Q = \int_v \left( \delta \frac{D\tau^{ij}}{Dt} - \sigma^{ik} \delta D_k^j - \sigma^{jk} \delta D_k^i + \sigma^{ik} \delta V^j \mid_k \right) \delta V_j \mid_i dV$$

$$\tag{7.38a}$$

其中,

$$\delta \frac{D\tau^{ij}}{Dt} = \{ L^{ijkl} \} \delta D_{kl} \tag{7.38b}$$

$$\{ L^{ijkl} \} = \begin{cases} L_c^{ijkl}, & \text{一致加载情况} \\ L_*^{ijkl}, & \text{加载分叉的情况} \end{cases}$$

由于 $\delta^* (\delta V_i)$ 而引起的 $Q$ 值变化会形成一个驻值点以致使

$$\delta^* Q = 2 \int_v \left( \delta \frac{D\tau^{ij}}{Dt} - \sigma^{ik} \delta D_k^j - \sigma^{jk} \delta D_k^i + \sigma^{ik} \delta V^j \mid_k \right) \delta^* (\delta V_j) \mid_i dV$$

$$= -2 \int_v \left[ \left( \delta \frac{D\tau^{ij}}{Dt} - \sigma^{ik} \delta D_k^j - \sigma^{jk} \delta D_k^i + \sigma^{ik} \delta V^j \mid_k \right) \mid_i \right] \delta^* (\delta V_j) dV$$

$$+ 2 \int_s \left[ \left( \delta \frac{D\tau^{ij}}{Dt} - \sigma^{ik} \delta D_k^j - \sigma^{jk} \delta D_k^i + \sigma^{ik} \delta V^j \mid_k \right) \nu_i \right] \delta^* (\delta V_j) dS$$

$$= 0 \tag{7.39}$$

(7.39)中的 Euler 方程即是所要寻求的各分叉方程.

基于 Hill(1959,1967)所给出的增量型应变能表达式,Mc-Meeking 和 Rice(1975)提出一个相应的变分原理(见(7.37)).此

后,Burke 和 Nix(1979)又做了进一步的推广以形成分叉准则,其变分形式与上面所给出的相等同.在大应变情况下,需要对本构方程做出相应地推广.下一节中将介绍有关这方面的作法及在逐级更新 Lagrange 系统中运用这类本构方程时的具体计算步骤.

## 7.5 大应变本构方程及数值计算步骤

### 7.5.1 大应变本构方程

在前面的第三和第四章中仅介绍了小应变情况下的塑性理论.其中,并没有考虑材料损伤对本构行为的影响.事实上,随着应变值的增大,材料内部的微结构会有显著变化并在夹杂物周围生成空洞从而使韧性损伤扩散.如果用均质化后的(非局部)连续介质来替代空洞化的材料,那么为反映其总体膨胀性和内部损伤就需要引入塑性可膨胀性及应变软化效应.

在这里所需要考虑的问题有

(a) 如何利用合理的方法将已有的小应变塑性理论推广到大应变情况?

(b) 如何定量地确定材料内的损伤程度?

Chen(1971)和 Needleman 和 Tvergaard(1977)曾就第一个问题介绍过 Lagrange 系统中本构方程的推广形式.在逐级更新 Lagrange 系统中可以采用下面一些原则(见 Li(1983,1985))导出大应变情况下的本构关系:

(a) 应力的含义定为真(或 Cauchy)应力 $\sigma^{ij}$.

(b) 取变形率 $D_{ij}$ 作为应变率,它分别与真应力(在 Euler 系统)或 Kirchhoff 应力(在逐级更新 Lagrange 系统)组成内能变化率(见(4.1),(7.14)).

(c) 小应变情况下的应力率就需替代以 Kirchhoff 应力的 Jaumann 导数.按照本构关系客观性的要求,这样就可以排除刚体运动(平移-转动)卷入到本构关系中去.

(d) 应力、应变及其变化率先写作混合张量,以使其本构关系式保持直角坐标中的形式.

为包括塑性膨胀和应变软化效应,可以采用以下一些原则:

(a) 变形率是由弹性和塑性两部分组成,即

$$D_j^i = D_j^{i(e)} + D_j^{i(p)} \tag{7.40}$$

上标(e)和(p)分别代表弹性和塑性的含义.

(b) 塑性变形率又可分解为偏量部分 $de_j^{i(p)}$ 和体量部分 $D_k^{k(p)}$. 于是,

$$D_j^{i(p)} = de_j^{i(p)} + \frac{1}{3}\delta_j^i D_k^{k(p)} \tag{7.41}$$

(c) 用 von-Mises 屈服准则判别塑性的起始点.

(d) 在偏量部分的应力-应变关系式中判别应变软化的准则是

$$\sigma_m + \lambda_e \sigma_e = \sigma_{ce} \qquad \text{或} \quad \varepsilon_e = \varepsilon_{ce} \tag{7.42}$$

而对于体量部分(或平均的)应力-应变关系式则有另一应变软化准则

$$\sigma_m + \lambda_m \sigma_e = \sigma_{cm} \tag{7.43}$$

(7.42)和(7.43)两式中的 $\sigma_{ce}$,$\varepsilon_{ce}$ 和 $\sigma_{cm}$ 代表临界值,$\lambda_e$ 和 $\lambda_m$ 是用来加权 $\sigma_m$ 和 $\sigma_e$ 在形成应变软化方面的不同作用.所有这些参数都是作为材料常数.在本书的后一部分将阐明形成这些准则的依据.

根据第四章 4.1 节中的推导并采用以上的原则,可以找到在大应变情况下(4.11)式所应有的表达式并组成全部变形率

$$D_j^i = \frac{1}{E}\left[ (1+\nu)\frac{D\tau_j^i}{Dt} - \nu\delta_j^i\frac{D\tau_k^k}{Dt}\right]$$

$$+ \frac{9}{4}\frac{S_j^i S_k^l}{E_{te}^{(p)}}\frac{D\tau_l^k}{\sigma_e^2}\frac{D\tau_l^k}{Dt} + \delta_j^i\frac{1}{3E_{tm}^{(p)}}\frac{D\tau_k^k}{Dt} \tag{7.44}$$

其中,

$$E_{te}^{(p)} = \dot{\sigma}_e / D_e^{(p)}, \quad \dot{\sigma}_e = \frac{3}{2\,\sigma_e} S_j^i \frac{D\,\tau_i^j}{D\,t},$$

$$D_e^{(p)} = \sqrt{\frac{2}{3}} (d\,e_j^{i(p)} d\,e_i^{j(p)})^{1/2}, \quad E_{tm}^{(p)} = \frac{D\,\tau_k^k}{D\,t} \Big/ D_k^{k(p)}.$$

利用第三章 3.3 节中的求逆过程可以导出(7.44)式的逆形式为

$$\frac{D\,\tau^{ij}}{D\,t} = L^{ijkl} D_{kl} \tag{7.45a}$$

这里的

$$L^{ijkl} = \frac{E}{(1+\nu)} \Bigg[ \frac{1}{2} (g^{ik} g^{jl} + g^{il} g^{jk}) + g^{ij} g^{kl} \frac{\nu - E/3\,E_{tm}^{(p)}}{1 - 2\nu + E/\,E_{tm}^{(p)}}$$

$$- \frac{3}{2\,\sigma_e^2} \frac{E}{E_{te}^{(p)}} \frac{S^{ij} S^{kl}}{\frac{2}{3}(1+\nu) + \frac{E}{E_{te}^{(p)}}} \Bigg] \tag{7.45b}$$

当 $E_{tm}^{(p)} \to \infty$ 时,(7.45b)式就成为 Prandtl-Reuss 理论在大应变情况下的推广式.

一般地说,到了大应变阶段,应力-应变场不再有均匀分布的情况.到目前为止,也就没有办法直接测定塑性切线模量 $E_{te}^{(p)}$ 和 $E_{tm}^{(p)}$ 随塑性应变的变化关系.在方程式(7.42)和(7.43)中的 $\lambda_e$,$\lambda_m$,$\sigma_{ce}$ 和 $\sigma_{cm}$ 也需要具体化以决定应变软化的条件.为此目的,只能求助于以后将介绍的计算机模拟技术.最后要强调的是,用应变软化概念描述本构行为时通常就意味着引入了一个特征尺度参数.因为,只有在一定尺度范围内,对受有微结构意义上损伤的非匀质材料做出均质化处理以后才能意识到应变软化效应是代表了一种力学响应.在第八和第九章中还要进一步讨论有关的问题.

还需要注意的是,导出(7.45)式时是基于固定坐标的背景.在求逆的过程中(7.44)式先被转化为

$$\frac{D\,\tau_j^i}{D\,t} = \frac{E}{1+\nu} \Bigg[ D_j^i + \frac{\nu - E/3\,E_{tm}^{(p)}}{1 - 2\nu + E/\,E_{tm}^{(p)}} \delta_j^i D_k^k$$

$$-\frac{3}{2\sigma_e^2}\frac{E}{E_{te}^{(p)}}\frac{S_j^i S_l^k}{\frac{2}{3}(1+\nu)+\frac{E}{E_{te}^{(p)}}}D_k^l\Bigg] \qquad (7.46)$$

利用在固定坐标中度量张量不随时间而变的特点,可以改写

$$\frac{D\,\tau_j^i}{D\,t} = \frac{D}{D\,t}(\tau^{ik}g_{jk}) = g_{jk}\,\frac{D\,\tau^{ik}}{D\,t}$$

其他类似地也可作这样的处理.于是,对(7.46)式两边乘以 $g^{jm}$ 并用 $D_{jn}g^{in}$ 替代 $D_j^i$ 等等,就可以最后导出(7.45a)式.

### 7.5.2 数值计算步骤

这里着重介绍采用逐级更新 Lagrange 系统时每个时间增量 $\Delta t$ 中所包含的计算步骤.用有限元方法(或其他数值方法)计算时的顺序和步骤如下:

(a) 给定广义时间的增量值 $\Delta t$.

(b) 根据前一步完了时所得到的单元内的应力和应变状况可以确定当前载荷增量中各个单元内的切线模量值.这样,无量纲化的切线模量作为应变的函数就可以按预先给定的方式在计算机内读入.

(c) 用数值积分方法计算(7.36)式中的泛函 $\Pi$.在满足给定的边界条件下使其变分为零就能导出为求解未知的节点速率所需要的刚度矩阵.由此解出各节点速率和单元内的变形率.

(d) 在各个单元内,利用本构方程式

$$\frac{D\,\tau^{ij}}{D\,t} = L^{ijkl}D_{kl}$$

计算 Kirchhoff 应力的 Jaumann 导数.随后再用(6.50c)式确定 Kirchhoff 应力的随体率

$$t^{ij} = \frac{D\,\tau^{ij}}{D\,t} - \sigma^{kj}D_k^i - \sigma^{ik}D_k^j$$

(e) 在每个单元内计算名义应力的随体导数及相对前一步所应有的名义应力变化.

$$\dot{T}^{ij} = t^{ij} + \sigma^{ik} V^j |_k \quad (见(6.55))$$

及

$$(T^{ij})' = (T^{ij}) + \dot{T}^{ij} \Delta t$$

(f) 为下一个时间增量做准备,计算各个单元内新的真应力

$$\sigma^{ij} = \frac{\rho}{\rho_0} \frac{\partial x^i}{\partial a^k} T^{kj} \quad (见(6.39))$$

(g) 计算各单元中的等效应力,应变和平均应力,应变(在需要考虑塑性可膨胀性的情况下)

(h) 检验每个单元是处于(应变硬化或应变软化的)塑性加载或弹性的状况.由此可确定下一步计算所需用到的本构刚度系数.

(i) 更新节点位置,以使

$$(x^i)' = (x^i) + V^i \Delta t, \quad V^i = \frac{D x^i}{D t}$$

(j) 重复从(a)到(i)的过程

采用 Lagrange 参考系进行计算时,也可大体按照以上各步骤执行.只是需要改用 7.4.1 段中的有关式子.但是,在这里我们推荐采用逐级更新 Lagrange 系统.它继承了 Euler 系统的简明性,通过随时间的不断更新,把所有的历史因素存贮到各个应力、应变和节点位置中去.在每个增量计算的起点,各节点的瞬时位置可以看作是空间意义选定的因为它们确实代表了该时刻的构形.但从另一角度看,这些点又具有以物质点为起源的背景.在固体力学问题的计算中为表明所发生的位移或变形,这一特点是很需要的.事实上可以说,逐级更新 Lagrange 系统是在大应变条件下结合了两个原有的传统系统中的优点.

# 练 习

7-1 请用你自己的语言解释

(a) 弹性 (b) 超弹性 (c) 亚弹性

7-2 证明

$$\frac{\partial(\rho_0\ W_p)}{\partial \varepsilon_{kl}} \frac{\partial \varepsilon_{kl}}{\partial U_i^{(0)}\Big|_j} = \frac{\partial(\rho_0\ W_p)}{\partial \varepsilon_{kl}} \delta_k^j(\delta_l^i + U_{(0)}^i\big|_l)$$

(提示: $\varepsilon_{kl} = \varepsilon_{lk}$)

7-3 证明

$$S_{(k)}^{jk} \frac{\partial x^i}{\partial a^k} = S_{(k)}^{kl} \frac{\partial \varepsilon_{kl}}{\partial U_i^{(0)}\Big|_j}$$

$$\left[ 提示: S_{(k)}^{kl} = S_{(k)}^{lk}, \quad \frac{\partial x^i}{\partial a^k} = \delta_k^i + U_{(0)}^i\big|_k \right]$$

7-4 用(7.10a)式证明(7.10b)

7-5 用(7.8d)式推导和写出(代表平衡和边界条件的)各项 Euler 方程. 请用第二 Piola-Kirchhoff 应力和位移表示.

7-6 (a) 如果 $t^{ij}$ 是对称的,那么用(6.50c)式证明 $D\tau^{ij}/Dt$ 也是对称的.

(b) 证明 $$\frac{D\tau^{ij}}{Dt} V_j\big|_i = \frac{D\tau^{ij}}{Dt} D_{ij}$$

(c) 证明 $$(\sigma^{kj} D_k^i + \sigma^{ik} D_k^j) V_j\big|_i = 2\sigma^{ij} D_{ki} D_{lj} g^{kl}$$

7-7 利用"超弹性"的定义表示势函数 II. 计算它的一次变分并证明

(a) Lagrange 系统中的(7.8d)式

(b) Euler 系统中的(7.10a)式

(提示: $\rho_{(0)} d V_{(0)} = \rho d V$)

请解释在情况(a)和(b)中"超弹性"定义所起的作用.

7-8 填充以下空白

当 $\delta^2 II($ )时,则物体是处于稳定状态. 这是稳定性的一个( )条件. 如果 $\delta^2 II($ )则将发生不稳定性. 在 $\delta^2 II($ )时,物体达到稳定限. 稳定限,分叉和丧失惟一性解在含义上是( ).

7-9 (a) 当什么说势能定理具有最小能量的含义?

(b) 当 $\delta$ 和 $\delta^*$ 分别作用于 $V_i$ 和 $\delta V_i$ 时,请解释它们在含义上的区别.

7-10 (a) 分叉时有几种可能的加载路径?

(b) 用什么办法来证明最可能的加载路径? 在不同的情况下有哪两种路径?

7-11 在 Lagrange 描述系统中,为导出(7.35)式,对于表示 $\overset{\bullet}{T}{}^{ij}$ 的本构形式及 $E^{ijkl}$ 的属性应有哪些要求?

7-12 用(7.20)式推导对应于 $\delta\Pi$, $\overset{2}{\delta}\Pi$ 和 $\delta^*Q$ 的(7.21),(7.28)和(7.30)各式.当 $\delta\Pi=0$ 和 $\delta^*Q=0$ 时,写出它们的 Euler 方程.

(提示:只用名义应力率及其变分来代表应力率)

7-13 利用(6.59)式和(7.4)式证明

(a) $\overset{\bullet}{T}{}^{ij} = E^{ijkl}V_l|_k$ 中的

$$E^{ijkl} = L^{ijkl} - \frac{1}{2}(\sigma^{jk}g^{il} + \sigma^{jl}g^{ik} + \sigma^{ik}g^{jl} + \sigma^{il}g^{jk}) + \sigma^{ik}g^{jl}$$

(b) 如果 $L^{ijkl} = L^{ijlk} = L^{klij}$,那么

$$E^{ijkl} = E^{klij}$$

## 参 考 文 献

李国琛. 1984. 用形变论分析结构塑性屈曲时的一类广义变分原理. 力学学报,16:512—520

Burke M A and Nix W D.1979. A numerical study of necking in plane tension test. Int J Solids Structures, 15:379—393

Bushnell D.1974. Bifurcation buckling of shells of revolution including large deflections. plasticity and creep. Int J Solids Structures, 10:1287—1305

Chen W H.1971. Necking of a bar. Int J Solids Structures,7:685—717

Fung Y C.1965. Foundations of Solid Mechanics. Englewood Cliffs:Prentice-Hall

Hibbitt H D, Marcal P V and Rice J R.1970. A finite element formulation for problems of large strain and large displacement. Int J Solids Structures, 6:1069—1086

Hill R. 1957. On uniqueness and stability in the theory of finite elastic strain. J Mech Phys Solids, 5:229—441

Hill R.1959. Some basic principles in the mechanics of solids without a natural time. J Mech Phys Solids,7:209—225

Hill R.1967. Eigenmodel deformations in elastic/plastic continua. J Mech Phys Solids,15:371—386

Hill, R.1968. On constitutive inequalities for simple materials,I. J Mech Phys Solids, 16:229—242

Hutchinson J W.1974. Plastic buckling, Advances in Appl Mech (ed by Chia-Shun Yih),
    14:67—144

Kappus R.1939. Zur elastizitäts theorie endlicher verchiebungen. Zeit für Angew Math
    Mech, b19:344—361

Koiter W T.1945. On the stability of elastic equilibrium, dissertation. Delft, Holland (or
    AD-704124,Stanford University, Stanford, California, Feb.1970)

Li Guo Chen. 1983. Necking in uniaxial tension. Int J Mech Sci, 25:47—57

Li Guo Chen. 1985. Dilatational Plastic constitutve equations and application to the ductile
    fracture analysis of axisymmetric specimens, Acta Mechanica Sinica (English edition),
    1:49—58

McMeeking R M and Rice J R.1975. Finite element formulations for problems of large elas-
    tic-plastic deformation. Int J Solids Structures, 11:601—616

Needleman A and Tvergaard V.1977. Necking of biaxially stretched elastic-plastic circular
    plates. J Mech Phys Solids,25:159—183

Prager W.1961. Einführung in die Kontinuummechanik, Birkhaüser Verlag Basel und Stut-
    tgart

Trefftz E.1933. Zur theorie der stabilität des elastischen gleichgewichts. Zeit für Angew
    Math Mech, b13:160—165

Truesdell C.1955. Hypoelasticity. J Rational Mechanics and Analysis. 4:83—133

Truesdell C.1966. The Elements of Continuum Mechanics. New York:Springer-Verlag Inc

Tvergaard V.1981. Influence of void on shear band instabilities under plane strain condi-
    tion. Int J Fracture,17:389—407

# 第三部分

# 微结构力学及其应用

研究工程材料内部结构的实际织构及其演化,对于改进材料的力学性质和预测失效行为都是一项重要的措施.这类微结构是由硬质颗粒或不同化学成分的固体元素所组成,通常仅在显微镜下才能见到.例如,碳化物,沉淀物和 MnS 粒子就是钢材中的一些微结构成分.其尺寸范围是 $1—10\mu m$.

起始时,这些粒子的存在能够起到增强材料的作用.然而,随着加载的继续和其他因素的强化,最终导致剥离,它们从材料的其他部分分离开来.其结局是在材料中形成了空洞或裂隙等形式的缺陷.有些缺陷也可能是在材料制造过程中形成的.缺陷对材料行为的不可逆的劣化作用就称为损伤.累积损伤以后,最终导致材料功能的全部失效.在整个延续期间,损伤的积累情况则归结为损伤演化.

由此可见,一个材料的强度和寿命将取决于以下各因素:

(a) 各个成分的体积百分数和力学性质,

(b) 微结构粒子的尺寸和形状,

(c) 粒子或夹杂物与材料的基体部分相联结的结合(或界面)强度,

(d) 各类成分的几何分布模式,

(e) 内部缺陷情况,

(f) 内部损伤的萌生和演化.

微结构研究的主要任务是为了了解：

（1）各类材料的总体（或宏观，或综合，或连续介质）行为与它们的微结构组成状态之间的关系．

（2）微结构损伤的萌生和演化及其总体的力学响应．

以上所述各项研究的结果，可以将材料所具有的各种微结构效应定量地计入某些连续介质本构模型和失效准则，以达到预测材料行为及其失效的目的．

这些轮廓性的概述说明了微结构力学研究的动机、目的和任务．在微结构力学研究中，常常需要用到塑性力学和大应变分析．即使材料在总体上仍处于小应变阶段，在出现损伤的局部地点还是可能产生较大的塑性应变．

# 第八章　确定材料的总体力学行为 与其微结构参数之间的关系

这章将介绍联系材料的总体行为与其微结构构造状态的原则和办法,微结构效应及其演化可用内变量表示,虽然这些变量表征了材料在微结构层次上的行为,一般来说,这些材料参数不能由直接的宏观试验确定.为此需要引用计算机模拟.这里所要介绍的原则和处理方法可作为研究微结构力学的基本工具.

## 8.1 "自洽"原则

假设一块材料是由 n 种成分的粒子夹杂于基体中而组成,如

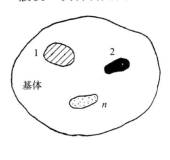

图 8.1

图 8.1 所示.这类材料通常是叫做多相材料.这里所面对的问题是,已知各组成部分的力学参数和几何特征时,如何确定其总体的弹性模量.

设材料中 n 种成分粒子的弹性剪切模量为 $G_i$( i=1,2,…, n). 在总体积 V 中,每种成分所占据的空间体积为 $V_i$ 并由此可定义其体积百分数 $C_i = V_i / V$.材料中的基体是作为 0 相,其剪切模量和体积百分数分别是 $G_0$ 和 $C_0$.为计算剪切模量的平均值 $\overline{G}$(参见 Mura(1982)),也就是将匀质化后的材料视为连续介质的剪切模量,可以采用几种办法.

Voigt 的处理方法是,在多相材料受有纯剪切载荷时假设其中的剪应变 $\gamma_0$ 分布均匀.于是, $\gamma_0$ 自然就等于平均应变 $\overline{\gamma}$.在这

种情况下,可以导出平均剪应力

$$\bar{\tau} = \sum_{i=0}^{n} C_i G_i \gamma_0 = \left[ \sum_{i=0}^{n} C_i G_i \right] \bar{\gamma}$$

由此可知,联系平均剪应力和剪应变的折合剪切模量是

$$\bar{G} = \sum_{i=0}^{n} C_i G_i \qquad (8.1)$$

从另一角度出发,Reuss 假设物体中各处的剪应力 $\tau_0$ 均相等.其结果则是,平均剪应力 $\bar{\tau} = \tau_0$.于是平均剪应变可以表示为

$$\bar{\gamma} = \sum_{i=0}^{n} C_i \frac{\tau_0}{G_i} = \left[ \sum_{i=0}^{n} \frac{C_i}{G_i} \right] \bar{\tau}$$

由此可导出剪切模量的另一种表达式

$$\bar{G} = 1 \Big/ \left[ \sum_{i=0}^{n} \frac{C_i}{G_i} \right] \qquad (8.2)$$

这两种解法的后果是明显的.Voigt 的模型自然满足变形的连续性,但不符合平衡条件的要求,因为在具有均匀应变的非均质材料中截取任意两个截面并沿截面积分剪应力后,其结果一般不会相等.与此相反,Reuss 的假设肯定能适合平衡要求,因为各处的应力都是均匀分布的,但是在各相材料的交界处无法保证变形的连续性.可以认为,Voigt 模型是基于变形的等价原则,而 Reuss 的假设则导致剪力响应的等同性.

更准确地处理这一问题的办法是由 Budiansky(1965)提供的.为了获得折合模量,他所用的计算的原则是应变能的等价性.现在通常称这种程序为"自洽"方法或原则.为了概括地论述这一方法,以下只做一些简单的示范性说明.

假设图 8.1 所示多相材料承受均匀剪应力 $\tau_0$,于是平均剪应力 $\bar{\tau} = \tau_0$.介质中的剪应变分布,一般来说,就不会是均匀的.定义平均意义的剪应变为

$$\bar{\gamma} = \int_V \gamma \, dV / V$$

全部的弹性应变能则是

$$W_e = \frac{1}{2} \int_V \tau_0 \, \gamma \, dV = \frac{\tau_0}{2} \int_V \gamma \, dV = \frac{\tau_0}{2} \bar{\gamma} V = \frac{\bar{\tau}^2 \, V}{2 \, \bar{G}} \quad (8.3)$$

其中, $\bar{\tau} = \bar{G} \bar{\gamma}$. 如以各组成部分所具有的剪切模量 $G_i$ ($i = 0, 1, 2, \cdots, n$)表示(8.3)式, 则有

$$W_e = \frac{1}{2} \int_V \tau_0 \left[ \frac{\tau_0}{G_0} \right] dV + \frac{1}{2} \int_V \tau_0 \left[ \gamma - \frac{\tau_0}{G_0} \right] dV$$

$$= \frac{\tau_0^2 \, V}{2 \, G_0} + \frac{\tau_0}{2} \sum_{i=1}^n \left[ 1 - \frac{G_i}{G_0} \right] \int_{V_i} \gamma \, dV_i$$

$$\left[ \text{当 } i = 0, 1 - \frac{G_i}{G_0} = 0 \right]$$

$$= \frac{\tau_0^2 \, V}{2} \left[ \frac{1}{G_0} + \sum_{i=0}^n C_i \left[ 1 - \frac{G_i}{G_0} \right] \left[ \frac{\bar{\gamma}_i}{\tau_0} \right] \right] \quad (8.4)$$

其中, $\bar{\gamma}_i = \frac{1}{V_i} \int_{V_i} \gamma \, dV_i$ 是每种组成材料内的平均剪应变. 比较 (8.3) 和 (8.4) 两式后立即可以导出

$$\frac{1}{\bar{G}} = \frac{1}{G_0} + \sum_{i=1}^n C_i \left[ 1 - \frac{G_i}{G_0} \right] \left[ \frac{\bar{\gamma}_i}{\tau_0} \right] \quad (8.5)$$

这里的折合剪切模量 $\bar{G}$ 就代表总体(或宏观)的弹性刚度. 很显然, 它不仅取决于材料的微结构构造(例如, 各组成部分的剪切模量和体积百分数)也与内部剪应变分布 $\bar{\gamma}_i$ 有关. 这一方法可以同时满足平衡条件和变形的连续性. 从这点来看, 这个原理统一了由 Voigt 和 Reuss 所给出的两种解法. 近来, 结合数值计算这一方法被广泛应用于塑性问题. 整个程序可以包括材料内部微结构演化和损伤的效应. 需要记住的是, 在这类匀质化过程中实行了以一

个理想化的匀质连续介质替代实际的异质体.这种替换是基于在一定的体积范围内材料所贮存或耗散的应变能相等.当所考虑的尺度范围远大于异质体局部的特征尺寸,那么两种介质的力学行为也会是相同的.所以,这种替代就意味着在一个(非局部意义的)连续介质中引入一个特征尺度参数.之所以称这个连续介质为非局部意义的,是因为此刻它的力学行为不能再靠一点处的局部应力和应变条件来决定,而需要利用一个非局部的尺度范围内的情况予以说明.

## 8.2 塑性力学中的内变量

至此,仅处理了弹性介质问题,所用的"自洽"解法只与原始的材料成分和起始的构型有关.但是,进入塑性以后,情况就变得非常复杂和困难.尤其是出现了大应变以后,内部微结构和局部材料属性均可能急剧地又不可逆地变化.对于一个原本是异质又不连续的介质,为了在它的本构模型中考虑内部演化和微结构损伤等塑性效应,用匀质化连续介质替换它时就需要引入内变量,以确保后者的力学行为与原先介质的相自洽.在塑性力学中,这类内变量也叫做内部状态参量.

针对这些内部变量 Kronër 和 Teodosiu(1972)曾说过:"从唯象角度来说,它们是隐藏的参量,因为只有借助于显微仪器才能使这些物理量显示出来"而且"严格的宏观塑性理论和粘塑性力学就应该包括无穷多个状态变量.但是这样的理论就变得无法驾驭的……",所以"最可取的近似办法是针对所需求解的问题只选择最适当的少数变量".在本书中的第九章中将举例讨论如何紧缩内部状态参量.

既然损伤是微结构变化的结果,与此有关的内变量就常以损伤因子的形式出现.例如,Kachanov(1958)和 Rabotnov(1968)都曾在蠕变破断的分析中引入损伤因子 D,作为联系有效应力 $\sigma_a$ 和宏观应力 $\sigma$ 的纽带,其关系式是

$$\sigma_a = \sigma/(1 - D) \tag{8.6}$$

在这个表达式中,对于无损伤的起始状态取 $D=0$,而达到破断时 $D=1$.

再者,例如,空洞扩展会形成塑性膨胀.从质量守恒定律角度来看,匀质化的连续介质密度 $\rho$ 就随体积 $V$ 的改变而变化.所以,当广义时间经历一个增量 $dt$ 时,应有

$$\rho V = (\rho + \dot{\rho} dt)(1 + D_k^k dt) V$$

其中,$D_k^k$ 是体积变形率.由此可知

$$\dot{\rho}/\rho = - D_k^k \tag{8.7}$$

这就是内变量 $\rho$ 的演化方程因为它反映了空洞化过程的状况,在韧性损伤分析中,Rousselier(1980)建议取

$$D = 1 - \rho \tag{8.8}$$

这个例子很能说明内变量 $\rho$ 与损伤因子 $D$ 之间的联系.

## 8.3 用计算机模拟方法确定内变量

既然匀质化过程所引入的内变量都是"隐藏"的参量,不能由简单的宏观层次试验确定它们.为解决这一问题,需要借助于计算机模拟的方法.

例如,在小应变情况下通过单轴应力-应变曲线所测得的切线模量

$$E_t = d\sigma/d\varepsilon$$

代入(3.33)式后,根据

$$\frac{1}{E_{te}^{(p)}} = \frac{1}{E_t} - \frac{1}{E}$$

就能确定塑性切线模量 $E_{te}^{(p)}$.但是,颈缩现象出现以后,应力分布不再是均匀状态,不能再用以上的推论,以上的塑性切线模量也就

"隐藏"起来.在后一个情况下,为确定塑性切线模量与等效应变之间的函数关系,只能用试验的方法进行计算机模拟,正确地标定该函数应使计算结果尽可能地靠近实验数据.

图 8.2 中绘制了由单轴拉伸圆棒颈缩试验所得的两条示意性曲线.图 8.2(a)是名义应力(轴向载荷 P 除以初始横截面积 $A_0$)对名义应变(伸长量 $\Delta L$ 除以初始标长 $L_0$)的曲线.图 8.2(b)表示的是最小截面处瞬时半径 r 与初始半径 $r_0$ 之比随名义应变的变化.

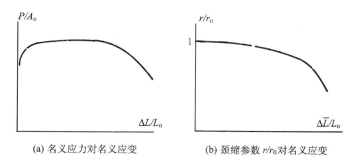

(a) 名义应力对名义应变          (b) 颈缩参数 $r/r_0$ 对名义应变

图 8.2

可以选取名义应变 $\Delta L/L_0$ 或颈缩参数 $r/r_0$ 作为广义时间,因为这两个参数都是单调增加的量.图 8.2 所示意的试验曲线提供了确定塑性切线模量所必需的信息材料.随着广义时间逐级地延长,在不同的加载阶段上,不断地调整所输入的切线模量值以使计算曲线尽可能地逼近实验结果.当获得了满意的曲线部分以后,再进行下一个增量的试算.如果用图 8.2(a)作为计算模拟的依据,那么图 8.2(b)就可以起到校核作用,反之亦然.

由此可见,计算机模拟能够发挥一种特殊的作用,使试验的力学参数(如:$P/A_0$,$\Delta L/L_0$ 和 $r/r_0$ 等)与材料的内变量(如:$E_{te}^{(p)}$,$E_{tm}^{(p)}$,$\lambda_e$,$\lambda_m$,$\sigma_{ce}$,$\sigma_{cm}$)相联系起来.当然,待确定的内变量数目愈多则所需要提拱的实验信息量也愈大.因此,在需要考虑塑性膨胀和软化因素时则还应进行含缺口圆棒的颈缩试验.随着缺口半径的减小,试件中的三轴应力状态会强化,以有利于探测塑性膨胀.

计算机模拟的另一个作用是在微结构层次上从事材料力学行为的研究.例如,设有一个典型的圆柱型胞元,它代表着含有一类夹杂物的基体材料.夹杂物型式可以是圆球,椭球体或空洞(见图8.3(a)).利用问题的轴对称性,分析时可以只取模型的四分之一角(见图8.3(b)).按照"自洽"原则,可以对该异质介质做匀质化处理并替换为具有同样体积的等效连续介质,如图8.3(c)所示.设图8.3(b)和8.3(c)中各个模型的外部界面沿着 z 和 r 方向上分别承受均匀的控制位移增量 dL 和 dR.在图8.3(b)中边界面上的应力必然是不均匀分布状态,而到了图8.3(c)中的连续介质则一定转为均匀情况.

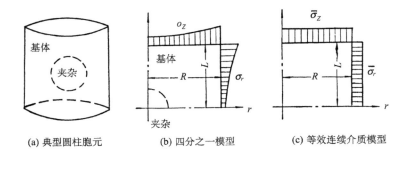

(a) 典型圆柱胞元　　　(b) 四分之一模型　　　(c) 等效连续介质模型

图8.3

基于应变能相等的原则,可以写出

$$\left[2\pi\int_0^R \sigma_z r\,\mathrm{d}r\right]\mathrm{d}L = (\bar{\sigma}_z \pi R^2)\mathrm{d}L \text{——} z\,\text{向}$$

及

$$\left[2\pi R\int_0^L \sigma_r\,\mathrm{d}L\right]\mathrm{d}R = (2\pi R\bar{\sigma}_r L)\mathrm{d}R \text{——} r\,\text{向}$$

由此可得

$$\bar{\sigma}_z = 2\int_0^R \sigma_z r\,dr / R^2 \qquad (8.9)$$

和

$$\bar{\sigma}_r = \int_0^L \sigma_r\,dL / L \qquad (8.10)$$

以上分别代表了典型圆柱胞元面上的平均轴向应力和径向应力.如将 $\bar{\sigma}_z, \bar{\sigma}_r, dL/L$ 和 $dR/R$ 视为材料的宏观响应,由此可以研究(见 Li 和 Howard(1983))它们与微结构变化(诸如塑性膨胀或空洞扩展所造成的内部空洞化体积)以及基体材料的局部行为(例如,其塑性模量)等之间的依赖关系.

至此,可以将计算机模拟的功能归结为:(a)确定连续介质(或称宏观)材料行为模型中的内变量,这些变量表征了塑性微结构层次上的演化和损伤.(b)借助微结构模型研究材料的总体力学行为与微结构参数之间的关系.

## 练　习

8-1　请阐明以下各项问题:

(a)采用"自洽"方法的优点是什么?

(b)内变量表征了哪些因素?

(c)利用计算机模拟可以实现哪两个目的?

8-2　设混凝土材料的水泥,细砂和卵石分别具有杨氏模量 $E_0, E_1$ 和 $E_2$.其中细砂的体积百分数是 $C_1 = V_1/V$,而卵石的则是 $C_2 = V_2/V$.再设细砂和卵石中的平均应变分别是 $\bar{\varepsilon}_i = \dfrac{1}{V_i}\int_{V_i} \varepsilon\,dV_i$($i = 1$ 代表细砂;$i = 2$ 代表卵石),又混凝土承受均匀单轴应力 $\bar{\sigma} = \sigma_0$.请用"自洽"方法求出沿 $\bar{\sigma}$ 方向的总体应变 $\bar{\varepsilon}$ 与以上所给各项参数的关系式.

8-3　如图所示,设有一含孔矩形板在边界上被均匀拉长.其增量位移分别是 $d_1$ 和 $d_2$ 并导致相应的非均匀分布应力 $\sigma_1$ 和 $\sigma_2$.请用"自洽"方法给出总体应力 $\bar{\sigma}_1$ 和 $\bar{\sigma}_2$ 与 $\sigma_1, \sigma_2, A$ 和 $B$ 的关系式.

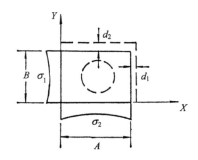

## 参 考 文 献

Budiansky B.1965. On the elastic moduli of some heterogeneous materials. J Mech Phys Solids,13:223—227

Kachanov L M.1958. On creep rupture time, lzv Akad Nauk S S S R Otd Tekh Nauk, No 8:26—31

Kronër E and Teodosiu C.1972. Lattice defect approach to plasticity and viscoplasticity, Problems of plasticity (ed. by A. Sawczuk). Int Symposium on Foundations of Plasticity, Aug.30—Sept.2, 1972, Warsaw: Noordhoff International Publishing Leyden

Li G C and Howard, I C.1983. The effect of strain softening in the matrix material during void growth. J Mech Phys Solids,31:85—102

Mura T.1982. Micromechanics of Defects in Solids. London: Martinus Nijhoff Publishers

Rabotnov Yu N.1968. Creep rupture Proc 12th Int Congr Appl Mech (cd. by M. Heÿnyi and W. G. Vincenti), Aug. 26—31,1968, Berlin:Springer-Verlag.342—349

Rousselier G.1980. Finite deformation constiutive relations including ductile fracture damage. Proc of the IUTAM Symposium on Three Dimensional Constitutive Relations and Ductile Fracture (ed. by Nemat-Nasser),June, Dourdan, France, North-Holland Publishing Company. 331—355

# 第九章　空洞的分析

至今已查明韧性断裂的微结构机理就在于金属材料中围绕二相粒子所形成的微小空洞以及它们之间的相互聚合.为寻求明确预测韧性断裂的方法,就需要透彻地认识有关的微结构过程.为此,有许多研究工作曾致力于探明空洞的萌生和扩展以及它们如何最终聚合为短裂纹或与其他已有裂纹相联接.

这一章将展示塑性力学和大应变计算在微结构分析中的应用.在这一过程中也要实行第八章所阐明的各项原则和方法.如果把空洞看作是无刚度的特殊相材料,本章所给出的方法又可以被推广应用于其他的微结构特征.最后还要举例说明如何利用微结构研究成果以设立某种相当的连续介质本构模型和材料失效准则.

本章内容揭示了微结构问题所包含的交叉学科性的本质.可以这样说,如果没有力学和金属学两方面工作者的齐心努力,对于空洞的损伤效应的认识就绝不会达到现有水平.

## 9.1　空洞的萌生和扩展的试验

这里需要展现如何通过试验来揭示空洞萌生和发展以加强对于材料中存在有空洞现象的认识.依据实验规律,可将空洞萌生条件和空洞扩展的总趋向归结为相应的准则.

### 9.1.1　空洞的萌生准则

由于二相粒子与基体之间界面的分离或粒子本身的碎裂会形成空洞.为解释这一现象,针对黏结强度的影响和颗粒尺度效应曾提出过不同的模型.这些模型中包括了临界表面能,粒子周围位错堆积所形成的界面应力,由于基体与粒子之间不同的冷热收缩所造成的位移不协调等因素(见 Howard 和 Willoughby(1981)的讨论).一般来说,大夹杂物(≈10μm,如钢材中的 MnS 粒子)与基体之间的粘结较弱,在空洞的扩展分析中可以把它们当作预先埋设的空洞.而小颗粒粒子(≈1μm,如碳化物或沉淀物)与基体粘结得较牢固,只能在较强的能量或较高的应力/应变条件下才能围绕它们萌生空洞.

有关萌生空洞的实验研究主要着眼于建立引发空洞的应力/应变准则.Beremin 小组(1981)曾仔细地介绍过利用轴对称试棒实现研究的步骤.他们报道说:"先用闭合回路液压试验机拉伸各个试件.在试验过程中,试件的最小瞬时截面直径可用引伸计记录备用.由此就能确定一个(σ 和 ε)的曲线图.一旦达到预先设定的总体变形量 ε,就停止试验并卸载,然后沿纵剖面切开试件并进行机械抛光.在光学显微镜下就能逐个地观察 MnS 夹杂物的受损情况.它们在试样截面中所占据的位置可以刻画出一条区域范围的外围线:在线内,所有的夹杂物皆被损伤,而在线外,MnS 颗粒仍保持与基体紧密结合."

图 9.1 示范和再现了他们所获得的结果.外围线上的应力和应变值都是可以确定的.所依据的计算参数包括测定的载荷应力

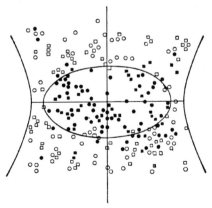

图9.1　变形试样的外围曲线实例

(取自 Beremin(1981))

$\sigma$ 和已记录的总体变形 $\varepsilon$. 正如 Beremin(1981)所说:"为定量地描述从 MnS 夹杂物周围形成孔穴的控制条件,需要沿着外围曲线上计算不同的力学参数……,沿着这些曲线选择三点(A,B,C)."

为得到一个可靠的统计结果以确定空洞的萌生准则,需要采集和观察不同的外围曲线.所用的方法可以是,对同一几何形状的试样做不同的总体变形施加量的试验或者变化轴对称试棒的几何形状(例如,变化缺口根部的半径).这种方法也为 Xia 等(1987)所采用以观察围绕碳化物所生成的更细小的空洞.

到目前为止,空洞的萌生准则可以分类为

(a) 应力准则

与 Argon,Im 和 Safoglu(1975)的研究结果相似.针对空洞的萌生,Beremin(1981)所提出的应力准则是

$$\sigma_m + \left[ \frac{2}{3} + \lambda \right] \sigma_e = \sigma_c \qquad (9.1)$$

其中,$\sigma_c$ 代表临界应力,$\left[ \dfrac{2}{3} + \lambda \right]$ 因子起着权衡等效应力 $\sigma_e$ 和平均应力 $\sigma_m$ 二者的作用.在第七章中的(7.42)和(7.43)两式就是由这种形式而推广为应变软化准则.

(b) 应变准则

为突出塑性应变的作用,Hancock 和 Cowling(1980)提出了一个由应变控制的萌生准则,即

$$\varepsilon_e = \varepsilon_c \qquad (9.2)$$

其中,$\varepsilon_c$ 代表应变的临界值又 $\varepsilon_e$ 是全部的等效应变.(在大应变情况下,可以忽略全部等效应变与塑性等效应变的差别)

等式(9.1)和(9.2)所包含的各项应力和应变都是指宏观意义点上的,而且它们代表了被空洞化或非匀质材料的总体力学响应.虽然这些准则中的临界值 $\sigma$ 和 $\varepsilon$ 可以间接地反映出粒子-基体界面上的结合强度,但又毕竟不代表界面上无限小点上的情景,它们只是对应于具有足够数目微结构单元的某个尺度范围.

### 9.1.2 空洞扩展的表征方法

空洞扩展是由无量纲参数,即空洞体积比数值 $f_v$ 所表征的.这个参数表明了在一个单位体积的材料块中所包含的空洞体积百分数.Fisher 和 Gurland(1981)测试过球化碳钢.他们测量的数据都绘制在图 9.2 中.结果表明,空洞体积的百分数是等效塑性应变(他们所用的符号是 $\bar{\varepsilon}_p$)的指数函数.图中的 B 和 W 分别代表碳钢中的碳成分为 0.17 和 0.44 Wt%.

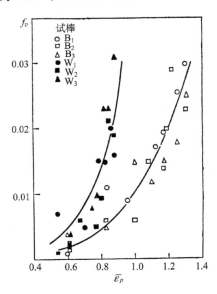

图9.2 空洞体积比 $f_v$ 随等效塑性应变 $\bar{\varepsilon}_p$ 的变化

(取自 Fisher 和 Gurland(1981))

一般来说,现在公认塑性应变和三轴应力都会促进空洞的扩张. Mackenzie, Hancock 和 Brown(1977)试验了一系列的钢材以确定应力状态对韧性失效的作用,如图 9.3 所示.他们使用的是轴对称带缺口的拉伸试棒.

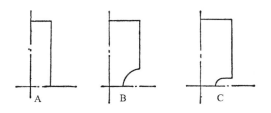

图 9.3 轴对称试棒

可以将实验结果归结为随 $\sigma_m/\sigma_e$ 和 $\varepsilon_f$ 而变化的函数关系. 前者是度量"三轴张力"的应力状态参数而后者代表达到初始失效时的等效塑性应变值(可参见图 9.5). Mackenzie 等(1977)的金相观察表明,一旦空洞在夹杂物周围萌生后就随着塑性应变的延伸而长大并导致材料失效. 随着试棒的缺口半径值的减小,促进空洞扩展的三轴应力状态更为激化,失效应变 $\varepsilon_f$ 会按指数规律减小. 因此,French 和 Weinrich(1975)的试验证实了当拉伸试样颈缩区中的空洞扩展受到均匀外压的抑制时,最终断裂会随外压值的增大而按比例地推迟.

沿着图 9.4 所示意的滚轧板的长横和短横方向所截取的轴对称试棒材料分别以 LT 和 ST 为标志. Mackenzie, Hancock 和 Brown(1977)以及 Beremin(1981)都曾研究过取材于以上两个方

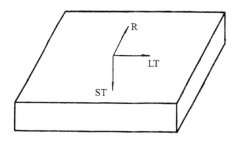

图 9.4 滚轧板材中的方向((R)是滚轧方向,
(LT)是长横方向,(ST)是短横方向)

向的试棒及其韧性行为.他们的实验指明,二者的韧性和失效机理均有很大的区别,空洞聚合的特征也不一样.图9.5和图9.6分别反映了这些特点.在 LT 试棒的中心区,扩大了的空洞直接合并起来;而在 ST 试棒中,大空洞是由二级空洞串成的剪切带所联接的.

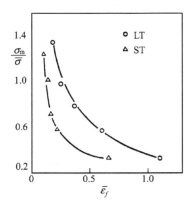

图 9.5  ST 和 LT 试棒的初始失效曲线
（取自 Mackenzie 等(1977),按照他们的符号规定,$\sigma_m$, $\bar{\sigma}$ 和 $\bar{\varepsilon}_f$ 分别指作平均应力,等效应力和在试棒中心点上对应于失效时的等效应变值.）

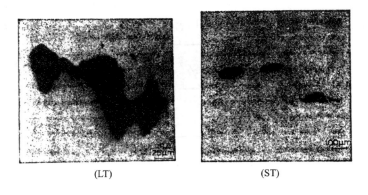

图 9.6  缺口拉伸试棒中的失效机理
（取自 Hancock 和 Cowling(1980)）

## 9.2 单级空洞效应的理论模型

Rice 和 Tracey(1969)用连续介质塑性力学处理了基体材料包含一个空洞的扩展问题.他们设想界面为 $S_v$ 的一个球型空洞被嵌固在一个无限大的刚塑性(理想塑性或应变硬化)体中.既然包围空洞的基体材料是刚塑性的,那么其中的弹性应变率就可以略去不计.屈服和流动关系是

$$\frac{3}{2} S_{ij} S_{ij} = \sigma_T^2$$

$$S_{ij} = \sqrt{\frac{2}{3}} \sigma_T \dot{\varepsilon}_{ij} / (\dot{\varepsilon}_{kl} \dot{\varepsilon}_{kl})^{1/2} \tag{9.3a}$$

其中,$\sigma_T$ 代表流动应力.

按照 Prandtl Reuss 的塑性理论,略去弹性应变率后,利用凸性和正交法则以及(3.26)至(3.29)各式,可以确定基体中的局部应变率为

$$\dot{\varepsilon}_{ij} = d\lambda S_{ij} = \frac{3}{2} \frac{d\varepsilon_e}{\sigma_T} S_{ij} = \sqrt{\frac{3}{2}} \frac{(\dot{\varepsilon}_{kl} \dot{\varepsilon}_{kl})^{1/2}}{\sigma_T} S_{ij} \tag{9.3b}$$

图 9.7 中的材料块体在远处承受着均匀应变率场的作用,该

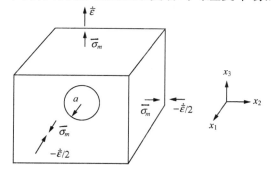

图 9.7 无限大物体中的球型空洞

场在一个方向上是由拉伸率 $\dot{\bar{\varepsilon}}$ 所驱动,而在另外两个方向上又按 $-\dfrac{1}{2}\dot{\bar{\varepsilon}}$ 的应变率收缩,从而保持总体的不可压缩性.除了远距离处的偏应力 $\bar{S}_{ij}$ 外还可以施加法向的平均应力 $\bar{\sigma}_m$.这里和以后,常在符号上加一杠以代表"宏观"或远处意义的(总体或平均)物理量,以区别于空洞模型中对应于局部点上的"微观"量.

塑性力学中的凸性和正交法则实际上隐含了一个基本不等式

$$[\,S_{ij}-S_{ij}^{*}\,]\dot{\varepsilon}_{ij}\geqslant 0 \tag{9.4}$$

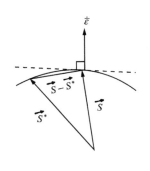

图 9.8 凸屈服面与正交应变率的示意图

其中 $S_{ij}^{*}$ 是在瞬时屈服面内或上的任何其他的偏应力状态(见图9.8).($\vec{S}-\vec{S}^{*}$)和 $\dot{\vec{\varepsilon}}$ 两向量的夹角必然是小于或至多等于 $90°$,否则凹性就会替代凸性.于是可以说,(9.4)不等式是遵照第三章所述的 Drucker 公设所应有的结果也符合 Hill(1950)所设立的最大塑性功原理.Hill 的论点可以证明如下.

如果用上标"A"来标志属于实际场的有关物理量,与此同时又将满足平衡方程和应力边界条件的应力分量称作 $\sigma_{ij}^{*}$ 但其相应的 $\dot{\varepsilon}_{ij}^{*}$ 并不完全符合速率关系式

$$\dot{\varepsilon}_{ij}=\frac{1}{2}(\,V_{i,j}+V_{j,i}\,),\quad V_i=\dot{U}_i \tag{9.5}$$

于是由于

$$\sigma_{ij,j}^{A}=0,\quad \sigma_{ij,j}^{*}=0 \tag{9.6}$$

并利用散度定理可以求出

$$\int_{V}\big[\,(\sigma_{ij}^{*}-\sigma_{ij}^{A})\dot{\varepsilon}_{ij}^{A}\,\big]\mathrm{d}V=\int_{V}(\sigma_{ij}^{*}-\sigma_{ij}^{A})V_{i,j}^{A}\mathrm{d}V$$

$$= \int_V \left[ (\sigma_{ij}^* - \sigma_{ij}^A) V_i^A \right]_{,j} dV = \int_{S_V} (F_i^* - F_i^A) V_i^A dS \quad (9.7)$$

其中,$F_i = \nu_j \sigma_{ij}$ 是在边界面 $S_V$ 上相应的外部应力分量,$\nu_j$ 则是该界面的外法线方向上单位向量的分量.由图 9.8 可见,$\dot{\varepsilon}_{ij}^A$ 是平行于屈服面在 $\sigma_{ij}^A$ 处的外法线方向,于是对于另外的平衡应力系统 $\sigma_{ij}^*$ 应有

$$(\sigma_{ij}^* - \sigma_{ij}^A) \dot{\varepsilon}_{ij}^A < 0$$

也就是说

$$\int_{S_V} F_i^* V_i^A dS < \int_{S_V} F_i^A V_i^A dS \quad (9.8)$$

由此可以得出结论,在给定速率 $V_i^A$ 上实际表面力所做的功率总是大于其他平衡的塑性应力系在表面上所做的结果.换句话说,$\sigma_{ij}^A$ 的解会使实际表面力在相应表面速率上所做的功率达到一个绝对的最大值.这就证明了 Hill(1950)的论点.

Rice 和 Tracey(1969)利用上述的最大塑性功原理定义了一个泛函 $Q(V)$,其中的任何速率 $V_i$ 都需满足不可压缩条件和在远处所给定的应变率,也就是说

$$Q(V) = \int_V \left[ S_{ij} - \bar{S}_{ij} \right] \dot{\varepsilon}_{ij} dV - \int_{S_V} \bar{\sigma}_{ij} n_j V_i dS \quad (9.9)$$

这里的 $V$ 是指包围空洞的无限大介质的体积.第二项是在空洞界面 $S_V$ 上的积分,$n_j$ 是由这个界面出发指向介质材料内部的单位法线向量的分量,于是包含 $\bar{\sigma}_{ij}$ 的面积积分项就代表着远处应力场在空洞内壁变形上所做的功率.

既然在空洞界面上 $\sigma_{ij}^A n_j$ 为零,那么任何许可的泛函 $Q$ 与其实际值 $Q^A$ 的差别可以写作

$$Q - Q^A = \int_V \{ [ S_{ij} - \bar{S}_{ij} ] \dot{\varepsilon}_{ij} - [ S_{ij}^A - \bar{S}_{ij} ] \dot{\varepsilon}_{ij}^A \} dV$$

$$- \int_{S_V} ( \bar{\sigma}_{ij} - \sigma_{ij}^A ) n_j ( V_i - V_i^A ) dS$$

采用导出(9.8)式时所用的过程,可以找到

$$- \int_{S_V} ( \bar{\sigma}_{ij} - \sigma_{ij}^A ) n_j ( V_i - V_i^A ) dS = \int_V ( \bar{S}_{ij} - S_{ij}^A )( \dot{\varepsilon}_{ij} - \dot{\varepsilon}_{ij}^A ) dV$$

前面的负号表明 $n_j$ 是空洞界面的内法线方向上单位向量的分量. 联合以上各项导致

$$Q - Q^A = \int_V ( S_{ij} - S_{ij}^A ) \dot{\varepsilon}_{ij} dV \geqslant 0 \qquad (9.10)$$

由于 $S_{ij}$ 和 $\dot{\varepsilon}_{ij}$ 同属于某个假设的许可流动场,按照凸性法则所规定的(9.4)基本不等式,(9.10)积分项应该是非负值. 由此产生一个最小值原理,因为没有任何假设的场可以使 Q 值小于实际流动场所应具备的值.

从这个最小值原理出发,再利用 Rayleigh-Ritz 方法来求近似解. 假设流动场的形式为

$$V_i = \dot{\bar{\varepsilon}}_{ij} x_j + q_1 V_i^{(1)} + q_2 V_i^{(2)} + \cdots + q_n V_i^{(n)} \qquad (9.11a)$$

为满足收敛性的要求,每个给定的不可压缩速率场 $V_i^{(k)}$ 在无穷远处都应趋于零. 确定"最佳"近似解的方法是恰当地选取常系数 $q_k$ 的组合以使泛函 Q 达到最小,即

$$\partial Q / \partial q_k = 0, \quad k = 1, 2, \cdots, n \qquad (9.11b)$$

Rice 和 Tracey 应用这个变分原理,针对图 9.7 所示的空洞模型,在远处应变场和平均法向应力的作用下,求解了模型中的流动场. 为估算空洞平均半径 a 的增长率,Rice 和 Tracey 给出一个著名的公式

$$\frac{\dot{a}}{a} = 0.283 \ \dot{\bar{\epsilon}} \exp\left[\frac{3\bar{\sigma}_m}{2\bar{\sigma}_e}\right] \qquad (9.11c)$$

其中 $\bar{\sigma}_m$ 和 $\bar{\sigma}_e$ 分别是远处的平均应力和等效应力. $\dot{\bar{\epsilon}}$ 是远处的简单拉伸应变率(见图9.7),以后常被替代为远处的等效应变率 $\dot{\bar{\epsilon}}_e$.

Gurson(1977)研究了含空洞韧性材料的屈服准则和流动规律.其物理模型是将空洞化材料看作由空洞与韧性基体所组成的集合体,再从中取出一个"单位"体或胞元.这个单元就作为集合体属性的统计代表.基体的性质从属于一个均匀,不可压缩,刚塑性的 von-Mises 材料.其屈服和流动规则都遵循前面(9.3)式所规定的表达式.基体中的局部或称微观的速率场是由一组(类似于(9.11a)式的)级数近似地代表的.这个速率模式将维持基体的不可压缩性但又允许空洞本身有体积变化.所选择的速率场还需满足变形协调和胞元边界面上的几何条件,也就是所施加的总体或宏观的变形率.

采用类似于(9.10),(9.11a)和(9.11b)各式所陈述的方法,可以计算形成塑性流动所需要的宏观应力场.针对每个给定空洞的几何条件(尺寸,形状,分布等),变化宏观变形率的加载状态,可以求出一组相应的宏观应力值.将它们连接起来就形成该胞元的屈服轨迹面.图9.9中绘制了所考虑的两种空洞模型.一个是长圆

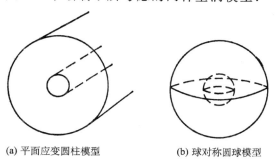

(a) 平面应变圆柱模型　　　　(b) 球对称圆球模型

图9.9 Gurson 的空洞模型(1977)

柱,另一个是圆球.它们的基体外围形状,在几何上,都相似于所包含的空洞壁.尽管这些胞元的行为不能完全等同于所替代的含有随机分布空洞的集合体,但可以通过一定的模拟,使它们在受载之后的总体行为能够与实际集合体相一致.

Gurson 所用的一般理论在原则上是能够形成一个上限值.首先,其宏观(或总体)变形率是定义为胞元表面上局部速率场 $V_i$ 的函数,即

$$\dot{\bar{\varepsilon}}_{ij} = \frac{1}{V}\int_S \frac{1}{2}( V_i\nu_j + V_j\nu_i)\,dS \qquad (9.12)$$

其中, $V$ 是胞元体积, $S$ 是其外表面, $\nu_i$ 是 $S$ 上的单位外法线的分量.利用散度定理,可以将它改写为

$$\dot{\bar{\varepsilon}}_{ij} = \frac{1}{V}\int_V \dot{\varepsilon}_{ij}\,dV = \frac{1}{V}\left[\int_{V_{\text{基体}}} \dot{\varepsilon}_{ij}\,dV + \int_{V_{\text{空洞}}} \dot{\varepsilon}_{ij}\,dV\right] \qquad (9.13)$$

在 Gurson 的求解过程中,他对空洞模型的外表面指定了不同的变形率 $\dot{\bar{\varepsilon}}_{ij}$ 所控制的加载.

宏观(或总体)应力的定义是

$$\bar{\sigma}_{ij} = \frac{1}{A}\int_A \sigma_{ij}\,dS \qquad (9.14)$$

它体现了胞元的面积 $A$ 上所作用的局部平衡应力分布的平均值,且应使全部的耗散率 $W$ 满足

$$W = \frac{1}{V}\int_V S_{ij}\dot{\varepsilon}_{ij}\,dV = \bar{\sigma}_{ij}\dot{\bar{\varepsilon}}_{ij} \qquad (9.15)$$

(9.15)中的第二个等式就是基于第八章中所介绍的"自洽"原则.

根据最大塑性功原理,Gurson 写出

$$\frac{1}{V}\int_V ( S_{ij} - S_{ij}^A)\dot{\varepsilon}_{ij}\,dV \geqslant 0 \qquad (9.16)$$

其中, $\dot{\varepsilon}_{ij}$ 应在外边界面上收敛到所给定的宏观变形率.于是由

(9.15)可得

$$(\bar{\sigma}_{ij} - \bar{\sigma}_{ij}^A) \dot{\bar{\varepsilon}}_{ij} \geqslant 0 \quad \text{或} \quad W^A \leqslant W \quad\quad (9.17)$$

这里的 $\bar{\sigma}_{ij}$ 和 $\bar{\sigma}_{ij}^A$ 都是与表面上所给定的应变率 $\dot{\bar{\varepsilon}}_{ij}$ 相联系的.(9.17)不等式表明:(a)近似的宏观应力 $\bar{\sigma}_{ij}$ 总是在实际应力面 $\bar{\sigma}_{ij}^A$ 上或外部,(b)由 $\bar{\sigma}_{ij}^A$ 所形成的耗散率是所有可能值[①]中最小值.

由此,通过使(9.15)式所表示的耗散率趋于最小,可以确定速率级数中的待定系数.所得结果总会导致宏观应力加载面的一个上限近似值.

最后 Gurson 导出了一组屈服和流动函数的解析形式

$$\phi = a(\bar{\sigma}_e / \sigma_y)^2 + 2f_v \cosh(b\bar{\sigma}_m / \sigma_y) - (1 + f_v^2) = 0 \quad (9.18)$$

其中的系数 a 和 b 都取决于所选择模型的几何形状,而 $\sigma_y$ 是材料的屈服应力.当 $f_v \rightarrow 0$ 时,(9.18)趋于 von-Mises 函数.

一般来说,$f_v$ 是个小于 0.1 的小参数,于是由(9.18)式显见

$$a(\bar{\sigma}_e / \sigma_y)^2 = (1 + f_v^2) - 2f_v \cosh(b\bar{\sigma}_m / \sigma_y) \leqslant 1$$

这就说明,屈服和流动面是随着 $f_v$ 的增大而缩小.空洞的萌生和扩张是造成这类应变软化现象和塑性膨胀的原因.在分析韧性材料的损伤时,这些效应是至关重要的.

## 9.3 两级空洞效应的理论模型

为定量地估价空洞损伤,单级空洞的理论模型往往显得不够理想.有以下几点都是需要斟酌的:

(a)同级空洞之间和不同级空洞之间的交互作用.

无论是 Rice 和 Tracey(1969)或者是 Gurson(1977)的空洞分

---

① 注意这里的陈述与(9.8)式有所不同.在那里,不等式是由 $(\sigma_{ij}^A - \sigma_{ij}) \dot{\varepsilon}_{ij}^A$ 导出的,而这里的结果是基于 $(\sigma_{ij} - \sigma_{ij}^A) \dot{\varepsilon}_{ij}$.

析都是把空洞模型孤立化了.在他们的模拟过程中,连同级空洞之间的交互作用也得不到充分考虑.引用周期性分布的空洞模型,Needleman(1972)和 Andersson(1977)分别采用了图 9.10 中所绘制的平面应变和轴对称两种条件.所用模型自然包含了空洞之间的交互作用.利用加载和边界条件的对称性,分析时可以只取其中的四分之一单元(见图 9.10 中的阴线区).

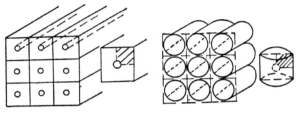

(a) 平面应变基体中的圆柱空洞
(Needleman(1972))

(b) 轴对称基体中的球型空洞
(Andersson(1977))

图 9.10　含有周期性空洞的基体

再者,利用基体材料中出现应变软化效应可以模拟围绕大空洞扩展过程中的小空洞作用以及不同级空洞之间的交互影响.这些在以后都要谈及.

(b)实际的基体材料是先经历应变硬化阶段.直到次级空洞损伤聚积到相当程度后,它才被软化.这些特点是不能由刚塑性行为所表征的.

(c)韧性断裂是一个大应变过程,小应变分析不足以提供定量的预测.

类似于 Andersson(1977)所用模型的几何形状,Li 和 Howard(1983a)从含有周期性分布球型空洞的基体中截取和分析一个圆柱胞元的变形.图 9.11 中给出了该模型的四分之一部分.

当胞元沿轴向伸长时,其侧面上的径向收缩量是受控于所给定的参数 $\alpha$ 值.具体地说,

$$W_z = \frac{\Delta L_0}{L_0}, \qquad U_r = -\frac{\Delta R_0}{R_0}$$

于是，

$$\frac{\Delta U_r}{R/R_0} = -\alpha \frac{\Delta W_z}{L/L_0} \qquad (9.19)$$

利用第七章所介绍的逐级
更新 Lagrange 体系，使（7.36）式
所规定的泛函 Ⅱ 趋于最小，就能
得到问题的求解．泛函中所用到
的本构关系是 Prandtl-Reuss 公
式在大应变条件下的推广，即

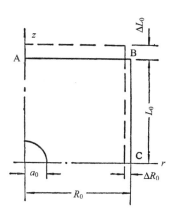

图 9.11　轴对称胞元的四分之一

$$\frac{D\tau^{ij}}{Dt} = L^{ijkl} D_{kl} \qquad (9.20a)$$

其中，

$$L^{ijkl} = \frac{E}{1+\nu} \left[ \frac{1}{2}(g^{ik}g^{jl} + g^{il}g^{jk}) + g^{ij}g^{kl}\frac{\nu}{1-2\nu} \right.$$

$$\left. -\frac{3}{2\sigma_e^z}\frac{E}{E_{te}^{(p)}}\frac{S^{ij}S^{kl}}{\frac{2}{3}(1+\nu)+\frac{E}{E_{te}^{(p)}}} \right] \qquad (9.20b)$$

是作为塑性加载时的刚度系数．在弹性变形阶段或从塑性状态转
入卸载时则 $E_{te}^{(p)} \to \infty$．（9.20）式也就是从（7.45）式中略去塑性可
膨性（$E_{tm}^{(p)} \to \infty$）之后的结果．

模型中的边界条件有

$$W = (\Delta W_z)L_0, \; T_r = 0 \quad （在\; z = L） \qquad (9.21)$$

和

$$U = (\Delta U_r)R_0, \; T_z = 0 \quad （在\; r = R）$$

Li 和 Howard，在联立（7.37a）式所代表的逐级更新 Lagrange

体系下的泛函解法和(9.20)及(9.21)两式,用有限元方法求解了这一问题.图 9.11 中的四分之一胞元被分割成 456 个等应变三角形单元和 260 个节点.求解过程中选择名义伸长应变 $W_z$ 作为广义时间 t.胞元侧面的收缩由 α 值控制,其变化幅度为 0 到 0.5.小 α 值就对应着促进空洞扩展的大膨胀和高张力.在每个时间增量 Δt 中所用的计算步骤已在 7.5.2 段中解释过了.

(9.19)式所规定的胞元受载情况事实上是一个总体比例应变条件.因此,以下关系式都应成立.

$$\bar{\varepsilon}_z = \ln(1 + W_z)$$

$$\varepsilon_r = \ln(1 + U_r) = -\alpha\bar{\varepsilon}_z$$

$$\frac{\Delta R_0}{R_0} = -U_r = 1 - \exp(-\alpha\bar{\varepsilon}_z)$$

$$\dot{\bar{\varepsilon}}_e = \frac{2}{3}(\dot{\bar{\varepsilon}}_z - \dot{\bar{\varepsilon}}_r) = \frac{2}{3}(1 + \alpha)\dot{\bar{\varepsilon}}_z$$

$$\bar{\varepsilon}_e = \frac{2}{3}(\bar{\varepsilon}_z - \bar{\varepsilon}_r) = \frac{2}{3}(1 + \alpha)\bar{\varepsilon}_z$$

$$\bar{\varepsilon}_m = \frac{2\bar{\varepsilon}_r + \bar{\varepsilon}_z}{3} = \frac{1 - 2\alpha}{3}\bar{\varepsilon}_z \qquad (9.22)$$

瞬时和初始(t=0)的(总体)密度之间的比值是

$$\frac{\rho}{\rho_{(0)}} = \frac{R_0^2 L_0}{(R_0 - \Delta R_0)^2 (L_0 + \Delta L_0)} = \frac{1}{[\exp(-\alpha\bar{\varepsilon}_z)]^2 (1 + W_z)}$$

或

$$\ln\frac{\rho}{\rho_{(0)}} = (2\alpha - 1)\bar{\varepsilon}_z = -3\bar{\varepsilon}_m$$

此外,

$$\bar{\sigma}_e = \bar{\sigma}_z - \bar{\sigma}_r$$

$$\bar{\sigma}_m = \frac{\bar{\sigma}_z + 2\bar{\sigma}_r}{3} \tag{9.23}$$

其中 $\bar{\sigma}_z$ 和 $\bar{\sigma}_r$ 分别是图 9.11 中所示的 AB 面上的平均轴向应力和圆柱形 BC 面上的平均径向应力.

Li 和 Howard(1983a)计算了四种模型尺寸,

$$r_0 = \frac{a_0}{R_0} = 0.05, 0.10, 0.20, 0.40$$

相应的初始空洞体积比为

$$f_v = 0.833 \times 10^{-4}, 0.666 \times 10^{-3}, 0.533 \times 10^{-2}, 0.426 \times 10^{-1}$$

围绕空洞的基体假设为没有塑性膨胀的弹塑性材料[1].它的本构行为遵守(9.20)式的描述.其切线模量随等效应变的变化值均列在表 9.1 中.

表 9.1 $\varepsilon_e - (E/E_{te}^{(p)})$ E=207GPa, v=0.3, $\sigma_y$=458MPa

| $\varepsilon_e$ | 0.010 | 0.030 | 0.040 | 0.050 | 0.065 | 0.080 |
|---|---|---|---|---|---|---|
| $E/E_{te}^{(p)}$ | 68 | 76 | 90 | 120 | 142 | 154 |
| $\varepsilon_e$ | 0.100 | 0.120 | 0.140 | 0.500 | 0.800 | 1.10 |
| $E/E_{te}^{(p)}$ | 236 | 340 | 440 | 450 | 460 | 470 |

$\varepsilon_e > 1.10$ $E/E_{te}^{(p)} = 470 + 40(\varepsilon_e - 1.10)$

如 $\sigma_m + 1.67\sigma_e \geqslant 4\sigma_y$, $E/E_{te}^{(p)} = -100$(不可逆应变软化)

一旦基体中某处的应力状态达到临界应力 $\sigma_c$ 值,Li 和 Howard 假设该处出现软化效应以模拟次级空洞的萌生和发展以及它们与初级空洞之间的交互作用.表 9.1 给出的 $\sigma_c = 4\sigma_y$,所用的应力准则是仿照(9.1)式的形式.图 9.12 示意了所谓的应变软化路径.在等效应力-应变曲线上,除了塑性加载段 AB 和弹性卸载分支 AC 外还可以存在一个塑性卸载分支 AD. AD 和 AC 两个

---

[1] 需要时也可以引入塑性膨胀因素.

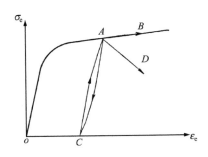

图 9.12　表示卸载和软化分支的等效
应力-应变曲线示意图

路径的主要区别是在软化的路程上该效应为不可逆的. 在软化分支上的切线模量, 经无量纲化以后, 取其倒数值 $E/E_{\mathrm{tc}}^{(p)} = -100$.

设 $\omega_0$ 为初始空间的体积. 图 9.13 中的计算结果反映了空洞扩展量 $\Delta\omega_0$ 随伸长应变 $W_z$ 的变化. $r_0 = 0.05$ 的结果实际上是与 $r_0 = 0.10$ 的曲线相重合. 在总体响应中也有类似的情景. 这就表明, 如果初始的空洞体积比很小, 那么相邻的初级空洞之间的交互作用就可以忽略. 当 $\alpha$ 值减小时, 与预期的一样, 平均张应力 $\bar{\sigma}_{\mathrm{m}}$ 增大且空洞的扩展加快. 在相同的伸长应变 $W_z$ 下, 取同样的控制参数 $\alpha$, 初始时更小的空洞会增大得更快些.

图 9.13 中的两个模型显示了极大的不同. 结果表明, 由应变软化所模拟的次级空洞效应在很大程度上促进了初级空洞的扩展, 它们之间的交互作用是至关重要的. 如果不考虑这种交互影响而对基体只用单调的应变硬化模型, 所得的空洞扩展率会过低、基体中的应力过高, 这些都与真实情况有较大的出入. 在图 9.13 中, 胞元模型的失稳点 (instability point) 就取在当宏观轴向应力 $\bar{\sigma}_z$ 随伸长应变 $W_z$ 变化而达到极值 (最大) 点时, 图 9.14 中绘制的是 $r_0 = 0.20$ 的宏观轴向和径向应力. 当 $\alpha < 0.49$ 时, 失稳点的位置都很明确, 而且 $\bar{\sigma}_r$ 和 $\bar{\sigma}_z$ 几乎都是同时达到极值点的. 但 $\alpha > 0.49$

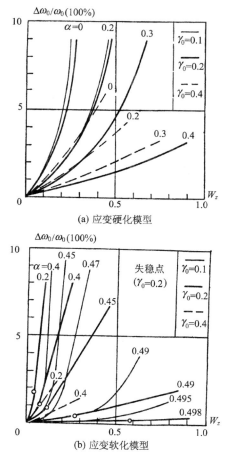

图 9.13　无量纲化的空洞扩展量随伸长应变的
变化

（取自 Li 和 Howard(1983a)）

以后,情况就变得很不同了.$\bar{\sigma}_r$ 的极值点会比 $\bar{\sigma}_z$ 的更迟才达到,甚至在 $\alpha$ 接近 0.5 时变为压应力.

空洞扩展后的形状取决于 $\alpha$ 值的选择.如图 9.15 所示,当 $\alpha < 0.4$ 以后空洞是沿径向伸张的,否则就会朝轴向发展.

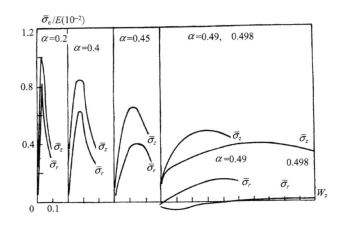

图 9.14　胞元宏观应力随伸长应变变化的计算曲线 $r_0 = 0.20$

(取自 Li 和 Howard(1983a))

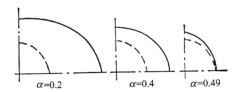

图 9.15　空洞形状的变化($r_0 = 0.2$,从 $W_z = 0$ 到 0.113)

(取自 Li 和 Howard(1983a))

应力 $\bar{\sigma}_z$ 和 $\bar{\sigma}_r$ 可以分解为等效应力 $\bar{\sigma}_e$ 和平均应力 $\bar{\sigma}_m$ 两部分. 在不同的 $r_0$ 和 $\alpha$ 值下,它们随 $\bar{\varepsilon}_m$ 和 $\bar{\varepsilon}_e$ 的变化都绘制在图 9.16 和图 9.17 中.无空洞的极限情况($r_0 = 0$,连续介质)也用实线标出.

在图 9.14 中的 $\bar{\sigma}_z$ — $W_z$ 曲线上所标记的极值点就叫作失稳点,在这些点上的三轴张力参数 $\bar{\sigma}_m / \bar{\sigma}_e$ 和等效应变 $\bar{\varepsilon}_e$ 可以组成图 9.18 中的关系曲线.也就是说,当总体轴向应力 $\bar{\sigma}_z$ 达到顶峰并开

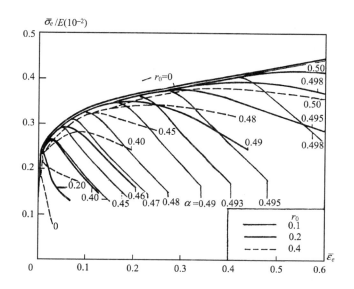

图 9.16　可以软化的胞元等效应力-应变曲线
(取自 Li 和 Howard(1983a))

始要下降时,该胞元的状态即属于失稳或初始失效.在相同的 $r_0$ 值下,失稳点上的高 $\bar{\sigma}_m/\bar{\sigma}_e$ 值对应着低 $\bar{\varepsilon}_e$ 值和小 $\alpha$,随着 $\bar{\varepsilon}_e$ 的增大 $\bar{\sigma}_m/\bar{\sigma}_e$ 值按指数关系下降.就较大的 $r_0$ 值而言,整个曲线被挤向坐标轴中心.在 $r_0 = 0.10$ 与 $\alpha > 0.48$ 时,$\bar{\sigma}_z - W_z$ 关系曲线变得非常扁平,原来的极值点扩大为一个准平台区,不再有明显的峰值点,作为失稳的判据也就消失了.

在 9.1 节中曾概要地介绍过用轴对称试棒所做的材料初始韧性断裂的分析.以上的结果都定性地与实验现象相符合.由此可以得到启发,通过拟合计算的失稳点轨迹(如图 9.18)和实验的 $\bar{\sigma}_m/\bar{\sigma}_e$ 对 $\bar{\varepsilon}_e$ 的初始失效曲线(如图 9.5),就能够实现计算机模拟实际韧性材料的损伤行为.以上的工作也证明,研究空洞扩展的效应时采用轴对称胞元是很有成效的.

在本节和上一节中所介绍的各理论模型都涉及到应变软化效

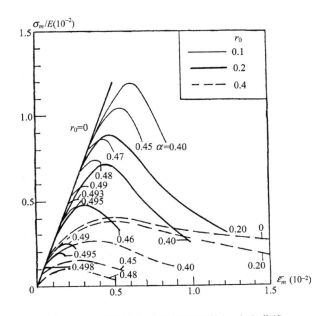

图 9.17 可以软化的胞元平均应力-应变曲线
(取自 Li 和 Howard(1983a))

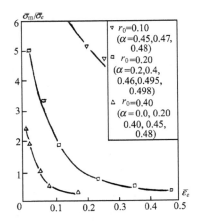

图 9.18 在失稳点上的三轴张力参数 $\bar{\sigma}_m/\bar{\sigma}_e$ 与等效应变 $\bar{\varepsilon}_e$
(取自 Li 和 Howard(1983a))

应或塑性可膨胀性.只有将受空洞化损伤的基体材料在一定范围内做了匀质化处理以后才能显现这些效应,因此这种处理方法就隐含了一个特征尺度参数.Bazant(1988)的工作也说明了引用应变软化概念和特征尺度的必要性和正确性.

9.4 空洞化材料的宏观响应与力学和几何微观参数之间的关系

Li 和 Howard(1983b)进一步致力于评估影响胞元模型变形和失稳的微结构参数.通过大量的数值计算找到了胞元宏观响应对控制它的微观参数的依赖关系.下面将介绍这种系统分析的方法.

类似于(7.42)式,假设基体的软化条件是

$$(\sigma_m + \lambda_e \sigma_e)/\sigma_y = \sigma_{cy} \qquad (9.24)$$

其中,$\sigma_{cy}$ 和 $\lambda_e$ 是表征基体的软化特征的两个局部材料常数,$\sigma_{cy}$ 是(无量纲化的)临界应力,$\lambda_e$ 可以起到平衡 $\sigma_m$ 和 $\sigma_e$ 之间的作用,又 $\sigma_y$ 是基体材料的屈服应力.衡量基体的硬化和软化程度的参数可定义为

$$\beta_t = E_{te}^{(p)}/\overline{E}_{te}^{(p)}, \quad e_f = E/(-E_f) \qquad (9.25)$$

其中,$E_{te}^{(p)}$ 是局部的塑性切线模量,$\overline{E}_{te}^{(p)}$ 代表一个比较固体的塑性行为,后者是以表 9.1 中的应变硬化参数为遵守的根据.$(-E_f)$ 是基体材料的(负)软化模量,在达到(9.24)条件以后,它取代了 $E_{te}^{(p)}$.这样就规定了四个参数,$\sigma_{cy}$,$\lambda_e$,$\beta_t$ 和 $e_f$.

为在力学和几何上完备地标定所取的胞元,还需要两个几何参数

$$r_0 = \frac{a_0}{R_0}, \quad \rho = \frac{L_0}{R_0} \qquad (9.26)$$

接下来的工作就要探讨胞元的总体力学响应和空洞扩展的形态对基体参数 $\sigma_{cy}$,$\lambda_e$,$\beta_t$ 和 $e_f$ 以及胞元几何参数 $r_0$ 和 $\rho$ 的依赖关

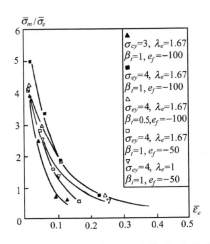

图 9.19　胞元采用不同力学参数时(在失稳点
上)三轴张力参数 $\bar{\sigma}_m / \bar{\sigma}_e$ 与等效应变 $\bar{\varepsilon}_e$ 的关系
图($r_0 = 0.2$, $\rho = 1$)

(取自 Li 和 Howard(1983b))

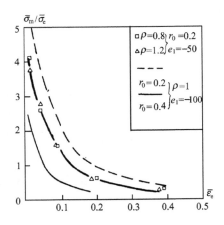

图 9.20　胞元采用不同几何参数时(在失稳
点上)三轴张力参数 $\bar{\sigma}_m / \bar{\sigma}_e$ 与等效应变 $\bar{\varepsilon}_e$ 的
关系图($\sigma_{cy} = 4$, $\lambda_e = 1.67$, $\beta_t = 1$)

(取自 Li 和 Howard(1983b))

系.增大或减小这六个参数中每一项,都可以评估其后果.图 9.19 和 9.20,在所选定的参数范围之内,列出了数值计算的初始失效曲线.这些曲线也就是胞元模型在各种情况下的失稳点的轨迹线.

从几个方面来看,降低 $\sigma_{cy}$ 的效果与增大 $r_0$ 的作用极为相似.这样,在模拟韧性失效中 $\sigma_{cy}$ 就成为很有用的参数了.不同的 $\sigma_{cy}$ 值会显著地影响等效应力 $\bar{\sigma}_e$ 和平均应力 $\bar{\sigma}_m$ 的峰值.由图 9.19 中的实心三角和实心方块所代表的数据可见,整个初始失效曲线随着 $\sigma_{cy}$ 的变化而移动,$\lambda$ 值的选择对 $\bar{\sigma}_e$ 的最大值具有很大影响,但在总体平均应力-应变曲线上的作用是微弱的.比较图 9.19 中的空心方块和空心倒三角所代表的数据还可以看出,$\lambda$ 的主要功能是调节 $\bar{\sigma}_m/\bar{\sigma}_e - \bar{\varepsilon}_e$ 关系曲线的曲率.

如所预期的那样,$\beta$ 值的大小决定着总体应力-应变曲线的坡度,也是应变硬化程度的度量参数.图 9.19 中的实心方块和空心三角等数据表明,$\beta$ 值也会影响初始失效曲线的总体升降(尤其是当 $\bar{\sigma}_m/\bar{\sigma}_e > 2$).软化参数 $e_f$ 的变化在总体应力-应变曲线上的应变硬化段基本上不起作用.但是软化段的坡度则与 $e_f$ 直接有关.另外由图 9.19 中的实心和空心方块两组数据所连成的曲线可见,它对初始失效曲线的总趋向也有作用.

在所选择的计算数据范围内($\rho = 0.8 - 1.2$),初始长度与半径比的变化对于总体应力-应变曲线、空洞扩展和初始失效曲线的影响都很微弱,可以忽略不计.有关增大初始空洞半径尺寸的后果,在图 9.18 中曾经展现过.人们可能会预计它会使整个胞元变得更软.而事实上如果将 $r_0$ 加倍以后,如图 9.20 所重新描绘的那样,总体曲线会下移.

以上所援引的研究结果表明,为正确地模拟空洞模型的连续介质响应,四个力学参数 $\sigma_{cy}$、$\lambda$、$\beta$ 和 $e_f$ 是最为重要的.$r_0$ 的作用在许多方面与 $\sigma_{cy}$ 相重合,而 $\rho$ 的影响又可以忽略不计.综合这些情况就意味着,通过拟合光滑或带缺口的颈缩试棒的实验数据,可以确定空洞模型中的待定参数.有关这方面在实际材料中的实用算例可参见 Howard 和 Li(1983),Li 和 Howard(1983c)以及 Yang 和 Li(1986).

以上仅谈到了在轴对称圆柱或球型胞元中包含着球型空洞以及圆柱基体中带有几何相似的圆空洞.可以设想,椭球空洞也许更适合于模拟图 9.4 所表示的 LT 和 ST 材料以及有关的空洞扩展效应.在图 9.21 中选择了五种空洞形式.情况 1 和 3 分别是长和扁椭球型空洞,而 2 是与它们在 or 面内具有同一圆截面的球洞.情况 4 和 5 则是另一组有同一圆截面的洞.这两组洞中,情况 1 和 5 在 oz 轴上相切于一点,而情况 2 和 4 则相切在 oz 轴上的另一点.若将它们在 or 上的半径除以 $R_0$,又以 $L_0$ 使它们在 oz 轴上的相切距离无量纲化,再分别用 $r_0$ 和 $z_0$ 代表之后,可以列出初始空洞的几何尺寸(见表 9.2).

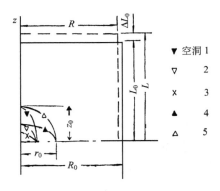

图 9.21 五种轴对称空洞模型

表 9.2 空洞尺寸

| 情　况 | 1 | 2 | 3 | 4 | 5 |
|---|---|---|---|---|---|
| $r_0$ | 0.167 | 0.167 | 0.167 | 0.333 | 0.333 |
| $z_0$ | 0.333 | 0.167 | 0.084 | 0.167 | 0.333 |

李国琛(1985)假设基体按(9.24)式软化,利用以上五种轴对

称空洞模型，模拟了由 Mackenzie，Hancock 和 Brown (1977)所提供的高强度钢 Q1 在 LT 和 ST 两方向的韧性行为.图 9.22 中给出了按(9.19) 式中的 α＝0.40,0.45,0.47, 0.484 和 0.492所计算的模型失稳点(instability point).它们恰好落在(或说正确地拟合了) 由 Mackenzie 等(1977)所测定的 Q1 材料的初始失效曲线 (tests of Q1 steel).由此可以结

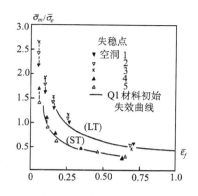

图 9.22    Q1 钢材初始失效的计算模
拟失稳点与实验比较
（取自李国琛(1985)）

论,为减少空洞模型中的几何参数,椭球空洞的作用可以用相应的球型洞来替代.

　　另外一种研究两级空洞交互作用的方法是由 Guennouni 和 Francois(1987)提供的.他们采用了多空洞的刚塑性材料.在平面应变模型中,围绕大圆柱型空洞布置了小一级尺寸的次级空洞.他们指出,强相互作用是不可简单相加的,更具体地说,含有一级空洞的介质宏观响应决不等同于两级空洞在同一个空洞体积比下所形成的作用.

　　以后 Li,Guennouni 和 Francois(1989)又进一步就此做了研究.利用有限元计算的空单元技术可以使次级空洞逐个地在模型基体中萌生.加载条件(轴对称,平面应力和平面应变)的强烈影响或空洞扩展历史(不同的初始含空洞率)的因素与不同级空洞间的交互作用使整个问题大大地复杂化.随空洞扩展所累积的损伤逐步加大以后,原先由 Gurson(1977)为含空洞材料所设立的塑性加载函数不复存在.一般来说,为定量地评估韧性材料中的实际损伤程度,仅用空洞体积比一个内变量是不够的.

　　图 9.23 展现了含球型初级空洞的轴对称圆柱胞元中次级空洞(黑色区)的萌生和扩展情况.起始时,胞元的高度与直径相等.

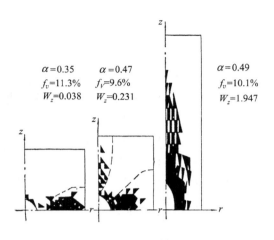

$\alpha = 0.35$
$f_v = 11.3\%$
$W_z = 0.038$

$\alpha = 0.47$
$f_V = 9.6\%$
$W_z = 0.231$

$\alpha = 0.49$
$f_v = 10.1\%$
$W_z = 1.947$

图 9.23　轴对称圆柱胞元中次级空洞(黑色区)的萌生
和扩展

(取自 Li,Guennouni 和 Francois(1989),----$f_v \doteq 25\%$时的次级空洞区)

图中 $\alpha$ 值代表了(9.19)式所规定的侧边约束条件,$W_z$ 仍然是指胞元总体的名义伸长应变.

## 9.5　基于微结构研究成果所设立的连续介质本构模型和失效准则

下面将举例说明,怎样利用本章前面各节中所介绍的微结构研究成果.

(1)确定损伤因子 D

为估算空洞扩展量,Rice 和 Tracey(1969)给出过一个闭合形式的公式(见(9.11)式).任何瞬时时刻的全部体积扩展量都是逐步累积的结果.只要积分空洞半径的变化量就能算出截止到那个时刻的全部增值.该式右端项中的所有变量,应力和应变增量,都是指连续介质意义的量.这些参数的具体值取决于所涉及的问题和所选用的本构方程.该方程中的 a 是指瞬时的空洞半径.在逐级积分过程中,(9.11)式的数值形式应写作

$$\frac{\Delta a_{(n)}}{a_{(n-1)}} = 0.283\Delta\bar{\varepsilon}_{e(n)}\exp\left[\frac{3}{2}\frac{\bar{\sigma}_{m(n)}}{\bar{\sigma}_{e(n)}}\right] \tag{9.27a}$$

这里的下标（n−1）和（n）分别代表第 n−1 和第 n 个增量计算中的有关量.所以

$$\Delta\bar{\varepsilon}_{e(n)} = \bar{\varepsilon}_{e(n)} - \bar{\varepsilon}_{e(n-1)} \tag{9.27b}$$

又

$$a_{(n)} = a_{(n-1)} + \Delta a_{(n)} \tag{9.27c}$$

在整个加载历史过程中假设空洞的形状是球型的或可以用某种相当的球型来替代并在每个增量计算中略去涉及 $\Delta a$ 的二级以上的小量,由此可以导出计算空洞体积比变化的近似式

$$\frac{\Delta f_{v(n)}}{f_{v(n-1)}} \approx \frac{3\Delta a_{(n)}}{a_{(n-1)}} \tag{9.28a}$$

以及

$$f_{v(n)} = f_{v(n-1)} + \Delta f_{v(n)} \tag{9.28b}$$

材料中所包含的夹杂物百分数一般是可以通过显微观测而确定的.这个值就作为夹杂物与基体脱开时的空洞萌生体积比 $f_{v(nucleation)}$.全部的空洞体积比是由两部分组成的,即

$$f_v = f_{v(nucleation)} + f_{v(growth)} \tag{9.29}$$

其中,$f_{v(growth)}$ 指的是扩展部分的体积比.

根据质量守恒律,

$$\rho(1 + f_{v(growth)})v_0 = \rho_0 V_0$$

$$f_{v(growth)} = \frac{\Delta V_0}{V_0} \tag{9.30a}$$

其中 $\rho_0$ 和 $V_0$ 分别是初始的密度和体积而 $\rho$ 则指瞬时的密度.当 $f_{v(growth)}$ 是个小值时,从(9.30a)式得到

$$\rho = \frac{\rho_0}{1 + f_{v(growth)}} \approx (1 - f_{v(growth)}) \rho_0 \qquad (9.30b)$$

一般来说，$f_{v(growth)} \gg f_{v(nucleation)}$，$f_{v(growth)} \approx f_v$，所以又可以将(9.30a)和(9.30b)两式分别简化为

$$\rho(1 + f_v) V_0 = \rho_0 V_0 \qquad (9.30c)$$

及

$$\rho = \frac{\rho_0}{1 + f_v} \approx (1 - f_v) \rho_0 \qquad (9.30d)$$

为使计算无量纲化，取 $\rho_0 = 1$. 利用第八章中(8.8)表达式，定义损伤因子为

$$D = 1 - \rho = D_c \qquad (9.31)$$

其中，$D_c$ 是其临界值. 在连续介质的数值分析中，一旦任何点的损伤因子 $D$ 达到这个临界值时就意味着该点材料已然失效. 所以(9.31)式提供了一个失效准则. 作为内变量参数的 $f_v$，$\rho$ 或 $D$ 反映了空洞的萌生和扩展所造成的材料内部损伤.

(2)应用 Gurson 模型

实现 Gurson 模型的具体途径就得利用(9.18)式所表达的流动函数. Tvergaard(1982)提议将其形式改写为

$$\phi = \left[\frac{\bar{\sigma}_e}{\sigma_{fl}}\right]^2 + 2 f_v q_1 \cosh\left[\frac{3}{2} q_2 \frac{\bar{\sigma}_m}{\sigma_{fl}}\right] - (1 + q_3 f_v^2) = 0$$

$$(9.32)$$

其中，$\sigma_{fl}$ 是基体材料的等效流动应力. 在基体材料的等效应力-等效塑性应变曲线关系中，$\sigma_{fl}$ 的瞬时值是按照等效塑性应变的函数而决定. 基体材料本身并不因包含了空洞而变弱. 这一假设完全是为了便于确定 $\sigma_{fl}$. Tvergaard 还建议取 $q_1$，$q_2$ 和 $q_3$ 值为

$$q_1 = 1.5, \quad q_2 = 1 \quad \text{和} \quad q_3 = q_1^2$$

(9.18)和(9.32)两式都体现了对原有的 von-Mises 函数的修改以适应空洞化材料的需要.假设传统塑性力学中的正交法则仍然有效,流动理论的形式是

$$d\bar{\varepsilon}_{ij}^{(p)} = \Lambda \frac{\partial \phi}{\partial \bar{\sigma}^{ij}} \qquad (9.33)$$

其中,$\bar{\sigma}^{ij}$ 和 $\bar{\varepsilon}_{ij}^{(p)}$ 都是在连续介质意义下的应力和塑性应变. Tvergaard(1982)认为可以通过继续塑性加载的一致条件 $d\phi = 0$ 来确定参量 $\Lambda$.

很显然,在这种模型中,空洞体积比是(9.32)式的内变量.当 $f_v \to 0$ 时,结果退化为 von-Mises 函数.略去大应变情况下的弹性应变影响,从(8.7)和(9.30d)两式可以得到

$$-\frac{d\rho}{\rho} = \frac{df_v}{1-f_v} = d\bar{\varepsilon}_k^{k(p)} \qquad (9.34a)$$

既然(9.32)式所表达的 $\phi$ 函数中包含有塑性膨胀($f_v \geqslant 0$),那么(9.33)式中也应具有这方面的含义.类似于前面例子中的作法,在数值积分中,(9.34a)式的形式应该是

$$\Delta f_{v(n)} = (1 - f_{v(n-1)}) \Delta \bar{\varepsilon}_{k(n)}^{k(p)} \qquad (9.34b)$$

若将任何一个连续介质点上的材料失效归结为空洞体积比达到一个临界值 $f_{vc}$,于是认为

$$f_v = f_{vc} \qquad (9.35)$$

就是局部出现裂纹或裂纹进一步扩展的条件.

(3)采用 7.5 节中的塑性可膨胀本构方程

为反映空洞化材料在应力-应变空间中的偏量和体量两部分的刚度情况,(7.45b)式使用了相应的切线模量 $E_{te}^{(p)}$ 和 $E_{tm}^{(p)}$.但是,一旦材料被空洞化以后,这些参数就不能像小应变情况那样用简单单轴试验来确定.包括(7.42)和(7.43)两个应变软化准则中所

涉及的四个参数 $\lambda_c$, $\lambda_m$, $\sigma_{ce}$ 和 $\sigma_{cm}$ 都只能依靠以前所介绍的计算机模拟.

这种处理方法自然会大大增加计算工作量,但它的好处是可以排除前面示例(1)和(2)中所用到的假设,由此可以更好地代表实际材料中各项因素,包括 9.3 节所谈到的两级空洞间的交互作用.

在连续介质点上的材料失效是由于

$$\bar{\epsilon}_m = \bar{\epsilon}_{mc} \tag{9.36}$$

采用平均应变的临界值 $\bar{\epsilon}_{mc}$ 作为判据,其含义实质上与(9.35)式是等价的,但在计算中更为直接了当.

由以上各项示例可见,无论是实行什么办法都是以某种微结构研究为背景的.于是每种方法的准确性就取决于各自的模型中所包含的微结构因素.

通过本章的各项介绍和示例,可以认识研究微结构力学的作用:

(1)在微结构尺度上揭示材料内部的演化规律.由此帮助理解材料行为及其损伤的机理.

(2)指导我们去恰当地选择为描述这类内部演化所需要的内变量.当然内变量的个数愈少愈好,但应有足够的数目以作到定量地表征和预测所涉及材料的行为和损伤.

最后还应强调对含有随机分布夹杂物的情况的研究是很重要.至此在这一章中谈到了从周期性分布的模块中截取典型胞元的作法(见图 9.10).实际材料中,夹杂物是随机分布的.夹杂物的实际排列组合方式会影响材料的行为和损伤.结合混凝土类的复合材料,Roelfstra(1985)用数值方法研究过这一课题.在他的分析中,把卵石作为夹杂物填充在灰浆基体内.虽然从绝对尺寸上看这时的夹杂物尺度较大,但是研究目的和所用到的方法与这里的微结构力学极其相似.也有人将这一领域叫作宏结构力学,因为它所涉及的内部结构是宏观可见的,而微结构力学中的微结构只有在显微镜下才能见到.

## 9.6 空洞化损伤的三维分析及探讨应变加载模态影响的方法

本章前几节中介绍了基于二维分析所认识的空洞化损伤及结合实验观测所归结出的有关判据.随着实践的深入,人们发现现有的理论模式与实验结果仍有许多差距.

除了在 9.2 节中所谈到的次级空洞影响及 9.4 节中有关空洞形状作用之外,空洞在空间分布的随机性又是一个重要因素.同一材料在相同空洞体积比下,损伤程度的表现可以不同.这是因为理论模型往往是取为周期性分布,而实际情况则是随机的.后一情况使得在更相近的空洞间产生更强的相互作用及应变集中,从而导致塑性流动局部化并促使空洞提前聚合而失效.有关论述可参见 Becker(1987), Magnusen et al (1988), Kuna 和 Sun (1996), Horstemeyer et al (2000)等.

再一类原因则来自于应变加载模态的作用.事实上,以往的损伤判据仅仅反映了加载强度的作用,而未能体现外部功输入形式对内部应变能分布的影响.外部加载主要是由宏观三轴张应力 $\bar{\sigma}_m$ 及等效应变 $\bar{\epsilon}_e$ 两个参数来表征的.后者基本上等同于宏观的等效应力 $\bar{\sigma}_e$.对此,Gurson 的流动函数(9.18)体现的最为明显.Rice 和 Tracey 的空洞扩展式(9.11c)实质上也反映的是这一方面的内容,只是以率的形式出现.前面已提到的造成理论模型与实验结果相差的诸因素(次级空洞,空洞形状,空洞分布)都已表明:评估空洞化损伤仅靠外部加载强度和空洞体积比单一参数是不够的,还必须考虑空洞化材料内部应变能和损耗的分布.应变加载模态正是从这个角度体现出一个新的注意点.

### 9.6.1 三维有限元分析方法

为集中分析应变加载模态影响,避开随机性分布因素,可以简化模型而沿用在空间内周期性分布的假设.在三维情况下,根据施加载荷和几何的对称性,只需分析三维胞元的八分之一即可,如图

9.24 所示.沿 $x_1$、$x_2$ 和 $x_3$ 直角坐标各方向上,模型的边长是整个胞元的一半并作为衡量胞元内各项尺度的"单位"长度,以使计算无量纲化.依此,胞元内所含球形空洞的初始半径为 0.324,其初始体积比 $f_{v0} = 1.776\%$.这一含量与许多金属材料所具有的(可萌生空洞的)夹杂物大体相当.图 9.24 所代表的空洞排列与 Hom 和 McMeeking(1989)及 Kuna 和 Sun(1996)所用过的排列方案相似.三个边界面在承受应变加载时保持为直平面,以避免胞元间变形后相互重叠并使整体变形协调连续.这样各加载面上均无剪切作用.它们各自位移只要用其均匀法向位移 U、V 和 W 表示即可.

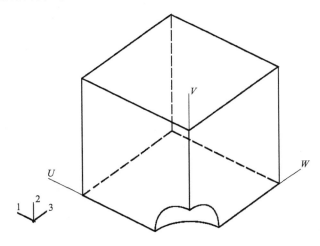

图 9.24　含球形空洞的 1/8 胞元

胞元的宏观应变可由此算出,即

$$E_1 = \ln(1 + U), \quad E_2 = \ln(1 + V), \text{和 } E_3 = \ln(1 + W)$$

$$(9.37)$$

既然各边界面上的法向位移是均匀的,那么作用其上的应力必然是不均匀分布的.用有限元方法计算时,由各面上节点力的总合再

除以瞬时截面积就可以得到各面上瞬时的平均应力,并以此作为胞元的宏观(真)应力.它们是

$$\Sigma_1 = \sum F_1 / (1 + V)(1 + W), \quad \Sigma_2 = \sum F_2 / (1 + U)(1 + W)$$

和

$$\Sigma_3 = \sum F_3 / (1 + U)(1 + V) \tag{9.38}$$

其中 $\sum F_i$($i = 1, 2,$ 和 3)是指各面上节点力的总合,为使其无量纲化,可用杨氏模量与单位面积相乘后的量除之.(9.38)式中各个分母代表无量纲的瞬时截面积.

在各边界面上施以增量型的位移加载时,边界条件可写作

$$\Delta U = u, \quad \Sigma_{12} = \Sigma_{13} = 0$$
$$\Delta V = \alpha u, \quad \Sigma_{21} = \Sigma_{23} = 0 \tag{9.39}$$
$$\Delta W = \beta u, \quad \Sigma_{31} = \Sigma_{32} = 0$$

由于各面上仅承受法向位移而无剪切作用,所以各向剪应力均为零.参数 $u$ 代表沿 $x_1$ 方向所给定的增量伸长量,而 $\alpha$ 和 $\beta$ 则分别指在 $x_2$ 和 $x_3$ 方向上所设定的相应比值.

围绕球形空洞的基本材料在弹性阶段遵守 Hooke 定律,达到屈服应力 $\sigma_y$ 值以后则受 von-Mises 屈服准则的控制.后继的屈服流动可以是应变硬化型的,也可以是塑性可膨胀型的,依计算模拟的需要而定.

应变硬化流动的法则是按

$$\left[ \frac{\sigma_f}{\sigma_y} \right]^{1/N} - \left[ \frac{\sigma_f}{\sigma_y} \right] = \frac{3E}{2(1 + \nu)\sigma_y} \varepsilon^p \tag{9.40}$$

其中 $E$ 和 $\nu$ 分别是杨氏模量和泊松系数,$\sigma_f$ 是单向拉伸时的材料流动应力(flow stress)或取为等效应力,$\varepsilon^p$ 代表塑性等效应变,而 $N$ 则是材料的硬化指数.

如需模拟基体中萌生次级空洞,即反映两级空洞交互作用时,除了可以用应变软化模型(9.3 节)或空单元计算技术(9.4 节),也可以利用 Gurson(1977)的流动函数.后者已编入 ABAQUS(2000)

的计算软件.具体计算时可将(9.18)式改写为

$$\phi = \left[\frac{\sigma_e}{\sigma_f}\right]^2 + 2 f q_1 \cosh\left[\frac{3}{2}\frac{\sigma_m}{\sigma_f}\right] - (1 + q_2 f^2) = 0 \quad (9.41)$$

这里的等效应力 $\sigma_e$,平均应力 $\sigma_m$ 和流动应力 $\sigma_f$ 都是基体内局部点上的量.$f$ 也是局部的次级空洞体积比.$q_1$ 和 $q_2$ 是两个材料参数.次级空洞的演化是由其新生的萌生率 $f_{nucl}$ 及已有的扩展率 $f_{growth}$ 二者之和所组成.一般定义

$$f_{nucl} = \frac{f_N}{S_N \sqrt{2\pi}} \exp\left[-\frac{1}{2}\left[\frac{\epsilon^p - \epsilon_N}{S_N}\right]^2\right] \dot{\epsilon}^p \quad (9.42)$$

又
$$f_{growth} = (1 - f) \dot{\epsilon}^p_{kk} \quad (9.43)$$

(9.42)给出的是受应变准则控制时次级空洞萌生率的统计量,其中 $f_N$ 是可以在基体内形成空洞的夹杂物体积比,$\epsilon_N$ 是萌生次级空洞所需达到的塑性等效应变的平均值并有相应偏差 $S_N$.$\epsilon^p$ 和 $\dot{\epsilon}^p$ 分别是瞬时塑性等效应变值及其速率.(9.43)则反映了次级空洞的扩展率 $f_{growth}$ 与局部塑性体应变率 $\dot{\epsilon}^p_{kk}$ 之间的关系.这些均可以从 ABAQUS(2000)程序中调用.

需要说明的是,这小节中我们用小写字母 $\sigma/\epsilon$ 表示基体中局部的应力/应变.对宏观的量则用大写字母 $\Sigma/E$ 表示应力/应变,而不用以前用过的小写字母上加横杠的办法.于是,胞元的宏观等效应力可定义为

$$\Sigma_e = \left\{\left[(\Sigma_1 - \Sigma_2)^2 + (\Sigma_2 - \Sigma_3)^2 + (\Sigma_3 - \Sigma_1)^2\right]/2\right\}^{1/2}$$

$$(9.44a)$$

相应的宏观等效应变是

$$E_e = \left\{2\left[(E_1 - E_2)^2 + (E_2 - E_3)^2 + (E_3 - E_1)^2\right]\right\}^{1/2}/3$$

$$(9.44b)$$

它们一起代表了宏观响应的偏量部分.有关的球量部分则反映在平均应力

$$\Sigma_m = (\Sigma_1 + \Sigma_2 + \Sigma_3)/3 \qquad (9.45a)$$

和平均应变
$$E_m = (E_1 + E_2 + E_3)/3 \qquad (9.45b)$$

胞元的三轴张力参数是
$$T = \Sigma_m / \Sigma_e \qquad (9.46)$$

当胞元内仅含单级空洞时,空洞体积比可以直接由数值积分得到.也可以借助于 Koplik 和 Needleman(1988)的计算公式

$$f_{vKN} = 1 - (1 - f_{v0}) \left[ 1 + \frac{3(1 - 2\nu)}{E} \Sigma_m \right] \frac{V_0}{V} \qquad (9.47)$$

(9.47)的导出是基于胞元外边界面的膨胀量扣除基体的弹性的体膨胀就应得到所有空洞(包括可生成的次级空洞)所构成的体积比.这就是说,由于

$$f_v V = f_{v0} V_0 = (V - V_0) - E_{kk}^e V_0 (1 - f_{v0})$$

又因

$$E_{kk}^e = 3(1 - 2\nu) \Sigma_m / E$$

再做简单运算即可导出(9.47).使用此式时,$\Sigma_m$ 及 V 都必须预先由有限元计算求出.

### 9.6.2 应变加载路径的设置

为实现不同的应变加载路径,可以调节(9.39)边界条件中的 α 和 β 两个比值参数.我们将着重比较 α=1(双向拉伸)和 α=0(平面应变)两类路径.再调节 β 值可以改变胞元所承受的总体三轴张力情况.具体地说以下共比较了四对应变路径:

(1) $\Sigma_3 = 0$,相当于板材表面为自由平面

(2) 低量体积膨胀( T<1.21)

(3) 中度体积膨胀( T<2.60) 　　　　　　　　(9.48)

(4) 高度体积膨胀（T＜3.62）

对于(9.48)中第(2)，(3)和(4)三种路径的双拉算例，分别控制应变使 $E_3:E_1=-1.80(2)，-1.34(3)$ 和 $-0.90(4)$，即在整个加载过程中保持宏观应变比为恒定的.这样，模向应变 $E_3$ 被压入得愈多则总体三轴张力也就愈低，反之则愈高.对于与各个双拉算例相伴的平面应变算例则控制其路径使在达到与双拉算例相同的宏观等效应变量（$E_e$）时，胞元内也具有相同的空隙度（即 $f_v$）.为此，我们可以依据两个设定条件

$$E_1 + E_3 = f_v$$

和

$$\frac{\sqrt{2}}{3}\left[E_1^2 + E_3^2 + (E_3 - E_1)^2\right]^{1/2} = E_e \qquad (9.49)$$

(9.49)两式右端的 $f_v$ 和 $E_e$ 分别是在双向拉伸算例中各个时期的取值，左端则是平面应变胞元（$E_2=0$）内空洞体积比和等效应变的计算式.由此在已得到双向拉伸算例的结果后，就能够规定平面应变胞元所应经受的位移路径 $U$ 和 $W$.它们分别是

$$U = \exp(E_1) - 1, \quad E_1 = \{3f_v + [9f_v^2 - 12(f_v^2 - 9E_e^2/4)]^{1/2}\}/6$$

和

$$W = \exp(E_3) - 1, \quad E_3 = f_v - E_1 \qquad (9.50)$$

至此完成了双向拉伸和平面应变两种应变加载模态的设置.对比这两种模态下的宏观响应 $\Sigma_e - E_e$ (9.44a,b)，$\Sigma_m - E_m$ (9.45a,b)，三轴张力状态(9.46)及胞元内部空洞演化 $f_v - E_e$ 等就提供了探讨应变加载模态影响的方法.

## 9.7 应变加载模态对空洞化损伤材料力学性能的影响及其与次级空洞间的交互作用

基于 9.6 节中的分析方法，以下将通过实例计算以论述应变加载模态的影响.计算采用 ABAQUS(2000)标准软件.对图 9.24 胞元可以划分为 648 个 20 节点六面体等参单元，共合 3289 个节点，如图 9.25 所示.这一网络与 Kuna 和 Sun(1996)所使用的相

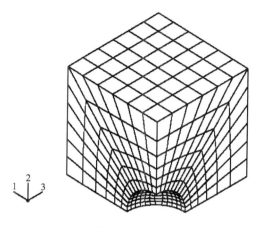

图 9.25　三维胞元的有限元网格划分

当,并已论证过其计算精度是满意的.我们以后的算例也会进一步证明其可靠性.

计算时各增量加载系数 u(9.39)随算例而异.在初始加载阶段,取值应小,因为此时胞元内大部分区域仍处于弹性状态,以后随塑性区的扩大而增大 u 值.对于高三轴张力的算例((9.48)中(4))u 值的选取也应小些,因为整个胞元可经受的拉伸度较小.反之((9.48)中(1)和(2))则可大些,因为这时胞元的韧性较大.在每个增量之内一般还需经历 3 至 4 次迭代直至收敛.这一过程可由 ABAQUS(2000)程序自动控制.

### 9.7.1　应变加载模态对材料性能的影响

以下的算例是基于胞元内仅含单级空洞.空洞周边基体为应变硬化材料,服从(9.40)的塑性流动法则,其中 $\sigma_y/E=0.002$,$\nu=0.3$ 及 $N=0.1$.可用三组曲线图形表示,即 $\Sigma_e$ — $E_e$(宏观等效应力-应变),$\Sigma_m$ — $E_m$(宏观平均应力-应变)及 $f_v$ — $E_e$(总体空洞体积比随宏观等效应变的变化).图中符号 biaxial 指双向拉伸模态,plane strain 是平面应变,符号后面的数码对应于(9.48)中所规定的(1)、(2)、(3)和(4)各应变路径. $S_e$ 和 $S_m$ 分别是无损伤的基体材料所应有的等效应力-应变和平均应力-应变关系.

图 9.26 绘制了(9.48)中前两个应变路径下的(a) $\Sigma_e - E_e$,

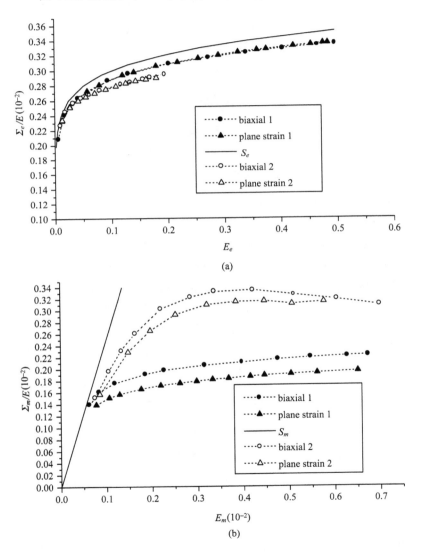

(a)

(b)

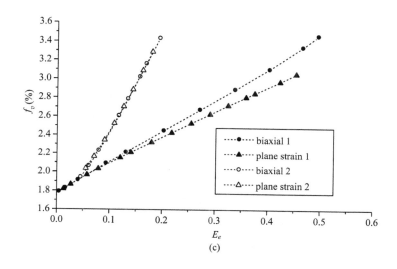

图 9.26　加载路径(1)和(2)下的(a)$\Sigma_e - E_e$,(b)$\Sigma_m - E_m$ 和(c)$f_v - E_e$

(b)$\Sigma_m - E_m$ 和(c)$f_v - E_e$ 三组曲线.由图 9.26(c)可见,在第(2)应变路径下,双向拉伸与平面应变两种模态下的空洞扩展符合(9.49)所设定的同步要求.在第(1)路径下,起始段也是同步的.在这两个路径下应变加载模态对材料性能的影响主要反映在 $\Sigma_m - E_m$关系上,此时平面应变状态使平均应力 $\Sigma_m$ 大大降低.

图 9.27 给出的是(9.48)中后两个应变路径下的(a)$\Sigma_e - E_e$,(b)$\Sigma_m - E_m$ 和(c)$f_v - E_e$.由图 9.27(c)可见,第(3)和第(4)路径下的平面应变模态均与其相应的双向拉伸模态同步发展空洞,符合设定要求.与前两个路径不同之处是,平面应变模态对材料性能虽然仍有影响,但其程度减小.另一点是,平面应变模态不仅使平均应力响应降低,也使等效应力降低,而在前两个路径中对等效应力几乎没有影响.比较 9.27(c)与 9.26(c)还可见,由于在后两个路径中空洞扩展量增大,于是在图 9.27(a)和(b)中可以看到应力响应的明显软化效应.

从承受的三轴张力状态来看,在第(1)种路径下,双向拉伸和平面应变的 T 值分别稳定在 0.667 和 0.575.第(2),(3)和(4)各路径中 T 值有明显的渐变增大而后衰减,但各自的最大值不超过1.21(2),2.60(3)和3.62(4).空洞形状与胞元所承受的三轴张力状态有密切关系.在后两个路径中空形基本上维持为球状,而前两种路径中则较为扁平.尤其是平面应变模态在低三轴张力状态下的空洞形状更为扁平.可以认为应变加载模态正是通过这一内在因素而起作用的.

为说明所选用的有限元网格划分,图 9.25,的合理可靠性,表9.3 列出了以上四种应变路径作用下,在不同的拉伸阶段( $E_e$ )时,有限元计算所得空洞体积比 $f_v$ 与按 Koplik 和 Needleman(1988)计算式(9.47)所得 $f_{vKN}$ 相互比较结果,二者非常接近,一般来说有限元的结果将略小,这是因为离散化总会导致一定的"硬化"效果从而约束空洞的增长.

表9.3 四种应变路径下 $f_v$ 与 $f_{vKN}$ 比较

| $E_e$ | 双向拉伸 | | 平面应变 | |
|---|---|---|---|---|
| | $f_v$ | $f_{vKN}$ | $f_v$ | $f_{vKN}$ |
| | (1)自由面( $\Sigma_3=0$ ) | | | |
| 0.40 | 3.096 | 3.117 | 2.911 | 2.929 |
| | (2)低量体积膨胀( $T<1.21$ ) | | | |
| 0.24 | 3.921 | 3.942 | 3.931 | 3.954 |
| | (3)中度体积膨胀( $T<2.60$ ) | | | |
| 0.10 | 5.329 | 5.369 | 5.342 | 5.382 |
| | (4)高度体积膨胀( $T<3.62$ ) | | | |
| 0.06 | 6.185 | 6.235 | 6.212 | 6.262 |

### 9.7.2 应变加载模态与次级空洞间交互作用

除了在前面所看到的通过低三轴张力状态下影响空洞形状而

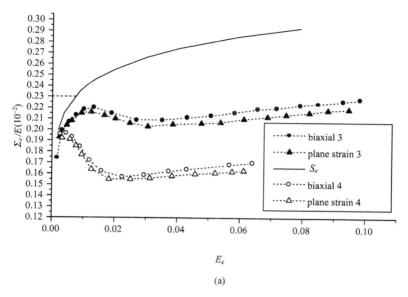

(a)

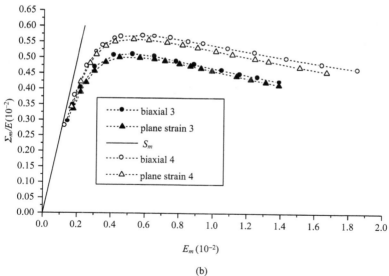

(b)

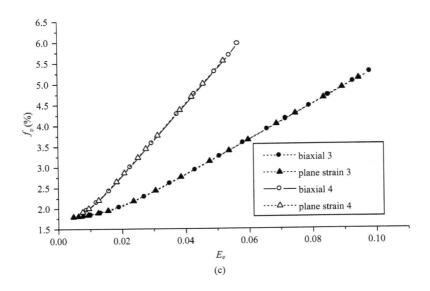

(c)

图 9.27 加载路径(3)和(4)下的(a)$\Sigma_e - E_e$, (b)$\Sigma_m - E_m$和(c)$f_v - E_e$

起作用之外,在有次级空洞时,应变加载模态又会通过另外一种内在机制而产生影响.

为模拟基体中的次级空洞效应,可以对其本构描述引用(9.41)式所给出的 Gurson 流动函数连同(9.42)和(9.43)并选取

$$q_1 = q_2 = 1, \ \varepsilon_N = 0.3, \ S_N = 0.1 \ 和 \ f_N = 0.4$$

计算算例只用(9.48)所规定的路径(2)和(4)两个情况作为低和高体积膨胀的代表.由于考虑了次级空洞的存在,重复前面计算过程时可以延长各算例的拉伸度.

考虑了次级空洞后能够更真实地模拟含空洞材料的行为,又三维胞元的可靠性较高,由此将数值结果与 Gurson 模型相比较,对于认识 Gurson 模型应具有科学的参考价值.以下比较的将是针对宏观响应和总体效果,所以要将原(9.48)式改为其宏观形式,即

$$\bar{\phi} = \left[\frac{\Sigma_e}{\sigma_f}\right]^2 + 2 f_v \, q_1 \cosh\left[\frac{3 \Sigma_m}{2 \sigma_f}\right] - (1 + q_2 \, f_v^2) = 0 \quad (9.51)$$

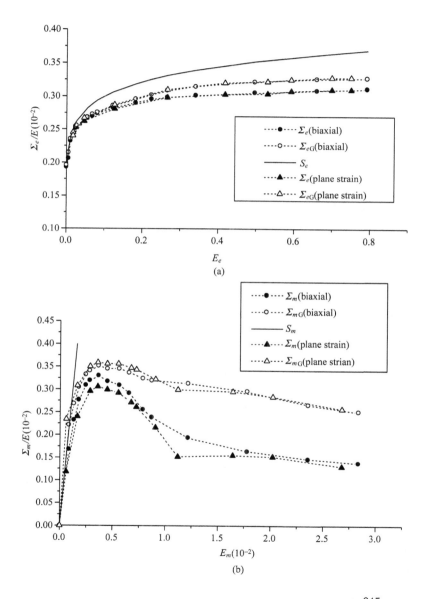

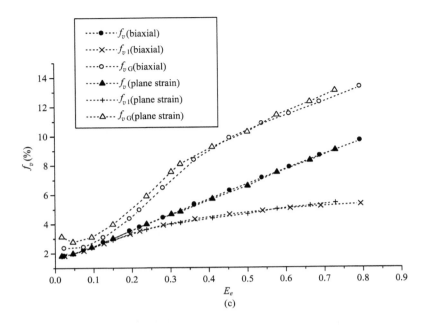

图 9.28 施加低体积膨胀路径(2)时(a)$\Sigma_e$ — $E_e$,(b)$\Sigma_m$ — $E_m$ 和
(c)$f_v$ — $E_e$,并与 Gurson 模型比较

以后仍取其中的 $q_1 = q_2 = 1$,$\Sigma_e$ 和 $\Sigma_m$ 分别是宏观的等效应力和平均应力,$f_v$ 则由初级和次级两部分空洞组成,以后用 $f_{v1}$ 代表初级部分. $\sigma_f$ 仍是基体的流动应力,在(9.51)式中所包含的三个变量 $\Sigma_e$,$\Sigma_m$ 和 $f_v$,只有当其中的两个已知(由三维有限元计算提供),才能求得另外一个.依此办法可以求得 Gurson 模型意义的宏观等效应力 $\Sigma_{eG}$,平均应力 $\Sigma_{mG}$ 和空洞体积比 $f_{vG}$.

图 9.28 提供了在路径(2)作用下具有次级空洞的胞元响应图.由图可见,当次级空洞的作用强化时($E_e > 0.15$ 或 $E_m > 0.4 \times 10^{-2}$),平均应力 $\Sigma_m$ 急速降低,又代表平面应变的黑三角数据一直低于双向拉伸的结果(见图 9.28(b)).此种情况下应变模态对宏观等效应力影响甚微(见图 9.28(a)).图 9.28(c)则显示在有次

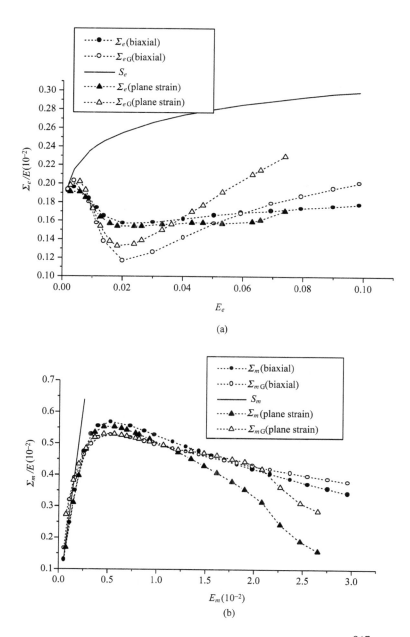

(a)

(b)

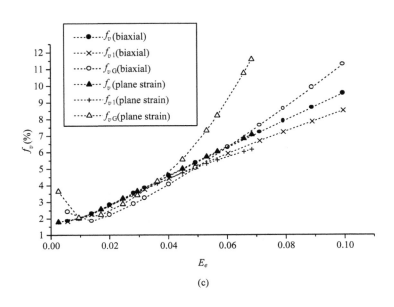

图 9.29　施加高体积膨胀路径(4)时(a) $\Sigma_e$ — $E_e$,(b) $\Sigma_m$ — $E_m$ 和
(c) $f_v$ — $E_e$,并与 Gurson 模型比较

级空洞情况下胞元的加载路径仍符合同步发展总体空洞体积比的
(9.49)式要求.另外,对于平面应变和双向拉伸两种应变模态,此
时的初级空洞含量也相差不大(见图 9.28(c)中的 × 和 +).但从
图 9.28(a),(b)和(c)中都可见 Gurson 模型的结果在加载的初始
阶段和次级空洞强化后均与有限元结果相差较大.

　　由高体积膨胀的路径(4)所得到的计算结果则绘制于图9.29.
此时与前例不同的是,由于平面应变模态可以促成更多的次级空
洞量(图 9.29(c)中代表其初级空洞量的 + 明显低于双向拉伸
的×),它对降低宏观应力响应 $\Sigma_e$ 和 $\Sigma_m$ 具有明显作用,尤其是对
$\Sigma_m$ 更为突出(当 $E_m > 1.2 \times 10^{-2}$,此时 $E_e > 0.05$).这一情况突出
说明,尽管双向拉伸和平面应变两种模态下的总体空洞体积比相
同,但由于后者所含次级空洞比例较高,从而导致更为激烈的损伤.

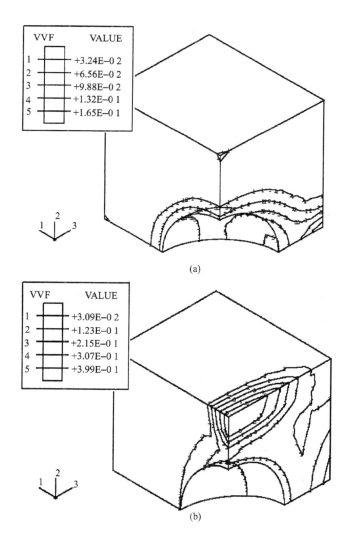

图 9.30 胞元内次级空洞体积比(VVF)分布(a)双向拉伸,
(b)平面应变

为分析形成高体积膨胀下应变模态与次级空洞的交互作用,可以进一步观察胞元内的次级空洞分布图 9.30(a)和(b).它们分别取自于相同的宏观等效应变 $E_e$=0.0738,此时二者的总体空洞体积比 $f_v$ 也是一致的.图中 VVF 仅指基体内次级空洞体积比.在双向拉伸时(a),它们仅局限于靠近初级空洞的一个带区.但在平面应变状态(b)下,它们扩散得更广并具有更大的局部空洞体积比.这样就可以从内在机制上解释平面应变状态会使空洞化材料的力学行为更加劣化.

总结 9.7.1 和 9.7.2 两节中的计算结果可以说

(1)在低三轴张力情况( T<1),由于变形过程平面应变状态初级空洞形状极度伸长变扁,从而导致其宏观平均应力响应明显低于双向拉伸的结果.

(2)在高三轴张力情况,与双向拉伸相比较,平面应变状态下的次级空洞损伤作用更大,由此也将形成更突出的降低宏观平均应力作用.

(3)由此可见,不仅外部加载强度决定着空洞化损伤,在具有相同的外部施加强度时,内部机制所带来的应变能分布也具有影响作用.

(4)当基体材料仍处于从弹性向塑性过渡的初始加载阶段和基体中大量萌生和扩展次级空洞后,Gurson 模型均不适用. Gurson 模型仅适宜于当空洞形状接近为球状的高三轴张力状态.

## 参 考 文 献

李国琛.1985.椭球空洞模型的韧性行为,固体力学学报,No.3:388-394

ABAQUS. 2000. User manuel, Version 5-8-15. Hibbit, Karlsson & Sorensen

Andersson H.1977. Analysis of a model for void growth and coalescence ahead of a moving crack tip. J Mech Phys Solids, 25:217-233

Argon A S, Im J and Safoglu R.1975. Cavity formation from inclusions in ductile fracture. Metall Trans A, 6A:825-837

Bazant Z P.1988. Softening instability:part I—Localization into a planar band. J A M, 55:517-522

Becker R.1987. The effect of porosity distribution on ductile fracture. J Mech Phys Solids, 35: 577—599

Beremin F M.1981. Cavity formation from inclusions in ductile fracture of A508 steel. Metall Trans A, 12A: 723—731

Fisher J R and Gurland J.1981. Void nucleation in spheroidized carbon steels, part 1-Experimental. Met, Sci, 15: 185—192

French I E and Weinrich P F. 1975. The influence of hydrostatic pressure on the tensile deformation and fracture of copper Metall Trans A, 6A:785—790

Guennouni T and Francois D.1987. Constitutive equations and cavity growth rate for a porous plastic medium, Mechanical Behaviour of Materials-V, Proceedings of the 5th Inter Conf (ed. by M. G. Yan et al.), June 1987, Beijing

Gurson A L. 1977. Continuum theory of ductile rupture by void nucleation and growth: Part 1-Yield criteria and flow rules for porous ductile media, J Eng Mat Technol, 99: 2—15

Hancock J W and Cowling M J.1980. Role of state of stress in crack-tip failure process, Met, Sci, 14: 293—304

Hill R.1950. The Mathematical Theory of Plasticity. Oxford University Press

Hom C L and McMeeking R M.1989. Void growth in elastic-plastic materials. J A M 56: 309—317

Horstemeyer M F, Matalanis M M, Sieber A M and Botos M L.2000. Micromechanical finite element calculations of temperature and void configuration effects on void growth and coalescence. Int J plasticity, 16: 979—1015

Howard I C and Li G C.1983. A computer simulation of ductile behaviour in two steels of medium and low strength, Mechanical Behaviour of Materials-IV, Proceedings of the 4th Inter Conf (ed. by J. Carlsson and N. G. Ohlson), Aug. Stockholm, Sweden, Pergamon Press, 2, 881—886

Howard I C And Willoughby A A.1981. Mechanics and mechanisms off ductile fracture, Developments in fracture mechanics — 2 (ed. by G. G. Chell). Applied Science Publishers

Koplik J and Needleman A.1988. Void growth and coalescence in porous plastic solids, 24: 835—853

Kuna M and Sun D Z.1996. Three-dimensional cell model analyses of void growth in ductile materials, 81: 235—258

Li G C and Howard I C.1983a. The effect of strain softening in the matrix material during void growth. J Mech Phys Solids, 31: 85—102

Li G C and Howard I C.1983b. The sensitivity of the macroscopic consequences of void growth in ductile materials to various mechanical and geometrical micro-parameters. Int J Solids Structures, 19: 1089—1098

Li G C and Howard I C.1983c. A computer simulation of ductile behaviour in a high strength steel, Proceedings of ICF International Symposium on Fracture Mechanics, Beijing, China, Science Press, 89—94

Li G C. Guennouni T and Francois D.1989. Influence of secondary void damage in matrix material around voids, Fatigue Fract. Engng. Mater. Struct., 12, 105—122

Mackenzie A C. Hancock J W and Brown D K.1977. On the influence of state of stress on ductile failure initiation in high strength steels, Engineering Fracture Mechanics, 9: 167—188

Magnusen P E, Dubensky E M and Koss D A.1988. The effect of void arrays on void linking during ductile fracture. Acta Metall, 36: 1503—1509

Needleman A.1972. Void growth in an elastic-plastic medium. J A M, 39: 964—970

Rice J R and Tracey D M.1969. On the ductile enlargement of voids in triaxial stress fields. J Mech Phys Solids, 17: 201—217

Roelfstra P E.1985. Numerical analysis and simulation of crack formation in composite materials such as concrete, Fracture of Non-Metallic Materials, Proceeding of the 5th Advanced Seminar on Fracture Mechanics (ed by K P Herrman and L H Larsson), Oct. lspra, Italy, D. Reidel Publishing Company. 359—384

Tvergaard V. 1982. On localization in ductile materials containing spherical voids Int J Fracture, 18: 237—252

Xia X X, Yang G Y, Hong Y S and Li G C.1987. Tests and analysis on the ductile fracture of axisymmetric specimens, Mechanical Behaviour of Materials-V, Proceedings of the 5th Inter. Conf. (ed. by M. G. Yan et al.), June Beijing, China, Pergamon Press, 1: 199—204

Yang G Y and Li G C.1986. Computer simulation of the ductile fracture behaviour in axisymmetric bars, Proceedings of Inter. Conf. on Computer Modelling of Fabrication Processes and Constitutive Behaviour of Metals (ed. by J. J. M. Too), May Ottawa, Canada, CANMET, 385—396

# 第十章  剪切带状分叉

就承受大塑性变形的韧性材料而言,许多实验观察表明,除了空洞化损伤以外,另有一种导致韧性损伤的明显机制是形成剪切带.它的特征是,原先平滑分布的变形模式被一种急剧不连续的位移递度所取代.这类不连续性一般仅局限在一个很狭窄的带域内并随之萌生裂纹.

Hill 和 Hutchinson(1975)以及 Rudnick 和 Rice(1975)所提出的理论框架最早将这类现象归因于变形模式的分叉.但以后,Anand 和 Spitzig(1980)结合高强度钢中的实验指出,由传统塑性理论所预测的剪切带萌生与他们的观察结果有距离.临界应变的理论值往往过高.不过,Anand 和 Spitzig 的实验确实证明在带痕区域内有明显的不均匀变形.

Yamamoto (1978)将 Gurson 的本构模型(如(9.18)式)应用于含有带状缺陷的材料.也就是说,假设初始时带内的空洞含量比带外的高.他的研究表明,比起无缺陷的来说,初始缺陷的存在会大大促进局部分叉.Ohno 和 Hutchinson(1984)也声称,在空洞化固体中局部性流动对于空洞分布的不均匀性非常敏感.

现有的实验观察已经揭示出,带内外材料的微结构状况确有明显不同.由 Hancock 和 Cowling (1980)所摄制的照片(见图 9.6 中

图 10.1　疲劳加载下单晶铜中位错形态的三维观(取自 Mughrabi (1981))

的(ST)试样)可见,带的组织是一串连结成行的微空洞.这就表明,带内材料所受损伤程度比带外要严重.从循环应变所形成的驻留滑移带也可看到两类不均匀的位错形态:带外基体材料(M)中的筋脉状结构和带内(PSB)约 $1\mu m$ 厚的壁状或称梯子结构.图10.1 是由 Mughrabi(1981)所拍摄照片而复制的.基体中的位错密度远高于带内情况.所以,作为整体而言,带内材料要比带外的"软"些,虽然驻留滑移带和剪切带是两回事,这个例子仍然值得注意并启发人们去关心带内外微结构组织的不同.

结合以上所述剪切带内微结构层次的实验现象,本章将强调在设置剪切带状分叉的理论模型时应变软化作用的重要性.当出现急剧位移模式时,所提出的材料分叉原理应该考虑到材料力学行为的变化.

## 10.1 材料分叉的原理

对于结构元件的塑性分叉问题,已经论证过在临界时刻不会出现弹性卸载(例如,参见 Hutchinson(1974)),否则的话结构元件的刚度将由杨氏模量决定,从而不应有地提高临界载荷值.这就意味着,塑性结构出现分叉的时刻,结构的变形分布会从分叉前状态跳到分叉模式但此刻的材料行为保持前后一致.在这种情况下,由于应变量仍然很小,材料行为只能从图 10.2 所示路径"a"或"b"二者中取其一.于是,从最低临界载荷的要求来考虑问题时,材料的路径只能是受控于"a".

待到形成剪切带时,在一个窄带内变形模式被急剧地扭曲从而造成很大的应变梯度.在这种情况下,如本章前面所述,无论是认为局部缺陷引发剪切带状局部化或是说分叉导致材料损伤,总之实验观察表明带内材料的微结构特征与基体中的有所不同.

由此可见,作为微结构变化的后果,除了路径"a"和"b"以外,材料的行为也可能沿着图10.2所示的"c"或"d"路径走.这里,路径"c"是由于塑性膨胀的作用而使其偏离传统的应变路径.不可逆的损伤则使路径"d"带有应变软化特征.

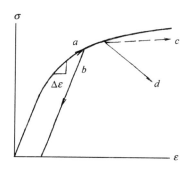

图 10.2　应力-应变曲线上几种可能的路径

　　基于以上的讨论,可以明显地区分原先的结构分叉和目前的材料分叉.后一情况不仅会像前者那样具有应力-应变模式的分叉和失去解的惟一性,在临界时刻,材料行为本身也经历一个相应的变化.可以认为,分叉时材料模型具有一致性这一传统观念对于结构分析已然证明有效,但应用于剪切带局部化时却不成功.

　　为阐明目前的分叉原理,有必要简单重复一下第七章中结合逐级更新 Lagrange 体系所做过的一些陈述.

　　采用以前的符号,可以将本书第一作者的研究结果(1986,1987)总结如下.

　　在不考虑体力的情况下,(7.36)式所给出的泛函 $\Pi$ 可以简写为

$$\Pi = \frac{1}{2}\int_{V}\left[\frac{D\tau^{ij}}{Dt}D_{ij} - \sigma^{ij}(2 D_{ki}D_{1j}g^{kl} - V_k\mid_i V^k\mid_j)\right]dV$$

$$-\int_{S}T^i V_i dS \tag{10.1}$$

为满足平衡条件则应使

$$\delta\Pi = \int_{V}\left[L^{ijkl}D_{kl} - \sigma^{ik}D_k^j - \sigma^{jk}D_k^i + \sigma^{ik}V^j\mid_k\right]\delta V_j\mid_i dV$$

$$-\int_S T^i \delta V_i \, dS \qquad (10.2)$$

这里已将 Kirchhoff 应力的 Jaumann 率替代为其本构形式

$$\frac{D \tau^{ij}}{D t} = L^{ijkl} D_{kl} \qquad (10.3)$$

其中，$L^{ijkl} = L^{klij} = L^{jilk} = L^{lkji}$. 又从（6.50c）和（6.55）两式，可以建立名义应力的随体率与 Kirchhoff 应力的 Jaumann 率二者之间的关系：

$$T^{ij} = \frac{D \tau^{ij}}{D t} - \sigma^{ik} D_k^j - \sigma^{jk} D_k^i + \sigma^{ik} V^j \mid_k \qquad (10.4)$$

利用这一关系式，可以将变分表达式（10.2）重写为

$$\delta \Pi = \int_V T^{ij} \delta V_j \mid_i dV - \int_S T^i \delta V_i \, dS \qquad (10.5)$$

也就是增量型的虚功原理.

为分析分叉所需要的泛函 $\Pi$ 的二次变分为

$$Q = \delta^2 \Pi = \int_V \left[ L_*^{ijkl} \delta D_{kl} - \sigma^{ik} \delta D_k^j - \sigma^{jk} \delta D_k^i + \sigma^{ik} \delta V^j \mid_k \right] \delta V_j \mid_i dV$$
$$(10.6)$$

其中的材料行为已然分叉，它所遵循的关系式是

$$\delta \frac{D \tau^{ij}}{D t} = L_*^{ijkl} \delta D_{kl} \qquad (10.7)$$

而不再是一致加载条件下的

$$\delta \frac{D \tau^{ij}}{D t} = L^{ijkl} \delta D_{kl}$$

二者的区别是，刚度张量 $L^{ijkl}$ 随从于图 10.2 所示的应变路径"a"而 $L_*^{ijkl}$ 则转向为路径"c"或"d". 由（10.4）和（10.6）显见，（10.6）式实际上意味着

$$\delta^2 \Pi = \int_V \delta T^{ij} \delta V_j \mid_i dV \qquad (10.8)$$

按照第七章所阐明的程序,为求得分叉时的平衡方程和边界条件可以对二次变分 $Q$ 施以新的变分 $\delta^*(\delta V_i)$. 也就是说

$$\delta^* Q = 2 \int_V \left[ L_*^{ijkl} \delta D_{kl} - \sigma^{ik} \delta D_k^j - \sigma^{jk} \delta D_k^i \right.$$

$$\left. + \sigma^{ik} \delta V^j \mid_k \right] \delta^*(\delta V_j) \mid_i dV \qquad (10.9)$$

比较(10.6)和(10.9)可见,分叉时当 $Q=0$ 也必然会有 $\delta^* Q = 0$. 利用分叉时 $\delta^* Q$ 必然消失,通过散度定理,可以导出平衡方程

$$\delta T^{ij} \mid_i = \left[ L_*^{ijkl} \delta D_{kl} - \sigma^{ik} \delta D_k^j - \sigma^{jk} \delta D_k^i + \sigma^{ik} \delta V^j \mid_k \right] \mid_i = 0$$

$$(10.10)$$

和边界条件

$$\left[ L_*^{ijkl} \delta D_{kl} - \sigma^{ik} \delta D_k^j - \sigma^{jk} \delta D_k^i + \sigma^{ik} \delta V^j \mid_k \right] \nu_i = 0 \quad (10.11)$$

与(7.39)式一样, $\nu$ 是边界面上单位外法线向量的分量.

刚度张量 $L_*^{ijkl}$ 的形式与(7.45b)式的 $L^{ijkl}$ 一样,即

$$L_*^{ijkl} = \frac{E}{1+\nu} \left[ \frac{1}{2} (g^{ik} g^{jl} + g^{il} g^{jk}) \right.$$

$$+ g^{ij} g^{kl} \left[ \frac{\nu - E/3 E_{tm}^{(p)}}{1 - 2\nu + E/E_{tm}^{(p)}} \right]$$

$$\left. - \frac{3}{2 \sigma_e^2} \frac{E}{E_{te}^{(p)}} \frac{S^{ij} S^{kl}}{\frac{2}{3}(1+\nu) + \frac{E}{E_{te}^{(p)}}} \right] \qquad (10.12)$$

但二者所随从的应变路径可以不同.

(10.10)和(10.11)两式中 Cauchy 应力决定于分叉前的应力状况.假设固体承受均匀主应力 $\sigma_{11}$, $\sigma_{33}$ 和 $\sigma_{22}$,它们之间的比较关系是

$$\sigma_{11}(=\sigma) \geqslant \sigma_{33}(=\phi\sigma) \geqslant \sigma_{22}(=\beta\sigma) \qquad (10.13)$$

由于是简单加载,按照第三章中 3.4 节的说明,可以采用形变型塑性理论.于是,在直角坐标下,由(3.40)式可以写出

$$\varepsilon_{11} = \frac{\sigma}{E}\left[1 - \nu(\beta+\phi) + \frac{\overline{\psi}}{3}(2-\beta-\phi)\right] = \varepsilon \quad (10.14a)$$

$$\varepsilon_{22} = \frac{\sigma}{E}\left[\beta - \nu(1+\phi) + \frac{\overline{\psi}}{3}(2\beta-1-\phi)\right] \quad (10.14b)$$

$$\varepsilon_{33} = \frac{\sigma}{E}\left[\phi - \nu(1+\beta) + \frac{\overline{\psi}}{3}(2\phi-1-\beta)\right] \quad (10.14c)$$

在(3.48)式中曾给出过 $\psi$ 的含义,这里的 $\overline{\psi}=\psi E$,于是

$$\overline{\psi} = \frac{3}{2}\frac{E}{E_{se}} - (1+\nu) \qquad (10.15)$$

对于幂硬化材料,可以将割线模量写成

$$\frac{E_{se}}{E} = \left[\frac{\sigma_e/\sigma_y}{\varepsilon_e/\varepsilon_y}\right] = \left[\frac{\varepsilon_e}{\varepsilon_y}\right]^{n-1} \qquad (10.16a)$$

又

$$(\sigma_e/\sigma_y) = k(\varepsilon_e/\varepsilon_y)^n, \quad k = 1 \qquad (10.16b)$$

其中,$\sigma_y$,$\varepsilon_y$ 分别是屈服应力和屈服应变,又 $n$ 是材料的指数.

不难找出多轴加载下主应力 $\sigma$ 和等效应力 $\sigma_e$ 的关系为

$$\sigma = \frac{\sigma_e}{[1 - \beta - \phi - \beta\phi + \beta^2 + \phi^2]^{1/2}} \qquad (10.17)$$

在轴对称受力时则有($\beta=\phi$)

$$\sigma = \frac{\sigma_e}{1-\beta} \qquad (10.18)$$

对于平面应变情况还可以导出($\varepsilon_3 = 0$)

$$\phi = (1 + \beta) \left[ \nu + \frac{\overline{\psi}}{3} \right] \Big/ \left[ 1 + \frac{2\overline{\psi}}{3} \right] \qquad (10.19)$$

## 10.2 平面应变条件下的局部化剪切带

带内不连续的宽度相对其长度是很小的.于是,从理论上说,可以认为带是处于一个无限大材料块体之中.图 10.3 示意了其中的速率扰动分布.

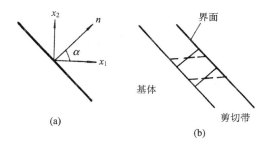

图 10.3  局部化剪切带

在直角坐标中,由 Hill 和 Hutchinson(1975)所给出的速率变分的平面应变分量是

$$\delta V_i = V_i(n), \quad n = n_i x_i, i = 1, 2 \qquad (10.20)$$

其梯度是

$$\delta V_{i,j} = \frac{d V_i}{d n} n_j = c_i n_j \qquad (10.21)$$

下标 $j$ 前的逗号表示对 $x_j$ 求导.由图 10.3 可见

$$n_1 = \cos \alpha, \quad n_2 = \sin \alpha \qquad (10.22)$$

设分叉前,沿着 $x_1$ 和 $x_2$ 方向,材料分别承受着均匀轴向应力 $\sigma_1$ 和 $\sigma_2$.利用(10.14),(10.15),(10.16)和(10.19)各式可以很容易地确定分叉前应力/应变的状况.

将$(10.20)$,$(10.21)$和$(10.22)$各式代入平衡方程$(10.10)$并注意到

$$\delta D_{kl} = \frac{1}{2} (\delta V_k \mid_l + \delta V_l \mid_k)$$

可以导出分叉时的方程

$$( L_{1111}^* - \sigma_1 ) V_1'' n_1^2 + \left[ L_{1212}^* - \frac{\sigma_1}{2} + \frac{\sigma_2}{2} \right] V_1'' n_2^2$$

$$+ \left[ L_{1122}^* + L_{1212}^* - \frac{\sigma_1}{2} - \frac{\sigma_2}{2} \right] V_2'' n_1 n_2 = 0 \qquad (10.23a)$$

$$\left[ L_{1122}^* + L_{1212}^* - \frac{\sigma_1}{2} - \frac{\sigma_2}{2} \right] V_1'' n_1 n_2$$

$$+ \left[ L_{1212}^* + \frac{\sigma_1}{2} - \frac{\sigma_2}{2} \right] V_2'' n_1^2$$

$$+ ( L_{2222}^* - \sigma_2 ) V_2'' n_2^2 = 0 \qquad (10.23b)$$

其中,每个上撇号是指对法线 $\vec{n}$ 的一阶导数又无论是在上标或下标附以星号则是代表分叉的刚度分量.

设 $r = V_1'' / V_2''$ 又 $m = n_2 / n_1$,于是由$(10.23)$可以解出

$$r = - \frac{( L_{2222}^* - \sigma_{22} ) m^2 + L_{1212}^* + \frac{\sigma_{11}}{2} - \frac{\sigma_{22}}{2}}{\left[ L_{1212}^* + L_{1122}^* - \frac{\sigma_{11}}{2} - \frac{\sigma_{22}}{2} \right] m} \qquad (10.24)$$

以及

$$\left[ \left[ L_{1212}^* - \frac{\sigma_{11}}{2} + \frac{\sigma_{22}}{2} \right] ( L_{2222}^* - \sigma_{22} ) \right] m^4$$

$$+ \left[ ( L_{1111}^* - \sigma_{11} )( L_{2222}^* - \sigma_{22} ) + \left[ L_{1212}^* - \frac{\sigma_{11}}{2} + \frac{\sigma_{22}}{2} \right] \right.$$

$$\times \left[ L_{1212}^* + \frac{\sigma_{11}}{2} - \frac{\sigma_{22}}{2} \right] - \left[ L_{1122}^* + L_{1212}^* - \frac{\sigma_{11}}{2} - \frac{\sigma_{22}}{2} \right]^2 \right] m^2$$

$$+ \left[ (L_{1111}^* - \sigma_{11}) \left( L_{1212}^* + \frac{\sigma_{11}}{2} - \frac{\sigma_{22}}{2} \right) \right] = 0 \qquad (10.25)$$

一旦能够获取 $m$ 的实根,就表明出现分叉.在给定材料参数 $n$((10.16)式),$\nu$ 和 $\varepsilon_y$ 以后就可以通过简单地迭代运算求解临界应变 $\varepsilon_{11}$ 和 $\varepsilon_{22}$.具体过程是:选取 $\varepsilon_e \rightarrow E_{se}$(10.16a)$\rightarrow \psi$(10.15)$\rightarrow$ $\phi$(10.19)$\rightarrow \sigma_e$(10.16b)$\rightarrow \sigma$(10.17)$\rightarrow$偏应力 $S_{11}$,$S_{22} \rightarrow L_{1111}^*$, $L_{1122}^*$,$L_{2222}^*$,$L_{1212}^*$(10.12)$\rightarrow$(10.25);如不满足,再迭代,等等.

如果材料仅沿 $x_1$ 方向承受单轴加载又承认塑性力学中的不可压缩假设,那么

$$c_1 n_1 + c_2 n_2 = 0 \ 或 \ r = - m$$

于是(10.24)和(10.25)可以归并为

$$\left[ L_{1212}^* - \frac{\sigma}{2} \right] m^4 + (L_{1111}^* + L_{2222}^* - 2L_{1122}^* - 2L_{1212}^*) m^2$$

$$+ \left[ L_{1212}^* + \frac{\sigma}{2} \right] = 0 \qquad (10.26a)$$

若定义

$$4\bar{\mu} = L_{1111}^* + L_{2222}^* - 2L_{1122}^* \quad (= E_t,平面应变切线模量)$$

又

$$\mu = L_{1212}^* \qquad (10.26b)$$

就导致 Hill-Hutchinson 的方程(1975).

取 $\nu = 0.3$ 又 $\varepsilon_y = 0.002$ 在单轴拉伸下进行计算的数值结果列出如下.

(a) 材料行为具有一致性

$$E_{te}^{(p)}/E \approx E_{te}/E = nE_{se}/E$$

由表 10.1 可见,放弃不可压缩假设而应用(10.25)式可以多少降低一些计算的临界值.但结果仍然过高,难以接受.

表 10.1　由(10.26)和(10.25)所求出的临界值

| 式 | n | $\varepsilon_e/\varepsilon_y$ | $\varepsilon_{11}$ | $\varepsilon_{12}$ | $\sigma/\sigma_y$ |
|---|---|---|---|---|---|
| (10.26) | 0 | 153.7 | 0.2669 | −0.2655 | 1.1547 |
| (10.26) | 0.05 | 12020 | 20.82 | −20.82 | 1.8470 |
| (10.25) | 0 | 98.12 | 0.1706 | −0.1692 | 1.1547 |
| (10.25) | 0.05 | 8673 | 15.02 | −15.02 | 1.8171 |

(b)分叉时伴有塑性膨胀的材料行为(路径"c")

与表 10.1 相比,可以看到数值有进一步的下降但没有根本性的改变(除非对 $E/E_{tm}^{(p)}$ 采用较大数值,参见第十一章).

表 10.2　分叉路径"c"上的临界值

| $E/E_{tm}^{(p)}$ | n | $\varepsilon_e/\varepsilon_y$ | $\varepsilon_{11}$ | $\varepsilon_{22}$ | $\sigma/\sigma_y$ |
|---|---|---|---|---|---|
| 0.1 | 0 | 90.05 | 0.1567 | −0.1553 | 1.1547 |
| 0.1 | 0.05 | 8195 | 14.20 | −14.19 | 1.8120 |
| 0.3 | 0 | 77.50 | 0.1347 | −0.1333 | 1.1547 |
| 0.3 | 0.05 | 7449 | 12.90 | −12.90 | 1.8033 |

(c)分叉时伴有应变软化的材料行为(路径"d")

取 $E_{tm}^{(p)} \to \infty$ 并用(10.25)式求解.由此而得到的临界应变值与分叉时材料可能具有的软化模量之间的关系以曲线形式绘制于图 10.4,分叉前材料的幂硬化指数 n 可以有不同的赋值.只有这样才能使临界应变的计算值与 Anand 和 Spitzig(1980)所得到的实验值(对于他们所用的高强钢,此值是 0.034)成为可比较的.靠近屈服应变 $\varepsilon_y$ 的低临界值可作为模拟 Lüder 带(例如 Iricibar, Mazza 和 Cabo(1977)曾报道过材料中出现塑性时的情景).

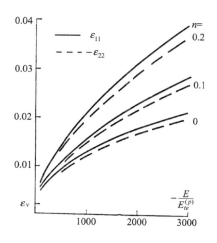

图 10.4 分叉时临界应变与应变软化模量
逆值的关系
（取自 Li(1986)）

由上显然可以结论,在设置剪切带局部化的力学模型时,应变
软化效应是至为重要的.

对于分叉前承受双向简单加载的情况,图 10.5 展现了临界应
变 $\varepsilon_{11} = \varepsilon$,最大剪应变 $\gamma_m = \varepsilon_{11} - \varepsilon_{22}$,临界应力 $\sigma_{11} = \sigma$,最大剪应
力 $\tau_m = (1-\beta)\sigma/2$ 和法线 $\vec{n}$ 与 $x_1$ 轴之间的夹角 $\alpha$ 对应于施加应
力 $\sigma_{22}(=\beta\sigma)$ 和沿 $x_3$ 方向的相应应力 $\sigma_{33}(=\phi\sigma)$ 各项关系曲线.所
有的结果均满足(10.13)式所列出的比较关系.

在该图中,情况(a)代表分叉时无塑性膨胀,$E/E_{tm}^{(p)} = 0$;但在
情况(b)中则有塑性膨胀,所以 $E/E_{tm}^{(p)} = 10$.除了所列出的软化参
数 $E/E_{te}^{(p)} = -100$,对于 $E/E_{te}^{(p)} = -1000, -10$ 的计算也得到了
与 $E/E_{te}^{(p)} = -100$ 的相同趋势的结果.由此表明:

(a)分叉时的最大剪应力对于由 $\beta$ 参数所表征的双向加载状
况不敏感.

(b)在加压缩载荷时,$m$ 可能有两个实根.由此可解出两个 $\alpha$ 值.

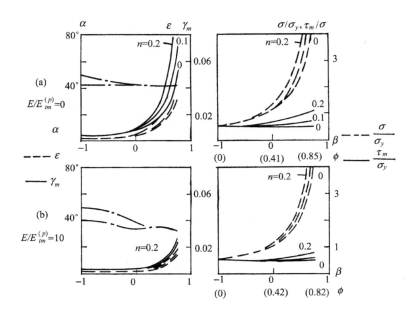

图 10.5 临界应变 ε,最大剪应变 $\gamma_m$,临界应力 σ,最大剪应力 $\tau_m$ 和 α 角相对 β 和 φ 的变化关系

( E/ $E_{te}^{(p)}$ = -100,取自 Li(1988) )

(c)塑性膨胀性将会进一步地降低应力和应变的临界值.

## 10.3 材料非均匀性或初始缺陷的影响

如前所述,剪切带的宽度与材料分布的不均匀特征可能属于同一量级的尺度.所以,有必要对于这类不均匀性或初始缺陷的作用做出估计.一般所引用的材料参数,例如杨氏模量,塑性切线模量和其他,都是通过测试尺寸远大于剪切带的材料块体而得到的.

作为近似计算,可以采用摄动法(见第一作者(1987)).设

$$L_{ijkl}^{*} / E = L_{ijkl}^{(0)} + L_{ijkl}^{(1)} \varepsilon + 0( \varepsilon^2 ) \qquad (10.27a)$$

$$\sigma / E = \sigma^{(0)} + \sigma^{(1)} \varepsilon + 0( \varepsilon^2 ) \qquad (10.27b)$$

$$\delta V_i = V_i^{(0)} + V_i^{(1)} \varepsilon + 0(\varepsilon^2) \qquad (10.27c)$$

其中，$\varepsilon$ 是摄动展开的小参数.(10.27)中的二阶小项均被略去.将(10.27)代入(10.10)并归并"0"阶和"1"阶各项，从而得到以下各式：

$$(\varepsilon^0): (L_{1111}^{(0)} - \sigma^{(0)})(V_{1,1}^{(0)})_{,1} + L_{1122}^{(0)}(V_{2,1}^{(0)})_{,2}$$

$$+ \left[ L_{1212}^{(0)} - \frac{\sigma^{(0)}}{2} \right] (V_{1,2}^{(0)})_{,2} + \left[ L_{1212}^{(0)} - \frac{\sigma^{(0)}}{2} \right] (V_{2,1}^{(0)})_{,2} = 0$$

$$(10.28a)$$

$$\left[ L_{1212}^{(0)} - \frac{\sigma^{(0)}}{2} \right] (V_{1,1}^{(0)})_{,2} + \left[ L_{1212}^{(0)} + \frac{\sigma^{(0)}}{2} \right] (V_{2,1}^{(0)})_{,1}$$

$$+ L_{1122}^{(0)}(V_{1,1}^{(0)})_{,2} + L_{2222}^{(0)}(V_{2,2}^{(0)})_{,2} = 0 \qquad (10.28b)$$

$$(\varepsilon^1): (L_{1111}^{(0)} - \sigma^{(0)})(V_{1,1}^{(1)})_{,1} + L_{1122}^{(0)}(V_{2,1}^{(1)})_{,2}$$

$$+ \left[ L_{1212}^{(0)} - \frac{\sigma^{(0)}}{2} \right] (V_{1,2}^{(1)})_{,2} + \left[ L_{1212}^{(0)} - \frac{\sigma^{(0)}}{2} \right] (V_{2,1}^{(1)})_{,2} = B_1$$

$$(10.29a)$$

$$\left[ L_{1212}^{(0)} - \frac{\sigma^{(0)}}{2} \right] (V_{1,1}^{(1)})_{,2} + \left[ L_{1212}^{(0)} + \frac{\sigma^{(0)}}{2} \right] (V_{2,1}^{(1)})_{,1}$$

$$+ L_{1122}^{(0)}(V_{1,1}^{(1)})_{,2} + L_{2222}^{(0)}(V_{2,2}^{(1)})_{,2} = B_2 \qquad (10.29b)$$

其中，

$$B_1 = -(L_{1111}^{(1)} V_{1,1}^{(0)})_{,1} + \sigma^{(1)}(V_{1,1}^{(0)})_{,1} - (L_{1122}^{(1)} V_{2,2}^{(0)})_{,1}$$

$$- (L_{1212}^{(1)} V_{1,2}^{(0)})_{,2} + \frac{\sigma^{(1)}}{2}(V_{1,2}^{(0)})_{,2} - (L_{1212}^{(1)} V_{2,1}^{(0)})_{,2}$$

$$+ \frac{\sigma^{(1)}}{2}(V_{2,1}^{(0)})_{,2}$$

$$B_2 = -(L_{1212}^{(1)} V_{1,2}^{(0)})_{,1} + \frac{\overset{(1)}{\sigma}}{2} (V_{1,1}^{(0)})_{,2} - (L_{1212}^{(1)} V_{2,1}^{(0)})_{,1}$$

$$- \frac{\overset{(1)}{\sigma}}{2} (V_{2,1}^{(0)})_{,1} - (L_{1122}^{(1)} V_{1,1}^{(0)})_{,2} - (L_{2222}^{(1)} V_{2,2}^{(0)})_{,2}$$

不难证明,如用 $V_1^{(0)}$ 和 $V_2^{(0)}$ 分别乘以(10.29a)和(10.29b)两式的左端各项,相加以后再做积分,其结果等于零.于是,由(10.29a)和(10.29b)两式的右端项可以建立起正交条件:

$$\iint (B_1 V_1^{(0)} + B_2 V_2^{(0)}) \, dx_1 \, dx_2 = 0 \qquad (10.30)$$

由此可以导出临界应力摄动解的修正项:

$$\overset{(1)}{\sigma} = B/A \qquad (10.31)$$

其中,

$$B = \iint \{ [(L_{1111}^{(1)} V_{1,1}^{(0)})_{,1} + (L_{1122}^{(1)} V_{2,2}^{(0)})_{,1} + (L_{1212}^{(1)} V_{1,2}^{(0)})_{,2}$$

$$+ (L_{1212}^{(1)} V_{2,1}^{(0)})_{,2} ] V_1^{(0)} + [(L_{1212}^{(1)} V_{1,2}^{(0)})_{,1} + (L_{1212}^{(1)} V_{2,1}^{(0)})_{,1}$$

$$+ (L_{1122}^{(1)} V_{1,1}^{(0)})_{,2} + (L_{2222}^{(1)} V_{2,2}^{(0)})_{,2} ] V_2^{(0)} \} \, dx_1 \, dx_2$$

$$A = \iint \left\{ \left[ (V_{1,1}^{(0)})_{,1} + \frac{1}{2} (V_{1,2}^{(0)})_{,2} + \frac{1}{2} (V_{2,1}^{(0)})_{,2} \right] V_1^{(0)} \right.$$

$$\left. + \frac{1}{2} [(V_{1,1}^{(0)})_{,2} - (V_{2,1}^{(0)})_{,1}] V_2^{(0)} \right\} \, dx_1 \, dx_2$$

利用以上的摄动解(10.31),下面来研究两类缺陷的效果.

(a)全域型缺陷

由 Anand 和 Spitzig(1980)所做试验表明,剪切带的长度大约有 $100\mu m$,比其宽度尺寸高出两个数量级.但是这个尺寸比起试验材料常数所用的材料块体仍是十分微小的.在一个 $100\mu m \times 100\mu m$ 面积区域内,材料行为呈现非均匀性是完全可能的.由此

可以假设整个剪切带是处于缺陷影响区. 设

$$L_{1111}^{(1)} = -\alpha_1, \quad L_{2222}^{(1)} = -\alpha_2, \quad L_{1122}^{(1)} = -\alpha_3, \quad L_{1212}^{(1)} = -\alpha_4$$

又

$$V_1^{(0)} = rV(n), \quad V_2^{(0)} = V(n)$$

代入(10.31)式并利用(10.21)后, 可以得到

$$\sigma^{(1)} = -\left\{\left[\alpha_1 r^2 n_1^2 + \alpha_2 n_2^2 + \alpha_3 n_1 n_2 (1+r) + a_4(n_1^2\right.\right.$$

$$\left.\left. + (1+r)n_1 n_2 + r^2 n_2^2)\right]\iint V V'' d x_1 d x_2\right\}\Bigg/$$

$$\left\{\left[\left(r^2 - \frac{1}{2}\right) n_1^2 + rn_1 n_2 + \frac{1}{2} r^2 n_2^2\right]\iint V V'' d x_1 d x_2\right\}$$

$$= -\frac{\left[\alpha_1 r^2 n_1^2 + \alpha_2 n_2^2 + \alpha_3(1+r)n_1 n_2 + \alpha_4(n_1^2 + (1+r)n_1 n_2 + r^2 n_2^2)\right]}{\left[\left(r^2 - \frac{1}{2}\right) n_1^2 + rn_1 n_2 + \frac{1}{2} r^2 n_2^2\right]}$$

$$(10.32a)$$

由上可见, $\alpha_i(i=1,2,3,4)$ 的变化将影响 $\sigma^{(1)}$ 值. 作为近似估计, 假设 $n_1 = n_2$ 又 $r = -1$. 这大体上代表了一个位于 $45°$ 倾角上的剪切带. 于是

$$\sigma^{(1)} = -\frac{\alpha_1 + \alpha_2 + 2\alpha_4}{\frac{1}{2} - 1 + \frac{1}{2}} \to \infty \qquad (10.32b)$$

这个例子定性地证明, 只要材料在微结构层次上有不均匀性就会对剪切带的出现产生强烈影响.

(b)带状缺陷

假设就在剪切带区域内存在有带状缺陷, 其分布对称于带的中间轴. 于是, 沿着法线向量 $\vec{n}$ 的正方向, 可以设

$$L_{1111}^{(1)} = -\alpha_1 e^{-\lambda n}, \quad L_{2222}^{(1)} = -\alpha_2 e^{-\lambda n},$$

$$L_{1122}^{(1)} = -\alpha_3 e^{-\lambda n}, \quad L_{1212}^{(1)} = -\alpha_4 e^{-\lambda n}$$

又

$$V_1^{(0)} = r e^{-\lambda n}, \quad V_2^{(0)} = e^{-\lambda n}$$

由(10.31)可以得到,当 $\lambda \to \infty$ 时,

$$\sigma^{(1)} = -\frac{4}{3}$$

$$\times \frac{[\alpha_1 r^2 n_1^2 + \alpha_2 n_2^2 + \alpha_3 n_1 n_2 (1+r) + \alpha_4 (n_1^2 + (1+r) n_1 n_2 + r^2 n_2^2)]}{\left[\left(r^2 - \dfrac{1}{2}\right) n_1^2 + r n_1 n_2 + \dfrac{1}{2} r^2 n_2^2\right]}$$

$$(10.33)$$

它与(10.32)表达式完全相似,只差一个前置系数 4/3.

由以上两个例子可见,剪切带状分叉对于材料缺陷,或说材料行为的局部不均匀性,非常敏感.

## 10.4 轴对称加载下的局部化轴对称剪切带

对于一般的曲线坐标,分叉时的平衡方程(10.10)的左端部分可以展开为

$$\delta T^{ij} \big|_i = \delta T_{,i}^{ij} + \Gamma_{ik}^i T^{kj} + \Gamma_{ik}^j T^{ik} \qquad (10.34)$$

(10.34)式中所用的 Christoffel 符号已在第五章介绍过其含义和特点.在轴对称情况下,设轴向 z,径向 r 和环向 θ 分别代表 $x_1$,$x_2$ 和 $x_3$ 各轴.由此可知,度量张量 $g_{11} = g_{22} = 1$,$g_{33} = r^2$ 又其他各项均为零.实际应力与应力张量的分量之间的关系是(见(6.26)式)

$$\sigma_z = \sigma_{11} = \sigma^{11}, \sigma_r = \sigma_{22} = \sigma^{22}, \sigma_\theta = \sigma^{33} \sqrt{g_{33}/g^{33}} = \sigma^{33} r^2$$

分叉时,设速率扰动在轴向和径向分别为

$$\delta W = V_z(n), \quad \delta U = V_r(n) \qquad (10.35)$$

并定义 $n_z = \cos\alpha$, $n_r = \sin\alpha$. (10.35)式中,$\alpha$ 是带平面的法线向量与沿轴向的 $x_1$ 轴之间的夹角. 由此,可以将环向的应变率扰动写成

$$\delta D_3^3 = \delta U / r \qquad (10.36)$$

求(10.34),(10.35)和(10.36)各式代入(10.10)后可以归并出

$$( L_{1111}^* - \sigma_z ) V_z'' n_z^2 + \left[ L_{1212}^* - \frac{\sigma_z}{2} + \frac{\sigma_r}{2} \right] V_z'' n_r^2$$

$$+ \left[ L_{1122}^* + L_{1212}^* - \frac{\sigma_z}{2} - \frac{\sigma_r}{2} \right] V_r'' n_z n_r$$

$$+ \frac{1}{r} \left[ L_{1133}^* V_r' n_z + L_{1212}^* ( V_r' n_z + V_z' n_r ) \right.$$

$$\left. - \frac{\sigma_r}{2} ( V_r' n_z - V_z' n_r ) - \frac{\sigma_z}{2} ( V_r' n_z + V_z' n_r ) \right] = 0$$

$$(10.37a)$$

$$\left[ L_{1122}^* + L_{1212}^* - \frac{\sigma_z}{2} - \frac{\sigma_r}{2} \right] V_z'' n_z n_r$$

$$+ \left[ L_{1212}^* + \frac{\sigma_z}{2} - \frac{\sigma_r}{2} \right] V_r'' n_z^2 + ( L_{2222}^* - \sigma_r ) V_r'' n_r^2$$

$$+ \frac{1}{r} \left[ L_{2222}^* V_r' n_r - L_{3333}^* \frac{V_r}{r} + ( L_{1122}^* - L_{1133}^* ) V_z' n_z \right.$$

$$\left. - \sigma_r V_r' n_r + \sigma_\theta \frac{V_r}{r} \right] = 0 \qquad (10.37b)$$

基于沿法线方向的速率变化非常急剧这一事实,于是只要 $r \gg 0$,则

$$V_i'' \gg V_i' / r \gg V_i / r^2 \quad ( i = z, r )$$

所以,相比之下就可以略去(10.37a,b)式中被集中在方括弧内的各项,从而导致所余下的部分成为渐进式并与(10.23a,b)恰好相同.这就意味着对于一个非常薄的环状带,其曲率影响可以忽略不计,在分叉时的控制方程与平面应变形式的近似相同.惟一的区别是分叉前的应力-应变状态应是轴对称的分布.

图10.6绘制了临界应力/应变相对参数 β 的一般变化趋势.其特征与图 10.5 中平面应变状况下的有很大的不同.与 Yamamoto(1978)研究结果相仿,这里的临界应变值远高于平面应变模式的数值.

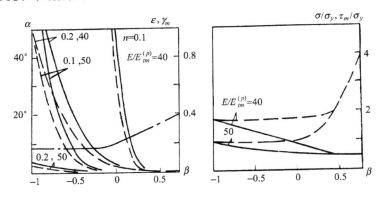

图10.6 临界应变 $\varepsilon$,最大剪应变 $\gamma_m$,临界应力 $\sigma$,最大剪应力 $\tau_m$ 和角度 $\alpha$ 相对参数 β 的变化

( $E/E_{te}^{(p)} = -100$ 又 $n=0.1,0.2.$ 取自 Li(1988))

(a)在计算时所选取的软化模量范围内( $E/E_{te}^{(p)} = -1000$, $-100,-10$;为紧凑起见,只在图 10.6 中列出 $E/E_{te}^{(p)} = -100$ 的结果),仅当伴随有明显塑性膨胀时(例如, $E/E_{tm}^{(p)} > 4$)才会产生剪切带的轴对称形式分叉.如果塑性膨胀比较小,那就只有在极端损伤的情况下(例如, $-E/E_{te}^{(p)} < 10$)分叉才有可能出现.

(b)对于理想塑性材料( $n=0$ ),在所选择的软化模量范围内未发现分叉解.此外,临界应力的数值对于分叉前材料的硬化指数

n 不敏感,表现在图 10.6 中右半边(分别取 $E/E_{tm}^{(p)} = 40, 50$)代表 n＝0.1 和 0.2 的虚线实际上已经重合.

## 10.5 局部化曲线剪切带

对铜材拉伸试棒附加全压以后,French 和 Weinrich(1975)看到了曲线剪切带.图 10.7 复制了这类带的照片.

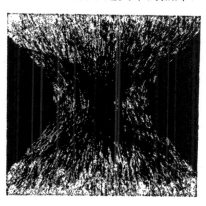

图 10.7 铜材中的曲线剪切带

(取自 French 和 Weinrich(1975))

为模拟曲线剪切带状分叉,需要考虑分叉时沿带的切线方向 $\tilde{t}$ 的材料行为会出现变化.在直角坐标系中,(10.10)所代表的分叉平衡方程可以写为

$$( L_{1111}^* \delta D_{11} )_{,1} + ( L_{1122}^* \delta D_{22} )_{,1} + 2( L_{1212}^* \delta D_{12} )_{,2} - \sigma_{11} ( \delta D_{11} )_{,1}$$

$$- \sigma_{11} ( \delta D_{21} )_{,2} - \sigma_{22} ( \delta D_{12} )_{,2} + \sigma_{22} ( \delta V_{1,2} )_{,2} = 0 \qquad (10.38a)$$

$$2( L_{1212}^* \delta D_{12} )_{,1} + ( L_{1122}^* \delta D_{11} )_{,2} + ( L_{2222}^* \delta D_{22} )_{,2} - \sigma_{11} ( \delta D_{21} )_{,1}$$

$$+ \sigma_{11} ( \delta V_{2,1} )_{,1} - \sigma_{22} ( \delta D_{22} )_{,2} - \sigma_{22} ( \delta D_{12} )_{,1} = 0 \qquad (10.38b)$$

同时也可以设想刚度张量的各个分量沿带的切向 $\tilde{t}$ 的变化远小于速率扰动穿过带法向 $\tilde{n}$ 时所具有的变化.例如,可以认为

$$( L^{*}_{1111} \delta D_{11} )_{,1} = ( L^{*}_{1111} )_{,1} \delta D_{11} + L^{*}_{1111} ( \delta D_{11} )_{,1} \approx L^{*}_{1111} ( \delta D_{11} )_{,1}$$

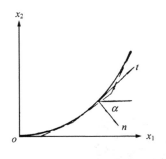

图 10.8  直角坐标中的曲线剪切带

(10.38)中的其他各项也可按此处理,只保留对 $\vec{n}$ 求导的高阶项以作为渐近近似解.由此所得到的最终平衡方程,在形式上,将与平面应变状况的(10.23)完全相同.需要注意的是,分叉前的应力/应变状态可能各不相同,刚度参数也会沿着带的切线方向 $\vec{t}$ (见图 10.8)而变化.

这也就是将曲线带替换为图 10.8 中虚线所表示的一组直线分割段,其 $\delta D_{33} = 0$.只要能够找到一组 $\alpha$ 值的解,它们随着分叉时材料参数的变化而变化,所要模拟的曲线剪切带就成立.

为此目的,若仍以分叉模式是平面应变型的为出发点,可以改写(10.25)式为

$$\left[ \left[ \left( L^{*}_{1212} - \frac{\sigma_{11}}{2} + \frac{\sigma_{22}}{2} \right) ( L^{*}_{2222} - \sigma_{22} ) \right] \right.$$

$$+ \left[ ( L^{*}_{1111} - \sigma_{11} )( L^{*}_{2222} - \sigma_{22} ) + \left[ L^{*}_{1212} - \frac{\sigma_{11}}{2} + \frac{\sigma_{22}}{2} \right] \right.$$

$$\times \left[ L^{*}_{1212} + \frac{\sigma_{11}}{2} - \frac{\sigma_{22}}{2} \right] - \left[ L^{*}_{1122} + L^{*}_{1212} - \frac{\sigma_{11}}{2} - \frac{\sigma_{22}}{2} \right]^2 \right] (1/\text{m}^2)$$

$$\left. + \left[ ( L^{*}_{1111} - \sigma_{11} ) \left[ L^{*}_{1212} + \frac{\sigma_{11}}{2} - \frac{\sigma_{22}}{2} \right] \right] \right] (1/\text{m}^4) = 0 \qquad (10.39)$$

当 $\text{m} \to \infty$,即 $\alpha = 90°$(如图 10.8 所示曲线的 0 点),则需要

$$L^{*}_{2222} - \sigma_{22} = 0$$

所以软化模量应符合以下条件

$$E / E_{te}^{(p)} = - \frac{2(1+\nu)}{3} \Bigg/$$

$$\left\{ 1 - \cfrac{1}{\cfrac{2}{3} \cfrac{\sigma_e^2}{S_{22}^2} \left[ 1 + \cfrac{\nu - E/3 \, E_{tm}^{(p)}}{1 - 2\nu + E/E_{tm}^{(p)}} - \cfrac{\sigma_{22}}{\sigma_y} (1+\nu) \varepsilon_y \right]} \right\}$$

$$(10.40)$$

类似地,从原有的(10.25)式出发,当 $m = 0$ 即 $\alpha = 0°$时,则必须使

$$L_{1111}^* - \sigma_{11} = 0$$

由此导出

$$E / E_{te}^{(p)} = - \frac{2(1+\nu)}{3} \Bigg/$$

$$\left\{ 1 - \cfrac{1}{\cfrac{2}{3} \cfrac{\sigma_e^2}{S_{11}^2} \left[ 1 + \cfrac{\nu - E/3 \, E_{tm}^{(p)}}{1 - 2\nu + E/E_{tm}^{(p)}} - \cfrac{\sigma_{11}}{\sigma_y} (1+\nu) \varepsilon_y \right]} \right\}$$

$$(10.41)$$

对于分叉前为轴对称加载状态,不难看出,若取分叉时的 $E/E_{tm}^{(p)} = 0$,则

$$\alpha = 90° \text{ 对应于分叉时}, E/E_{te}^{(p)} = -0.958$$

$$\alpha = 0° \text{ 对应于分叉时}, E/E_{te}^{(p)} = -1.40$$

这一现象表明,当材料已经极度损伤而临近断裂时,达到以上所列软化模量值后就会萌生这类曲线带.表 10.3(见 Li(1988))列出了两组 $\alpha$ 角的解,它们随着分叉时材料所经历的软化模量值的变化而变化.但结果对于分叉前轴对称加载中的 $\beta$ 参数不敏感.一组解从 90° 逐渐过渡到约 40°,另一组则从 0° 转为 40°.

表 10.3　α 角相对于切线模量逆值 E/$E_{te}^{(p)}$ 的变化
（分叉前受轴对称加载，分叉模式是平面应变型的，
E/$E_{tm}^{(p)}$＝0，β＝－1 到0.75）

| — E/$E_{te}^{(p)}$ | 0.958 | 1.25 | 1.33 | 1.43 | 1.67 | 2.50 | 3.33 | 4.00 |
|---|---|---|---|---|---|---|---|---|
| α | 90 | 72 | 70 | 68 | 64 | 55 | 49 | 42 |
| | | | | 5 | 14 | 26 | 33 | |

## 10.6　局部化剪切带的三维解

至此所涉及的解主要处理了平面应变型的分叉模式，即 $n_3＝\delta V_3＝0$，分叉前的受力状态也局限于轴对称或平面应变加载. 以下将放弃所有这些限制而研究分叉前应力状态和分叉模式的三维效应. 最终目的是探求适宜激发剪切带的力学条件.

设剪切带平面的法线向量为 $\vec{n}$，在直角坐标中它的三个分量是

$$n_1 ＝ \cos\alpha_1 , \quad n_2 ＝ \cos\alpha_2 , \quad n_3 ＝ \cos\alpha_3 \qquad (10.42)$$

且应满足

$$n_1^2 + n_2^2 + n_3^2 = 1$$

这一几何条件. 其中的 $\alpha_1$，$\alpha_2$ 和 $\alpha_3$ 分别是法线向量与 $x_1$，$x_2$ 和 $x_3$ 各轴之间的夹角.

随后，由(10.10)可以写出三个平衡方程，其形式是

$$\left[ L_{1111}^* n_1^2 + L_{1212}^* n_2^2 + L_{1313}^* n_3^2 - \sigma_{11}\left( n_1^2 + \frac{n_2^2}{2} + \frac{n_3^2}{2} \right) \right.$$

$$\left. + \frac{\sigma_{22}}{2} n_2^2 + \frac{\sigma_{33}}{2} n_3^2 \right] V_1''$$

$$+ \left[ \left[ L_{1122}^* + L_{1212}^* - \frac{\sigma_{11}}{2} - \frac{\sigma_{22}}{2} \right] n_1 n_2 \right] V_2''$$

$$+\left[\left(L_{1133}^* + L_{1313}^* - \frac{\sigma_{11}}{2} - \frac{\sigma_{33}}{2}\right)n_1\, n_3\right]V_3'' = 0 \quad (10.43)$$

其他两个方程只要依次将下标 1 与 2 以及 1 与 3 对换就可由 (10.43)得到.

由方程中方括弧内所包括的各项系数可以组成分叉时行列式 应满足

$$|\ \det\ | = 0$$

这个条件.给定一组($n_1$, $n_2$, $n_3$)就能求得相应的应力/应变临界 值.既然目的是研究 $n_3$ 对临界值的影响,所以依次相续地选定不 同的 $n_3$ 值.对于每个 $n_3$ 赋值再变化 $n_1$ 和 $n_2$ 以求得相应于该值 下的最低临界参数.

图 10.9 展现了临界应变($\varepsilon_1 = \varepsilon$)随 $\alpha_3$ 角度的变化曲线,其范 围取在 $n_3 \geqslant 0$(或 $\alpha_3 \leqslant 90°$).对于分叉前的应力状态,考虑了平面 应变和轴对称的两种.结果表明,在较大的 $\beta$ 参数范围内选取不 同的分叉时材料参数,$n_3 = 0$(或 $\alpha_3 = 90°$)的分叉模式对应于最低 的临界应变.这就说明,平面应变模型($\delta V_3 = 0$)很容易成为剪切

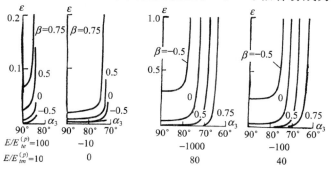

(a) 分叉前是平面应变应力状态　　　(b) 分叉前是轴对称应力状态

图 10.9　临界应变 $\varepsilon$ 相对 $\alpha_3$ 角度的变化

(硬化指数 $n = 0.2$,取自 Li(1988))

带状分叉所取的形式.

图 10.10 表现了分叉前应力状态的三维效应.这里剪切带的模式都取作平面应变型的,即 $n_3 = 0$.对于每个 $\beta$ 值,临界应变值相对 $\phi (\geqslant \beta)$ 的变化都有急速增长的一段.此外,每个 $\beta$ 值所具有的解仅在一定的 $\phi$ 范围内存在.这个范围随着材料在分叉时的软化行为的加聚而扩大.比较图 10.10 中(a)和(b)即可清楚地看到这点.由这些研究可以结论:图 10.10 的×号标记表明,分叉前的平面应变状态也是容易激发剪切带状分叉的条件.

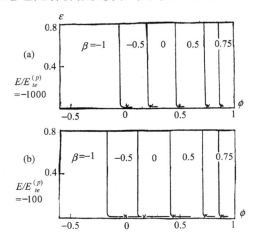

图 10.10    临界应变 $\varepsilon$ 随分叉前应力状态参数 $\phi$
的变化

(硬化指数 $n = 0.2$,分叉时 $E/E_{tä}^{(p)} = 0$,取自 Li(1988))

最后,图 10.11 的结果显示出,如果分叉时伴有塑性膨胀,那么 $\phi$ 值的范围将扩大并可包括轴对称加载情况.塑性膨胀的增大是由 $E/E_{tä}^{(p)}$ 参数的绝对值所表征.

## 10.7    平面应变条件下扩散型剪切带的一维分析

前几节中对剪切带状分叉的分析是基于由 Hill 和 Hutchinson (1975)以及 Rudnicki 和 Rice(1975)所提出的一种局部化方法.由

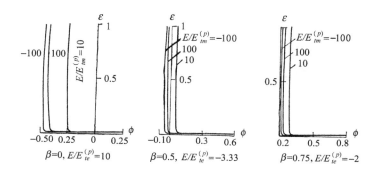

图 10.11　塑性膨胀对于可形成剪切带状分叉的 $\phi$ 参数范围的扩大作用(取自 Li(1988))

这种方法可以导出一个简洁的判别方程,其形式为四阶多项式.但是这种作法不能提供分叉时剪切带内速率扰动的局部分布形状.为更好地了解这一现象,弄清速率扰动的波形与分叉时可能出现的相应材料损伤状况之间的关系,就需要采用数值解法使该分布曲线离散化.因此,除了局部化方法外,下面分析剪切带状分叉问题时将用一种扩散型方法.

图 10.12 示意了直角坐标中平面应变条件下一组周期性分布剪切带的一维离散化方法.每个剪切带的宽度为 2b,限定在两条虚线所规定的平面内.该宽度取决于材料行为本身可能脱离基本状态而突变所涉及的范围,材料行为仅沿图中所示的 n 法线方向而变化.在标有 2a 的基体材料范围内,材料行为与分叉前的相一致.

随同这一材料分叉而同时出现的速率扰动的波形可由 $\delta V_i$(i=1,2)表示,它们仅是法向 n 的函数.法向 n 与轴 $x_1$ 之间的夹角是 α.速率扰动的变化梯度可表示为

$$\delta V_{i,j} = \delta V'_i n_j (j = 1, 2) \tag{10.44}$$

在这个表达式中,j 前的逗号是指对 $x_j$ 的偏导数,而 $\delta V'_i$ 则是

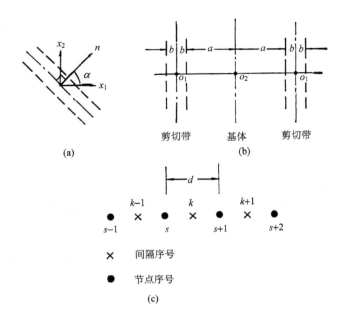

图 10.12　直角坐标中周期性分布剪切带一维离散化示意图

$\delta V_i$ 对 n 的导数.其他和(10.22)式所给出的一样

$$n_1 = \cos\alpha, \quad n_2 = \sin\alpha$$

按照图 10.12c,用三点式差分法可以将第 k 个间隔内的 $\delta V'_i$ 离散化为

$$V_k^{(i)\prime} = \frac{V_{s+1}^{(i)} - V_s^{(i)}}{d} \quad (V^{(i)} = \delta V_i,不是张量形式)$$

$$(10.45)$$

也就是说,第 k 个间隔内速率扰动变化的坡度等于在 s+1 和 s 两点处的速率扰动之差,$V_{s+1}^{(i)} - V_s^{(i)}$,除以间距 d.

在直角坐标中,由(10.6)所给出的泛函 Ⅱ 的二次变分在平面

应变条件下可以写为

$$Q = \int_V \left[ (L_{1111}^* - \sigma_{11}) \delta V_{1,1} \delta V_{1,1} + L_{1122}^* \delta V_{1,1} \delta V_{2,2} \right.$$

$$+ \left[ L_{1212}^* - \frac{\sigma_{11}}{2} - \frac{\sigma_{22}}{2} \right] \delta V_{1,2} \delta V_{2,1}$$

$$+ \left[ L_{1212}^* + \frac{\sigma_{11}}{2} - \frac{\sigma_{22}}{2} \right] \delta V_{2,1} \delta V_{2,1}$$

$$+ \left[ L_{1212}^* - \frac{\sigma_{11}}{2} - \frac{\sigma_{22}}{2} \right] \delta V_{2,1} \delta V_{1,2}$$

$$+ \left[ L_{1212}^* - \frac{\sigma_{11}}{2} + \frac{\sigma_{22}}{2} \right] \delta V_{1,2} \delta V_{1,2}$$

$$\left. + L_{1122}^* \delta V_{1,1} \delta V_{2,2} + (L_{2222}^* - \sigma_{22}) \delta V_{2,2} \delta V_{2,2} \right] d x_1 d x_2$$

$$(10.46)$$

如果定义

$$\overline{Q} = Q d^2 / E n_1^2 a^3, \quad \overline{V}^{(i)} = V^{(i)}/a, \quad \overline{d} = d/a,$$

$$\overline{\sigma}_{ij} = \sigma_{ij}/E, \quad \overline{L}_{ijkl}^* = L_{ijkl}^*/E, \quad m = n_2/n_1 \qquad (10.47a)$$

再利用(10.22),(10.44)和(10.45)就可以将(10.46)离散化为

$$\overline{Q} = \sum_s \left\{ \left[ \overline{L}_{1111}^* - \overline{\sigma}_{11} \right]_k ( \overline{V}_{s+1}^{(1)2} - 2 \overline{V}_s^{(1)} \overline{V}_{s+1}^{(1)} + \overline{V}_s^{(1)2} ) \right.$$

$$+ 2 \left[ \overline{L}_{1122}^* \right]_k ( \overline{V}_{s+1}^{(1)} \overline{V}_{s+1}^{(2)} - \overline{V}_s^{(1)} \overline{V}_{s+1}^{(2)} - \overline{V}_{s+1}^{(2)} \overline{V}_s^{(1)} + \overline{V}_s^{(1)} \overline{V}_s^{(2)} ) m$$

$$+ 2 \left[ \overline{L}_{1212}^* - \frac{\overline{\sigma}_{11}}{2} - \frac{\overline{\sigma}_{22}}{2} \right]_k ( \overline{V}_{s+1}^{(1)} \overline{V}_{s+1}^{(2)} - \overline{V}_s^{(1)} \overline{V}_{s+1}^{(2)}$$

$$- \overline{V}_s^{(2)} \overline{V}_{s+1}^{(1)} + \overline{V}_s^{(1)} \overline{V}_s^{(2)} ) m$$

$$+\left[\overline{L}_{1212}^{*}+\frac{\overline{\sigma}_{11}}{2}-\frac{\overline{\sigma}_{22}}{2}\right]_{k}(\overline{V}_{s+1}^{(1)2}-2\overline{V}_{s}^{(1)}\overline{V}_{s+1}^{(1)}+\overline{V}_{s}^{(1)2})\,m^{2}$$

$$+\left[\overline{L}_{1212}^{*}+\frac{\overline{\sigma}_{11}}{2}-\frac{\overline{\sigma}_{22}}{2}\right]_{k}(\overline{V}_{s+1}^{(2)2}-2\overline{V}_{s}^{(2)}\overline{V}_{s+1}^{(2)}+\overline{V}_{s}^{(2)2})$$

$$+\left[\overline{L}_{2222}^{*}-\overline{\sigma}_{22}\right]_{k}(\overline{V}_{s+1}^{(2)2}-2\overline{V}_{s}^{(2)}\overline{V}_{s+1}^{(2)}+\overline{V}_{s}^{(2)2})\,m^{2}\Big\}\,\overline{d}$$

$$(10.47b)$$

其中,$[\quad]_{k}$ 符号代表取括弧中各项在第 k 个间隔内的赋值.

既然本征问题决定于(10.9)式,该变分过程的实施可通过求取(10.47b)所表示的 $\overline{Q}$ 对 $\overline{V}^{(i)}$ ( i =1,2)的偏导数而完成.于是,在每一个节点 s(=1,2…p)处均可以列出以下一对方程:

$$\frac{\partial \overline{Q}}{\partial \overline{V}_{s}^{(1)}}=0 \qquad (10.48a)$$

$$\frac{\partial \overline{Q}}{\partial \overline{V}_{s}^{(2)}}=0 \qquad (10.48b)$$

如图 10.12b 所示,速率扰动沿 n 轴的分布具有周期性,实际计算时只需截取一段宽度( a + b )即能满足要求.速率扰动在 $o_1$ 和 $o_2$ 两点附近共有四种可能的分布:

(a)反对称于 $o_1$ 但对称于 $o_2$ ,

(b)反对称于 $o_1$ 也反对称于 $o_2$ ,

(c)对称于 $o_1$ 但反对称于 $o_2$ ,

(d)对称对 $o_1$ 也对称于 $o_2$ .

由(10.48a,b)表达式再结合以上端部条件中任何一组就完备地构成一个本征值课题.其代数形式可以写作

$$[D]\{\overline{V}_{s}^{(i)}\}=\{0\} \quad (零列) \qquad (10.49)$$

其中,$[D]$ 是一个具有 2 p 阶(全部节点数的两倍)的方阵$\{\overline{V}_{s}^{(i)}\}$,

是由待定的速率扰动在各节点处之分量所组成的列.待到出现分叉时,行列式 $|D|$ 达到零.随之,以 $\{\overline{V}_s^{(i)}\}$ 中一个系数为单位就能确定其他各分量的相对值,从而得出相应的速率扰动波型.习惯的作法是取 $\{\overline{V}_s^{(i)}\}$ 中最后一个系数为 1 再计算其他各系数之值.再者,实际计算分叉点 $|D|=0$,是以行列式值改变符号为判别的依据.于是可以确定对应于某个给定 m 值的临界应力值.变化 m 值后才能找到最低的临界应力或应变.

作为算例,设分叉前的基本状态是平面应变模型承受单向加载.对于简单加载情况,分叉前的解可以使用塑性力学的形变理论.假设材料是应变硬化型的,其屈服应变 $\varepsilon_y=0.002$,硬化指数 $n=0.2$,泊松系数 $\nu=0.3$.剪切带内材料行为分叉后的软化模量值为 $E/E_{te}^{(p)}=-100,-1000,-10000$.剪切带宽度的变化范围是以相对参数表示的,$b/a=0.1,0.3,0.5,0.7$ 和 $0.9$.计算时,在 $o_1o_2$ 范围内取 100 个等间距作离散化处理,并用 200 个间距的离散化结果做了校核.

速率扰动沿切线方向是作为恒定的而仅随剪切带的法线方向变化.一般感兴趣的是这个向量场在平行于剪切带方向上的分量情况.由图 10.12a,可以将 $\delta V_1$ 和 $\delta V_2$ 投影到这个方向上去,从而得到

$$\delta V_t = -\delta V_1 \sin\alpha + \delta V_2 \cos\alpha \qquad (10.50)$$

对应前面所提到的四种端部条件,图 10.13 ——绘制了速率扰动 $\delta V_t$ 的四种波型,带宽比 $b/a=0.3$,又 $E/E_{te}^{(p)}=-100$.对于 $E/E_{te}^{(p)}=-1000$ 和 $-10000$ 也有类似的分布.其中,波型(d)意味着刚体位移而失去意义.波型(b)的相应临界应变值较高,可不予考虑.对应波型(a)和(c)的临界值都是最低的,但波型(c)在 $o_2$ 处有急剧不连续性.最符合实际的是波型(a),它在带内有明显错动.

对应三个给定的软化模量值 $E/E_{te}^{(p)}$ 的计算结果都列在表 10.4中.其中 $\varepsilon_c$ 代表等效应变 $\varepsilon_e$ 的临界值.波型(a)的数值结果实

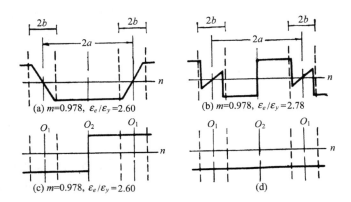

图 10.13 速率扰动 $\delta V_t$ 的四种波型( $b/a$＝0.3, $E/E_{te}^{(p)}$＝
－100,取自 Li(1990))

表 10.4 $\varepsilon_c/\varepsilon_y$ 和 m 相对 $E/E_{te}^{(p)}$ 的变化

| $\dfrac{E}{E_{te}^{(p)}}$ | 速 率 扰 动 波 型 | | | | | |
|---|---|---|---|---|---|---|
| | (a) | | (b) | | (c) | |
| | $\varepsilon_c/\varepsilon_y$ | m | $\varepsilon_c/\varepsilon_y$ | m | $\varepsilon_c/\varepsilon_y$ | m |
| －100 | 2.60 | 0.978 | 2.78 | 0.978 | 2.60 | 0.978 |
| －1000 | 11.3 | 0.993 | 13.5 | 0.993 | 11.3 | 0.993 |
| －10000 | 41.4 | 0.999 | 65.0 | 0.999 | 41.4 | 0.999 |

际上与前面用局部化分析,(10.25)式,所得的结果相等.

此外,给定软化模量以后变化带宽比并取 $b/a$＝0.1,0.3, 0.5,0.7 和 0.9.按波型(a)计算临界应变,其值均与表 10.4 中相应的结果相一致.这就表明,临界值与带宽比无关.但由图 10.14 所描绘的数值分析结果可见,速率扰动的分布的确取决于分叉时应变软化区域的分布.

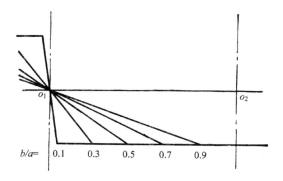

图 10.14 在各带宽比 b/a 下的速率扰动 $\delta V_t$ 的波型
(a)(b/a=0.1,0.3,0.5,0.7,0.9 又 $E/E_{te}^{(p)}=$
$-100,-1000,-10000$)

## 10.8 平面应变条件下扩散型剪切带的二维分析

如果材料行为和速率波型的分叉都是二维的,那么

$$\delta V_i = \delta V_i(n,t_0) \quad (i=1,2) \qquad (10.51a)$$

又

$$\delta V_{i,j} = \delta V'_i n_j + \delta \dot{V}_i t_{0j} \quad (j=1,2) \qquad (10.51b)$$

其中的 $\delta V'_i$ 和 $\delta \dot{V}_i$ 分别是 $\delta V_i$ 对 n 和 $t_0$ 的导数. 由图 10.15(a)可知,$(n,t_0)$ 和 $(x_1,x_2)$ 两个坐标系的关系是

$$n = x_1\cos\alpha + x_2\sin\alpha = x_1 n_1 + x_2 n_2$$
$$t_0 = -x_1\sin\alpha + x_2\cos\alpha = x_1 t_1 + x_2 t_2 \qquad (10.52)$$

其中,$t_1 = -n_2$, $t_2 = n_1$

在二维平面内,假设速率场和材料行为的分叉模式都是周期性分布的,其基本模式都处于图 10.15(b)所示的矩形阴线区内.

设

$$\delta V_i(n, t_0) = \delta V_{i1}(n) + \delta V_{i2}(n)\cos\frac{\pi t_0}{b_0} \quad (i = 1, 2)$$

$$(10.53)$$

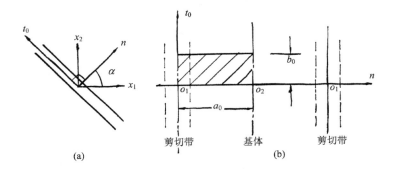

图 10.15 剪切带状分叉二维分析的示意图

用这个函数描述 $\delta V_i$ 的分布，可以使它连续于 $t_0$ 轴并在 $t_0 = b_0$ 和 $t_0 = -b_0$ 具有相同的幅值．沿着 $n$ 轴，取速率扰动的波型为反对称于 $o_1$ 点但对称于 $o_2$ 点．因为这一特点已在前一节中被证实为切合实际情况的．

将 (10.51b) 和 (10.53) 代入 (10.46) 后可以得到

$$Q = \int_V \left\{ (L^*_{1111} - \sigma_{11}) \left[ \delta V'^2_{11} + 2\delta V'_{11}\delta V'_{12}\cos\frac{\pi t_0}{b_0} \right. \right.$$

$$+ \delta V'^2_{12} \left[ \cos\frac{\pi t_0}{b_0} \right]^2 \right] n_1^2 + 2(L^*_{1111} - \sigma_{11})$$

$$\times \left[ \left[ \delta V'_{11} + \delta V'_{12}\cos\frac{\pi t_0}{b_0} \right] \left[ \frac{\pi}{b_0} \right] \sin\frac{\pi t_0}{b_0} \delta V_{12} \right] n_1 n_2$$

$$+ ( L^{*}_{1111} - \sigma_{11} ) \left[ \frac{\pi^2}{b_0^2} \delta V_{12}^2 \left[ \sin \frac{\pi t_0}{b_0} \right]^2 \right] n_2^2$$

$$+ 2 L^{*}_{1122} \left[ \delta V'_{11} \delta V'_{21} + ( \delta V'_{11} \delta V'_{22} + \delta V'_{12} \delta V'_{21} ) \cos \frac{\pi t_0}{b_0} \right.$$

$$\left. + \delta V'_{12} \delta V'_{22} \left[ \cos \frac{\pi t_0}{b_0} \right]^2 \right] n_1 n_2$$

$$+ 2 L^{*}_{1122} \left[ \frac{\pi}{b_0} \left[ \delta V'_{21} + \delta V'_{22} \cos \frac{\pi t_0}{b_0} \right] \sin \frac{\pi t_0}{b_0} \delta V_{12} \right] n_2^2$$

$$- 2 L^{*}_{1122} \left[ \frac{\pi}{b_0} \left[ \delta V'_{11} + \delta V'_{12} \cos \frac{\pi t_0}{b_0} \right] \sin \frac{\pi t_0}{b_0} \delta V_{22} \right] n_1^2$$

$$- 2 L^{*}_{1122} \left[ \frac{\pi^2}{b_0^2} \delta V_{12} \delta V_{22} \left[ \sin \frac{\pi t_0}{b_0} \right]^2 \right] n_1 n_2$$

$$+ 2 \left[ L^{*}_{1212} - \frac{\sigma_{11}}{2} - \frac{\sigma_{22}}{2} \right]$$

$$\times \left[ \delta V'_{11} \delta V'_{21} + ( \delta V'_{12} \delta V'_{21} + \delta V'_{11} \delta V'_{22} ) \cos \frac{\pi t_0}{b_0} \right.$$

$$\left. + \delta V'_{12} \delta V'_{22} \left[ \cos \frac{\pi t}{b} \right]^2 \right] n_1 n_2$$

$$+ 2 \left[ L^{*}_{1212} - \frac{\sigma_{11}}{2} - \frac{\sigma_{22}}{2} \right] \left[ \frac{\pi}{b_0} \left[ \delta V'_{11} + \delta V'_{12} \cos \frac{\pi t_0}{b_0} \right] \right.$$

$$\left. \times \sin \frac{\pi t_0}{b_0} \delta V_{22} \right] n_2^2 - 2 \left[ L^{*}_{1212} - \frac{\sigma_{11}}{2} - \frac{\sigma_{22}}{2} \right]$$

$$\times \left[ \frac{\pi}{b_0} \left[ \delta V'_{21} + \delta V'_{22} \cos \frac{\pi t_0}{b_0} \right] \sin \frac{\pi t_0}{b_0} \delta V_{12} \right] n_1^2$$

$$- 2 \left[ L^{*}_{1212} - \frac{\sigma_{11}}{2} - \frac{\sigma_{22}}{2} \right] \left[ \frac{\pi^2}{b_0^2} \delta V_{12} \delta V_{22} \left[ \sin \frac{\pi t_0}{b_0} \right]^2 \right] n_1 n_2$$

$$+\left[\overset{*}{L}_{1212}+\frac{\sigma_{11}}{2}-\frac{\sigma_{22}}{2}\right]\left[\delta V'^{2}_{21}+2\delta V'_{21}\delta V'_{22}\cos\frac{\pi t_0}{b_0}\right.$$

$$+\left.\delta V'^{2}_{22}\left(\cos\frac{\pi t_0}{b_0}\right)^2\right]n_1^2+2\left[\overset{*}{L}_{1212}+\frac{\sigma_{11}}{2}-\frac{\sigma_{22}}{2}\right]$$

$$\times\left[\frac{\pi}{b_0}\left(\delta V'_{21}+\delta V'_{22}\cos\frac{\pi t_0}{b_0}\right)\sin\frac{\pi t_0}{b_0}\delta V_{22}\right]n_1 n_2$$

$$+\left[\overset{*}{L}_{1212}+\frac{\sigma_{11}}{2}-\frac{\sigma_{22}}{2}\right]\left[\frac{\pi^2}{b_0^2}\delta V^2_{22}\left(\sin\frac{\pi t_0}{b_0}\right)^2\right]n_2^2$$

$$+\left[\overset{*}{L}_{1212}-\frac{\sigma_{11}}{2}+\frac{\sigma_{22}}{2}\right]\left[\delta V'^{2}_{11}+2\delta V'_{11}\delta V'_{12}\cos\frac{\pi t_0}{b_0}\right.$$

$$+\left.\delta V'^{2}_{12}\left(\cos\frac{\pi t_0}{b_0}\right)\right]n_2^2-2\left[\overset{*}{L}_{1212}-\frac{\sigma_{11}}{2}+\frac{\sigma_{22}}{2}\right]$$

$$\times\left[\frac{\pi}{b_0}\left(\delta V'_{11}+\delta V'_{12}\cos\frac{\pi t_0}{b_0}\right)\sin\frac{\pi t_0}{b_0}\delta V_{12}\right]n_1 n_2$$

$$+\left[\overset{*}{L}_{1212}-\frac{\sigma_{11}}{2}+\frac{\sigma_{22}}{2}\right]\left[\frac{\pi^2}{b_0^2}\delta V^2_{12}\left(\sin\frac{\pi t_0}{b_0}\right)^2\right]n_1^2$$

$$+(\overset{*}{L}_{2222}-\sigma_{22})\left[\delta V'^{2}_{21}+2\delta V'_{21}\delta V'_{22}\cos\frac{\pi t_0}{b_0}\right.$$

$$+\left.\delta V'^{2}_{22}\left(\cos\frac{\pi t_0}{b_0}\right)\right]n_2^2-2(\overset{*}{L}_{2222}-\sigma_{22})$$

$$\times\left[\left(\delta V'_{21}+\delta V'_{22}\cos\frac{\pi t_0}{b_0}\right)\frac{\pi}{b_0}\sin\frac{\pi t_0}{b_0}\delta V_{22}\right]n_1 n_2$$

$$+(\overset{*}{L}_{2222}-\sigma_{22})\left[\frac{\pi^2}{b_0^2}\delta V^2_{22}\left(\sin\frac{\pi t_0}{b_0}\right)^2\right]n_1^2\,\mathrm{d}\,n\,\mathrm{d}\,t_0 \qquad (10.54)$$

再用图 10.12(c)所示的三点式差分法进行离散化处理,也就

是取

$$V_k^{(ij)'} = \frac{V_{s+1}^{(ij)} - V_s^{(ij)}}{d} \qquad (10.55)$$

$V_k^{(ij)} = \dfrac{V_{s+1}^{(ij)} + V_s^{(ij)}}{2}$（$V^{(ij)} = \delta V_{ij}$，不是张量形式）又定义

$$\overline{Q} = Q d^2 / E n_1^2 a_0^3 b_0 , \quad \overline{V}^{(ij)} = V^{(ij)} / a_0 , \quad \overline{d} = d / a_0 ,$$

$$\overline{\sigma}_{ij} = \sigma_{ij} / E , \quad \overline{L}_{ijkl}^* = L_{ijkl}^* / E , \quad \overline{t} = t_0 / b_0 \qquad (10.56a)$$

$$S_0 = b_0 / d_0 , \quad m = n_2 / n_1$$

利用(10.55)就可以将(10.54)中的泛函离散化为

$$\overline{Q} = \sum_s \left\{ \left[ \int (\overline{L}_{1111}^* - \overline{\sigma}_{11}) d\overline{t} \right]_k \left[ (\overline{V}_{s+1}^{(11)})^2 - 2 \overline{V}_s^{(11)} \overline{V}_{s+1}^{(11)} \right. \right.$$

$$+ (\overline{V}_s^{(11)})^2 \right] + 2 \left[ \int (\overline{L}_{1111}^* - \overline{\sigma}_{11}) \cos\pi\overline{t} \, d\overline{t} \right]_k \left[ \overline{V}_{s+1}^{(11)} \overline{V}_{s+1}^{(12)} \right.$$

$$\left. - \overline{V}_s^{(11)} \overline{V}_{s+1}^{(12)} - \overline{V}_{s+1}^{(11)} \overline{V}_s^{(12)} + \overline{V}_s^{(11)} \overline{V}_s^{(12)} \right]$$

$$+ \left[ \int (\overline{L}_{1111}^* - \overline{\sigma}_{11})(\cos\pi\overline{t})^2 d\overline{t} \right]_k \left[ (\overline{V}_{s+1}^{(12)})^2 \right.$$

$$\left. - 2 \overline{V}_s^{(12)} \overline{V}_{s+1}^{(12)} + (\overline{V}_s^{(12)})^2 \right]$$

$$+ \frac{\pi m}{S_0} \left[ \int (\overline{L}_{1111}^* - \overline{\sigma}_{11}) \sin\pi\overline{t} \, d\overline{t} \right]_k \left[ \overline{V}_{s+1}^{(12)} \overline{V}_{s+1}^{(11)} \right.$$

$$\left. + \overline{V}_s^{(12)} \overline{V}_{s+1}^{(11)} - \overline{V}_{s+1}^{(12)} \overline{V}_s^{(11)} - \overline{V}_s^{(12)} \overline{V}_s^{(11)} \right]$$

$$+ \frac{\pi m}{S_0} \left[ \int (\overline{L}_{1111}^* - \overline{\sigma}_{11})(\sin\pi\overline{t})(\cos\pi\overline{t}) d\overline{t} \right]_k$$

$$\times \left[ (\overline{V}_{s+1}^{(12)})^2 - (\overline{V}_s^{(12)})^2 \right]$$

$$+ \frac{\pi^2 \, m^2}{4 \, S_0^2} \Bigg[ \int ( \bar{L}_{1111}^* - \bar{\sigma}_{11} )(\sin \pi \bar{t})^2 \, d\bar{t} \Bigg]_k$$

$$\times \big[ ( \bar{V}_{s+1}^{(12)} )^2 + 2 \, \bar{V}_s^{(12)} \bar{V}_{s+1}^{(12)} + ( \bar{V}_s^{(12)} )^2 \big] + \cdots \Bigg\} \bar{d} \quad (10.56b)$$

在以上表达式中，$[\;]_k$ 是指第 k 个间隔内的赋值.

为使(10.56b)的 $\bar{Q}$ 达到驻值条件，可求 $\bar{Q}$ 对 $\bar{V}^{(ij)}$（i，j＝1，2）的偏导数，从而构成一个本征值问题.在每个 s 点处均可以找到以下 4 个方程：

$$\frac{\partial \bar{Q}}{\partial \bar{V}_s^{(11)}} = 0, \quad \frac{\partial \bar{Q}}{\partial \bar{V}_s^{(12)}} = 0, \quad \frac{\partial \bar{Q}}{\partial \bar{V}_s^{(21)}} = 0, \quad \frac{\partial \bar{Q}}{\partial \bar{V}_s^{(22)}} = 0$$

$$(10.57a,b,c,d)$$

在这个表达式中，s＝1，2，$\cdots$，p，p 是用于离散 n 轴方向的全部节点数.

求解方程(10.57a，b，c，d)的过程与前面一维分析时完全一样.只是这里的数值矩阵阶数提高到 4 p，因为表征每个节点处的速率扰动需要 4 个分量.计算时，还是用 100 个间隔来分隔图 10.15b 中所示的长度范围 $a_0$，又沿 $t_0$ 方向取 50 个积分点用于对 (10.56b)式中有关项进行数值积分.

为便于与一维分析结果相比较，分叉前材料的应变硬化模型与以前所用的一样，硬化指数 n ＝0.2，泊松系数 $\nu$＝0.3 又屈服应变 $\varepsilon_y$＝0.002.

下面以数值计算所用过的材料行为分叉的三种可能模式（见 Li(1990)）为例进行说明.图 10.16 的暗区代表材料在分叉时的行为与分叉前的相一致，空白区则是指分叉时材料行为发生应变软化并有 $E/E_{te}^{(p)}$＝－100.此外还假设材料分布对称于 n＝0，$a_0$ 和 $t_0$＝0，$b_0$ 各轴.

图 10.17 表示了等效应变的临界值 $\varepsilon_c$（除以屈服应变 $\varepsilon_y$）相对给定 m 值的变化.通过 m 可以确定剪切带的倾角 $\alpha$.针对图

10.16中(a),(b)和(c)每一个模式都可以找到在某个 m 的临界值下的最低临界应变.

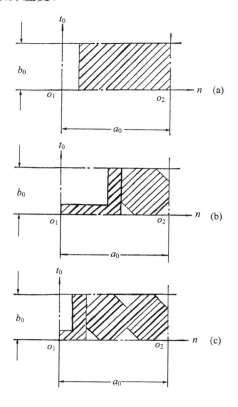

图 10.16 材料行为分叉的三种模式
($b_0/a_0=0.5$,取自 Li(1990))

表 10.5  $\varepsilon_c/\varepsilon_y$ 与 m 值

| $E/E_{te}^{(p)}$ | 材料行为分叉的模式 | | | | | |
|---|---|---|---|---|---|---|
| | (a) | | (b) | | (c) | |
| | $\varepsilon_c/\varepsilon_y$ | m | $\varepsilon_c/\varepsilon_y$ | m | $\varepsilon_c/\varepsilon_y$ | m |
| $-100$ | 2.6 | 0.95 | 2.7 | 0.95 | 2.6 | 0.98 |

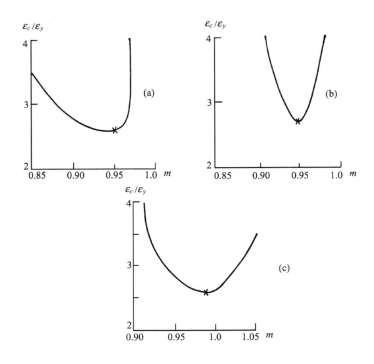

图 10.17 等效应变临界值 $\varepsilon_c$ (除以屈服应变 $\varepsilon_y$) 相对 m 值的变化

表 10.5 列出了三种材料分叉情况下的计算临界值.临界应变值没有实质性的变化,它们与一维分析或局部化分析的结果实际上是一致的.

速率扰动各分量 $\delta V_1$ 和 $\delta V_2$ 沿 n 和 $t_0$ 两方向的投影分别是 $\delta V_n$ 和 $\delta V_t$.图 10.18 展现了在 $t_0 = 0, b_0/2$ 和 $b_0$ 各截线上沿着 n 轴方向分布的 $\delta V_t$ 和 $\delta V_n$.其中的(a),(b)和(c)逐一对应于图10.16的各个材料行为分叉状态,即 $\alpha$ 两边平行的虚线范围内出现应变软化区.显然可见,速率扰动的分布完全取决于软化区沿着法线方向延展的情况.

图 10.19 以平面流线方式显示了图 10.18(a)中速率扰动的结

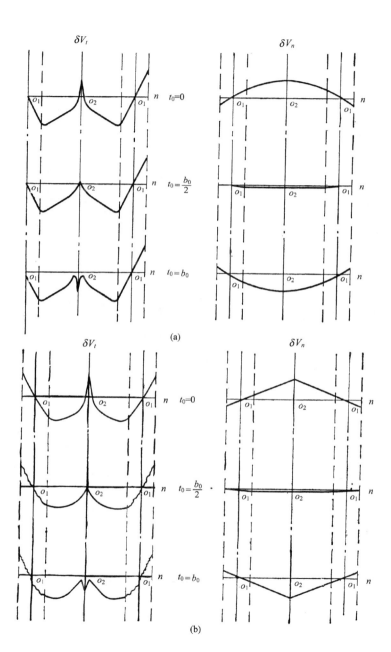

(a)

(b)

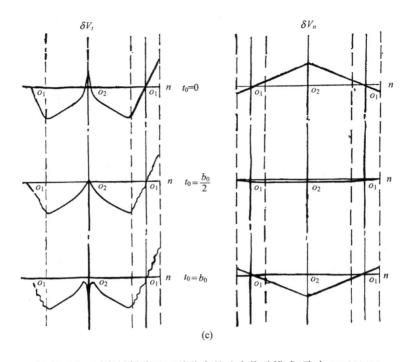

图 10.18 对应材料分叉三种分布的速率扰动模式(取自 Li(1990))

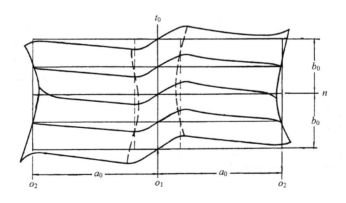

图 10.19 剪切带分叉模式

果.原先的细线格子分叉以后成为粗曲线所表现的模式.带内的剪切变形还在 $t_0 = \pm b_0$ 和 $t_0 = 0$ 附近引发出周期性的拉伸和压缩.基体中 $o_2$ 轴有一半被拉长还有一半被压缩.

以上研究(参见 Li(1990))的主要发现有:

(a)临界应变值与应变软化分布的形态无关,但取决于应变软化或损伤的程度(反映在 $E/E_{te}^{(p)}$ 的负值情况).

(b)剪切带的分叉模式主要取决于应变软化区域的分布.

(c)由扩散型模式所得到的临界应变值与局部化解,在损伤条件相同时,二者是一致的.

在结束本章之前需要说明,本书中所称的应变软化效应是指等效应力-应变曲线上切线模量值变为负值的情况.Anand 和 Spitzig(1980)曾断言在他们的实验中没有发现软化效应.按照他们所测定的出现剪切带的临界应变值,该时刻所具有的平面应变条件下的切线模量 $E_t (= 4\bar{\mu}, \text{见}(10.26b)) = 75\,\text{MPa}$ 或 $E_t/E = 0.00036$. $E_t$ 值没有出现负值情况.但仔细推敲后可以发现

$$4\bar{\mu} = L_{1111}^* + L_{2222}^* - 2L_{1122}^*$$

$$= \frac{1}{1+\nu}\left[2 - \frac{3}{2\sigma_e^2}\frac{(S_{11} - S_{22})^2}{1 + \frac{2}{3}(1+\nu)\frac{E_{te}^{(p)}}{E}}\right]$$

$$= \frac{1}{1+\nu}\left[2 - \frac{3}{2(1 - \phi + \phi^2)\left[1 + \frac{2}{3}(1+\nu)\frac{E_{te}^{(p)}}{E}\right]}\right]$$

$$(10.58)$$

对于分叉前材料的硬化指数取 $n = 0 - 0.2$ 的计算表明,在 Anand 和 Spitzig 所推断的正 $E_t$ 值范围完全可以有 $E_{te}^{(p)}$ 为负值的软化情况.计算结果可参见表 10.6,其中不考虑塑性体膨胀.

表 10.6　分叉时 $E/E_{te}^{(p)}$ 与 $E_t/E$ 的关系($\nu=0.3$, $\varepsilon_y=0.002$)

| $E/E_{te}^{(p)}$ | | $-100$ | $-300$ | $-900$ | $-2100$ | $-3000$ |
|---|---|---|---|---|---|---|
| $E_t/E$ | $n=0$ | 0.002265 | 0.000763 | 0.000274 | 0.000133 | 0.000098 |
| | $n=0.2$ | 0.002296 | 0.000806 | 0.000375 | 0.000166 | 0.000132 |

　　再者,Anand 和 Spitzig 所测定的分叉时的 $E_t$ 值是材料的宏观参数,剪切带内的局部参数完全可能比宏观数值要小.因此这里的论断与 Anand 和 Spitzig 实测结果并不矛盾,相反地可以用之作为旁证.

# 参　考　文　献

李国琛.1987.韧性材料的剪切带状分叉,力学学报,19:61—68

Anand L, Spitzig W A. 1980. Initiation of localized shear bands in plane strain. J Mech Phys Solids, 28: 113—128

French I E, Weinrich P F. 1975. The influence of hydrostatic pressure on the tensile deformation and fracture of copper. Metall Trans A, 6A, 785—790

Hancock J W, Cowling M J.1980. Role of state of stress in crack-tip failure process Met Sci, 14, 293—304

Hill R, Hutchinson J W.1975. Bifurcation phenomena in the plane tension test J Mech Phys Solids, 23:239—264

Hutchinson J W. 1974. Plasticity buckling, Advances in Applied Mechanics (ed. by ChiaShun Yih),14:67—144

Iricibar R, Mazza J and Cabo A.1977. On the Lüder band front in mild steel—1. Acta Metallurgica, 25,1163—1168

Li Guo-Chen.1986. On the role of strain softening effect in the modelling of shear band localization Symposium on Computer Modelling of Fabrication Processes and Constitutive Behaviour of Metals(ed. by J J M Too), May 15—16,Ottawa, Canada, CANMET,267—276

Li Guo-Chen.1988. The mechanical conditions of shear band bifurcation. Acta Mechanica Sinica(英文版) 4: 363—371

Li Guo-Chen.1990. Numerical analysis of shear-band bifurcation. Acta Mechanica Sinica (英文版)6:22—28

Mughrabi H.1981. Cyclic plasticity of matrix and persistent slip bands in fatigue metals. Continuum Models of Discrete System 4 (ed by O Brulin and R K T Hsieh). Amsterdam: North-Holland Publishing Company. 241—257

Ohno N, Hutchinson J W. 1984. Plastic flow localization due to non-uniform void distribution J Mech Phys Solids, 32: 63—85

Rudnicki J W, Rice J R.1975. Conditions for the localization of deformation in pressure-sensitive dilatant materials. J Mech Phys Solids,23:371—394

Yamamoto H. 1978. Conditions for shear localization in the ductile fracture of void containing materials. Int J Fracture, 14:347—364

# 第十一章 空洞和分叉的分析
## 在金属板材成型中应用

在板材成型的过程中不但有材料内部空洞化问题,也会出现局部剪切带分叉.Marciniak 和 Kuczynski(1967)曾设想,板材厚度有局部的不均匀缺陷,从而导致金属板材在延伸成型的过程中颈缩不断加快直至失效.Stören 和 Rice(1975)则用局部化分析方法,从分叉观点出发,来引发颈缩波型扰动.他们所用的形变型本构理论是属于后屈服面上有角点的一种简化模型.参照 Marciniak 和 Kuczynski 的局部颈缩化模型 Needleman 和 Triantafyllidis(1978)在颈缩区内材料的本构描述中引入空洞扩展效应.而不是用初始几何缺陷来促进颈缩的发展.近来,Schmitt 和 Jalinier(1982)依据金属板材成型的实测总结认为,随着塑性变形的增大,会不断萌生新空洞和激发空洞的扩展,从而造成内部损伤.由 Wilson 和 Acsel-rad(1984)所做的实验也表明,在双向拉伸的过程中,材料内夹杂粒子周围会逐渐空洞化,并形成应变局部化.这些实验观测者还声明说,如果不考虑相邻空洞的交互作用就难以真实地反映出内部空洞化损伤的进程.

本章将用有限元分析一个平面应力空洞模型,以模拟板材的损伤.用计算机模拟空洞交互作用的办法是,随着受力的阶段性发展,在围绕初级空洞的基体材料中引发新的微空洞或内部裂隙.这个模型的总体响应提供了测定空洞化损伤的定量方法.随后,在损伤材料性能的基础上,再分析局部化剪切带和扩散型颈缩等分叉模式.当基体材料中的等效应变或应力情况达到规定的临界条件时,采用 Tvergaard(1982)所用过的空单元技术,就能用有限元计算模拟新生空洞和微裂纹扩展所带来的影响.分析的结果可为板材成型提供上下界限值.总之,本章的重点就在于用平面应力模型模拟金属板材成型过程的空洞化损伤和空洞间的交互作用,以及由此而激发的各种分叉模式.

## 11.1 平面应力模型中空洞扩展效应

金属板材中的空洞化作用可以通过观察平面应力模型的总体响应来评定.这个响应也就代表了受有韧性损伤的连续介质在一点处的行为.以后再解释这样提法的原因.从几何上说,模型就是一块方板包含有一个中心圆孔.图 11.1 中画的是其四分之一部分.胞元外边界上的无量纲位移服从定比规律,即

$$\frac{\Delta V}{1 + V} = - \alpha \frac{\Delta U}{1 + U} \quad （即 \ \varepsilon_2 = - \alpha \varepsilon_1） \quad (11.1)$$

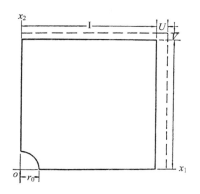

图 11.1 一个平面应力空洞模型

其中的 $\alpha$ 值可用作调节定比应变的比值.它也反映胞元所经受的三轴应力的强度.

很显然,环绕初始空洞的基体中应力和应变分布均对称于 $ox_1$ 和 $ox_2$ 两轴线.沿边界线上的条件有

$$T_2 = 0, \quad 在 \ x_1 = 1 + U \ 上$$

$$T_1 = 0, \quad 在 \ x_2 = 1 + V \ 上 \quad (11.2)$$

有关逐级更新 Lagrange 体系下的有限元解法在第七章和第九章中已做过解释.所依据的是(7.37a)变分表达式,Prandtl-Reuss 理论的大应变推广式(9.20a,b)以及(11.1)和(11.2)所规定的边界条件.对于图 11.1 中的四分之一胞元,用了 436 个等应变三角单元和 248 个节点.解的过程取伸长变形 U 为广义时间 t 最为方便.每个增量时刻 $\Delta t$ 内的计算步骤已在第七章的 7.5.2 段中说明过.一般来说,每一条曲线需要 600 个增量或更多一些来完成.

由空洞模型的总体响应可以导出折合的连续介质在一点处的两个主应力(除以杨氏模量),即

$$\bar{\sigma}_1 = \sum_i F_{1i}/[(1 + V)(1 + W)], 在 \ x_1 = 1 + U \ 上$$

$$\bar{\sigma}_2 = \sum_i F_{2i}/[(1 + U)(1 + W)], 在 \ x_2 = 1 + V \ 上 (11.3)$$

其中 W 是所考虑时刻下板厚已有的变形在板平面内的平均值.这里,在有关的符号上冠以"—"表示连续介质或宏观意义的量,而没有这一杠的量则属于基体中局部的也就是等应变有限单元中的结果.由此, $\bar{\sigma}_e$ 代表宏观等效应力, $\bar{\sigma}_m$ 则是宏观平均应力.在平面应力条件下,它们分别是

$$\bar{\sigma}_e = (\bar{\sigma}_1^2 + \bar{\sigma}_2^2 - \bar{\sigma}_1 \bar{\sigma}_2)^{1/2}$$
$$\bar{\sigma}_m = (\bar{\sigma}_1 + \bar{\sigma}_2)/3 \tag{11.4}$$

折合的应变和增量与位移 U 和 V 的关系是

$$d\bar{\varepsilon}_1 = \Delta U/(1 + U)$$
$$d\bar{\varepsilon}_2 = \Delta V/(1 + V) \tag{11.5a}$$

以及

$$\bar{\varepsilon}_1 = \ln(1 + U)$$
$$\bar{\varepsilon}_2 = \ln(1 + V) \tag{11.5b}$$

折合的横向应变增量 $d\bar{\varepsilon}_3$ 取为胞元范围内各个单元中局部应变的平均值.每个单元对这一平均值的贡献考虑了其瞬时所占据的面积大小.由此,瞬时的等效应变和平均应变可以分别表示为

$$\bar{\varepsilon}_e = \int_0^t d\bar{\varepsilon}_e, \qquad \bar{\varepsilon}_m = \int_0^t d\bar{\varepsilon}_m \qquad (11.6a)$$

其中,

$$d\bar{\varepsilon}_e = \sqrt{2/3}\left[(d\bar{\varepsilon}_1 - d\bar{\varepsilon}_2)^2 + (d\bar{\varepsilon}_2 - d\bar{\varepsilon}_3)^2 + (d\bar{\varepsilon}_3 - d\bar{\varepsilon}_1)^2\right]^{1/2}$$

$$d\bar{\varepsilon}_m = (d\bar{\varepsilon}_1 + d\bar{\varepsilon}_2 + d\bar{\varepsilon}_3)/3 \qquad (11.6b)$$

以后在本构方程中所涉及的连续介质意义的切线模量分别可由等效应力-应变曲线和平均应力-应变曲线上得到,即

$$\bar{E}_{te}^{(p)} \approx \Delta\bar{\sigma}_e/\Delta\bar{\varepsilon}_e, \qquad \bar{E}_{tm}^{(p)} \approx \Delta\bar{\sigma}_m/\Delta\bar{\varepsilon}_m \qquad (11.7)$$

按照定义,空洞的体积比 $f_v$ 可以表示为

$$f_v = V_v/[(1 + U)(1 + V)(1 + W)] \qquad (11.8)$$

其中 $V_v$ 既包括主空洞的瞬时体积也含有基体材料中新生的次级空洞随总体应变而增大的体积.

以下的计算选择初始空洞半径 $r_0 = 0.15$,它所对应的初始空洞体积比 $f_{v0} = 1.76\%$.假设胞元中基体是由弹塑性,应变硬化材料制成.它遵循 Prandtl-Reuss 塑性流动法则,其塑性行为符合传统的幂指数规律:

$$\left[\frac{\sigma_e}{\sigma_y}\right] = \left[\frac{\varepsilon_e}{\varepsilon_y}\right]^n \qquad (11.9)$$

其中,$\sigma_e$,$\varepsilon_e$,$\sigma_y$ 和 $\varepsilon_y$ 分别是指基体材料中等效应力,等效应变(在大应变分析中可以略去全应变和塑性部分的差别),屈服应力($=0.002\,E$,又 $E$ 是杨氏模量)和屈服应变($=0.002$).(11.9)式中的幂指数 $n = 0.15$,可以代表一类高强度钢材,又泊松系数 $\nu = 0.3$.

除了围绕夹杂粒子所生成的主空洞外,在微小二相粒子周围还可以萌生次级空洞.采用 Tvergaard(1982 所描述的空单元技术可以模拟基体中出现的这些微小空洞(或内部开裂).一旦局部的有限单元中达到了某种应力/应变准则,该单元的刚度即刻降为零.也就是说,它成为可以自由变形的空单元.所设立的应力和应变的准则是

$$\sigma_m + \lambda\sigma_e = \sigma_c \tag{11.10}$$

$$\varepsilon_c = \varepsilon_c \tag{11.11}$$

在以上的表达式中,$\sigma_e$ 和 $\sigma_m$ 分别是基体中局部等效应力和平均应力.$\lambda$ 是一个起权衡作用的参数,取为 1.7.$\sigma_c$ 称作临界应力,$\sigma_c = 7\sigma_y$.采用应变控制条件时,局部等效应变的临界值是 $\varepsilon_c = 1.3$.这里的 $\lambda$,$\sigma_c$ 和 $\varepsilon_c$ 实际上可作为空洞模型中的材料常数.

图(11.2a)和 11.2(b)分别绘制了等效应力-应变($\bar{\sigma}_e - \bar{\varepsilon}_e$)和平均应力-应变($\bar{\sigma}_m - \bar{\varepsilon}_m$)两组曲线。控制定比应变的参数 $\alpha = -1, -0.6, -0.3, -0.1, 0, 0.1, 0.3, 0.45, 0.55$ 和 0.65.$r = 0$ 代

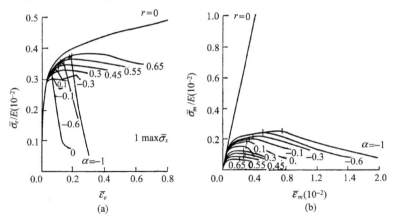

图 11.2 平面应力空洞模型的总体响应(a)等效应力-应变曲线
(b)平均应力-应变曲线

(取自 Li,Guennouni 和 Francois(1989))

表无空洞化损伤时的材料响应.每个垂直杠表示 $\bar{\sigma}_1$ 达最大值之点.图 11.2(a)显示了一个突出的特点是,随着三轴应力的增强韧性并未单调地减小.韧性的最低值出现在 $\alpha=0$ 情况,即平面应变条件.此后,无论是增大或减小总体的平均应力值都会延长材料的韧性.这一特点与金属板材成型中的一般趋势很为符合.在其他的空洞模型中,例如轴对称或平面应变型的分析,均不存在这类行为.根据 Li,Guennouni 和 Francois(1989)的分析可见,在后两个情况中空洞模型的韧性均与所施加的三轴应力强度成反比.

描绘内部开裂和空洞化的图 11.3 揭示了这一现象的内在原因.在相同的空洞体积百分比下($f_v \approx 10\%$),平面应变条件($\alpha=0$)的延伸量 $U_x$ 值最小.也就是说,平面应变条件最易于激发空洞的扩展从而降低材料的韧性.

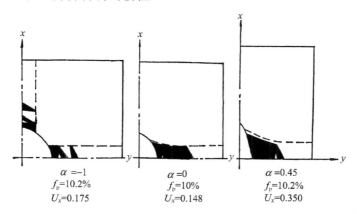

$\alpha=-1$
$f_v=10.2\%$
$U_x=0.175$

$\alpha=0$
$f_v=10\%$
$U_x=0.148$

$\alpha=0.45$
$f_v=10.2\%$
$U_x=0.350$

图 11.3　围绕主空洞的板材基体中开裂和空洞化情景
(取自 Li,Guennouni 和 Francois(1989),——主空洞边界,
黑色区■$f_v \approx 10\%$,－－－$f_v \approx 22\%$时的开裂扩展区)

从图 11.2(a,b)还可以测取(11.7)式所定义的各项切线模量随应变的变化值以及分叉前的折合应力.这些数据提供了受有空洞化损伤材料的力学行为,也是分叉分析的基本依据.

## 11.2 分叉分析

在板材成型过程中,通常会出现三种分叉模式,如图 11.4 所示.第一种模式是跨越板面的平面局部剪切带(模式 A).另一种形式是穿透板厚的横向局部剪切带(模式 B).第三个(模式 C)则是板厚变薄的扩散型颈缩.

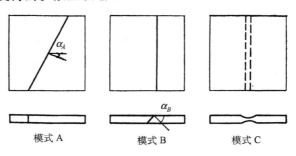

模式 A 模式 B 模式 C

图 11.4 板材成型过程中三种可能的分叉模式

前面所做的空洞模型分析能够提供包含空洞扩展影响的材料力学响应.其中所用到的"匀质化"措施的依据是使模型中贮存/耗散的应变能等同于匀质化的连续介质能量.胞元模型的总体响应就可作为折合后的连续介质在一点处的行为.接下来可以用第七章大应变分析中塑性可膨胀本构关系描述金属板材的力学行为.对 Kirchhoff 应力张量 $\tau^{ij}$ 的逆变分量取 Jaumann 导数 $D/Dt$ 以后,可与应变率张量 $D_{ij}$ 建立以下本构关系式:

$$\frac{D\tau^{ij}}{Dt} = L^{ijkl}D_{kl} \tag{11.12a}$$

其中的刚度张量(按照 Li 和 Howard(1984)所给出的)是

$$L^{ijkl} = \frac{E}{(1+\nu)}\left[ \frac{1}{2}(g^{ik}g^{il} + g^{il}g^{jk}) \right.$$

$$\left. + \frac{\nu - E/3E_{tm}^{(p)}}{(1-2\nu) + E/E_{tm}^{(p)}}g^{ij}g^{kl} \right.$$

$$-\frac{3}{2\,\sigma_e^z}\left[\frac{S^{ij}\,S^{kl}}{1+\dfrac{2(1+\nu)}{3}\,\dfrac{E_{te}^{(p)}}{E}}\right] \qquad (11.12b)$$

在以上的表达式中，E 是杨氏模量，$\nu$ 是泊松系数，等效应力

$$\sigma_e = \left[\frac{3}{2}\,S_j^i\,S_i^j\right]^{1/2}$$

平均应力 $\sigma_m = \sigma_k^k/3$ 又 Cauchy 应力的偏量 $S^{ij} = \sigma^{ij} - g^{ij}\sigma_m$. 在弹性变形阶段 $E_{te}^{(p)}$ 和 $E_{tm}^{(p)}$ 均趋于无穷大，而在塑性情况下可以由图 11.2(a) 和 11.2(b) 分别测得等效应力-应变曲线和平均应力-应变曲线上的切线模量. 在这里，所有的量都是连续介质意义的，相当于前一节中冠以横杠的量.

分叉前的基本路径解已由前一节提供. 随着广义时间 t 的延续，含有空洞化损伤的基本路径解可能会失去其解的惟一性而出现分叉. 分叉时的材料参数和应力状态取决于分叉点所处在的基本路径位置. 由于内部损伤是逐渐发展的，假设分叉时没有突变，因此这里所采用的分叉加载路径与分叉前的相一致.

（1）平面剪切带（模式 A）

若取板厚方向的直角坐标序号为 3，在此情况下应有

$$\delta V_3 = \delta D_{33} = \delta D_{13} = \delta D_{23} = 0, \ \sigma_{33} = 0 \qquad (11.13)$$

虽然这类剪切带并没有厚度变化，但为了全面了解金属板材成型过程中的分叉现象，还是有必要给予重视和讨论. 为此，可将第十章的 (10.10) 式重写如下：

$$L_{1111}(\delta V_{1,1})_{,1} + L_{1122}(\delta V_{2,2})_{,1} + L_{1212}(\delta V_{1,2} + \delta V_{2,1})_{,2}$$
$$- \sigma_{11}(\delta V_{1,1})_{,1} - (\sigma_{11}/2)(\delta V_{2,1} + \delta V_{1,2})_{,2}$$
$$+ (\sigma_{22}/2)(\delta V_{1,2} - \delta V_{2,1})_{,2} = 0 \qquad (11.14a)$$

$$L_{2222}(\delta V_{2,2})_{,2} + L_{1122}(\delta V_{1,1})_{,2} + L_{1212}(\delta V_{2,1} + \delta V_{1,2})_{,1}$$
$$- \sigma_{22}(\delta V_{2,2})_{,2} - (\sigma_{22}/2)(\delta V_{1,2} + \delta V_{2,1})_{,1}$$

$$+ (\sigma_{11}/2)(\delta V_{2,1} - \delta V_{1,2})_{,1} = 0 \qquad (11.14b)$$

在这些表达式中,序号 1 或 2 前面的逗号表示相对直角坐标 $x_1$ 或 $x_2$ 的微分.由于假设分叉时没有材料行为的突变,刚度张量的符号仍然用 $L^{ijkl}$ 而不是 $L_*^{ijkl}$.

按照 Hill 和 Hutchinson(1975)的办法,假设

$$\delta V_i = c_i V(n), i = 1,2$$
$$n = n_i x_i, n_1 = \cos\alpha_A, n_2 = \sin\alpha_A \qquad (11.15)$$

其中,$\alpha_A$ 是带法线方向与受载第一主应力方向轴 $x_1$ 之间的夹角.又设

$$r = c_1/c_2, m = n_2/n_1 \qquad (11.16)$$

于是

$$\left[ (L_{1212} - \sigma_{11}/2 + \sigma_{22}/2)(L_{2222} - \sigma_{22}) \right] m^4$$
$$+ \left[ (L_{1111} - \sigma_{11})(L_{2222} - \sigma_{22}) + (L_{1212} - \sigma_{11}/2 \right.$$
$$+ \sigma_{22}/2)(L_{1212} + \sigma_{11}/2 - \sigma_{22}/2)$$
$$\left. - (L_{1122} + L_{1212} - \sigma_{11}/2 - \sigma_{22}/2)^2 \right] m^2$$
$$+ \left[ (L_{1111} - \sigma_{11})(L_{1212} + \sigma_{11}/2 - \sigma_{22}/2) \right] = 0 \quad (11.17)$$

和

$$r = - \frac{(L_{2222} - \sigma_{22}) m^2 + L_{1212} + \sigma_{11}/2 - \sigma_{22}/2}{(L_{1212} + L_{1122} - \sigma_{11}/2 - \sigma_{22}/2) m} \quad (11.18)$$

就是(11.14a)和(11.14b)两式的导出结果.

以下的问题就是寻求(11.17)中 m 的实根.其求解过程已在第十章中叙述过.

(2) 横向剪切带(模式 B)

对于这一情况则有

$$\delta V_2 = \delta D_{22} = \delta D_{12} = \delta D_{23} = 0, \sigma_{33} = 0 \quad (11.19)$$

如图 11.4 所示的模式 B,在板层内的剪切带是沿着 $x_2$ 轴分布的,带法线方向与 $x_1$ 轴的夹角为 $\alpha_B$.于是

$$n_1 = \cos\alpha_B, \quad n_3 = \sin\alpha_B \quad (11.20)$$

此外,改写(11.17)式,将其中的下标 2 换为 3 并注意到 $\sigma_{33} = 0$ 就能立即写出判别出现横向剪切带的代数方程,以求 $m(=n_3/n_1)$ 的实根.

$$[(L_{1313} - \sigma_{11}/2)L_{3333}]m^4 + [(L_{1111} - \sigma_{11})L_{3333}$$

$$+ (L_{1313} - \sigma_{11}/2)(L_{1313} + \sigma_{11}/2) - (L_{1133}$$

$$+ L_{1313} - \sigma_{11}/2)^2]m^2 + [(L_{1111} - \sigma_{11})$$

$$\times (L_{1313} + \sigma_{11}/2)] = 0 \quad (11.21)$$

(3) 扩散型颈缩(模式 C)

平面应变式的扩散颈缩分叉意味着

$$\delta D_{22} = \delta D_{12} = 0 \quad (11.22)$$

基于图 11.5 所表示的扰动形式,分叉时刻的边界条件可以取作

$$\delta V_1 = 0, \delta D_{13} = 0, \quad \text{在 } x_1 = 0 \text{ 面上}$$

$$\delta V_3 = 0, \delta D_{13} = 0, \quad \text{在 } x_3 = 0 \text{ 面上} \quad (11.23a)$$

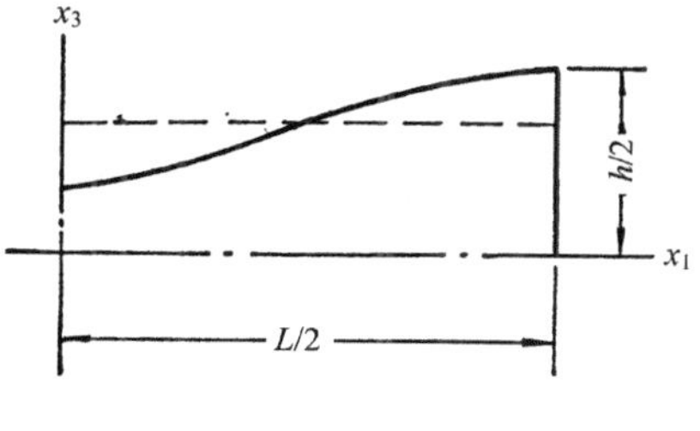

图 11.5 扩散型颈缩分叉模式

以及

$$\delta D_{13} = 0, \int_0^{h/2} \delta T_{11} \, dx_3 = 0 \quad \text{在 } x_1 = L/2 \text{ 面上}$$

$$\delta D_{13} = 0, \delta T_{33} = 0 \qquad \text{在 } x_3 = h/2 \text{ 面上}$$

$$(11.23b)$$

在以上的表达式中,名义应力率的变分与应变率的变分之间存在有以下关系:

$$\delta T_{11} = \frac{D \delta \tau_{11}}{D t} - \sigma_{11} \delta D_{11} = (L_{1111} - \sigma_{11}) \delta D_{11} + L_{1133} \delta D_{33}$$

$$(11.24a)$$

$$\delta T_{33} = \frac{D \delta \tau_{33}}{D t} - \sigma_{33} \delta D_{33} = L_{1133} \delta D_{11} + L_{3333} \delta D_{33}$$

$$(11.24b)$$

不难证明,如果取 $\delta V_1$ 和 $\delta V_3$ 的函数形式为

$$\delta V_1 = \sin \frac{2\pi x_1}{L} \left[ \cos \frac{\pi x_3}{h} + f_1 \cos \frac{3\pi x_3}{h} \right] V_1 \quad (11.25a)$$

$$\delta V_3 = \cos \frac{2\pi x_1}{L} \left[ f_2 \sin \frac{3\pi x_3}{h} V_1 + \left[ \sin \frac{\pi x_3}{h} + \sin \frac{3\pi x_3}{h} \right] V_2 \right]$$

$$(11.25b)$$

其中,

$$f_1 = 1/3 \left[ 1 + \frac{32}{9 \, d} \frac{h^2}{L^2} (L_{1111} - \sigma_{11}) \right] \qquad (11.26a)$$

$$f_2 = -\frac{16 \, h}{9 \, dL} (L_{1111} - \sigma_{11}) \qquad (11.26b)$$

$$d = \frac{4 \, h^2}{9 \, L^2} (L_{1111} - \sigma_{11}) - L_{1133} \qquad (11.26c)$$

于是,(11.23a,b)中的各项边界条件均能得到满足.

根据(11.25a,b),可以求出如下的应变率变分:

$$\delta D_{11} = \frac{2\pi}{L} \cos \frac{2\pi x_1}{L} \left[ \cos \frac{\pi x_3}{h} + f_1 \cos \frac{3\pi x_3}{h} \right] V_1 \quad (11.27a)$$

$$\delta D_{33} = \frac{\pi}{h} \cos \frac{2\pi x_1}{L} \left[ 3 f_2 \cos \frac{3\pi x_3}{h} V_1 + \left( \cos \frac{\pi x_3}{h} + 3\cos \frac{3\pi x_3}{h} \right) V_2 \right]$$

$$(11.27b)$$

$$2\delta D_{13} = -\frac{\pi}{h} \sin \frac{2\pi x_1}{L} \left\{ \left[ \sin \frac{\pi x_3}{h} + \left( 3 f_1 + \frac{2h}{L} f_2 \right) \sin \frac{3\pi x_3}{h} \right] V_1 \right.$$

$$\left. + \frac{2h}{L} \left[ \sin \frac{\pi x_3}{h} + \sin \frac{3\pi x_3}{h} \right] V_2 \right\} \quad (11.27c)$$

将(11.25a,b)和(11.27a,b,c)代入第十章中(10.6)所表示的泛函 $Q$,并注意到这里假设分叉时材料性能没有突变而是延续分叉前的状态,所以其中的刚度张量仍用 $L_{ijkl}$ 表示而不用 $L_{ijkl}^{*}$. 由此得到

$$Q = \pi^2/4 \left\{ (L_{1111} - \sigma_{11}) \frac{h}{L} (1 + f_1^2) V_1^2 \right.$$

$$+ L_{1133} [3 f_1 f_2 V_1^2 + (1 + 3 f_1) V_1 V_2]$$

$$+ (2 L_{1313} - \sigma_{11}) \frac{1}{2} [3 f_1 f_2 V_1^2 + (1 + 3 f_1) V_1 V_2]$$

$$+ (L_{1313} - \sigma_{11}/2) \frac{L}{4h} (1 + 9 f_1^2) V_1^2$$

$$+ (L_{1313} + \sigma_{11}/2) \frac{h}{L} (f_2^2 V_1^2 + 2 f_2 V_1 V_2 + 2 V_2^2)$$

$$\left. + L_{3333} \frac{L}{4h} (9 f_2^2 V_1^2 + 18 f_2 V_1 V_2 + 10 V_2^2) \right\} \quad (11.28)$$

根据驻值条件

$$\frac{\partial Q}{\partial V_1} = 0, \quad \frac{\partial Q}{\partial V_2} = 0 \qquad (11.29)$$

由(11.28)可以导出两个齐次线性方程,其形式是

$$C_1 V_1 + C_2 V_2 = 0 \qquad (11.30a)$$

$$C_2 V_1 + C_3 V_2 = 0 \qquad (11.30b)$$

其中,

$$C_1 = (L_{1111} - \sigma_{11})\frac{h}{L}(1 + f_1^2) + \frac{L}{4h}(L_{1313} - \sigma_{11}/2)(1 + 9f_1^2)$$

$$+ 3(L_{1133} + L_{1313} - \sigma_{11}/2)f_1 f_2$$

$$+ \left[ L_{3333}\frac{9L}{4h} + (L_{1313} + \sigma_{11}/2)\frac{h}{L} \right]f_2^2 \qquad (11.31a)$$

$$C_2 = \frac{1}{2}(L_{1133} + L_{1313} - \sigma_{11}/2)(1 + 3f_1)$$

$$+ \left[ L_{3333}\frac{9L}{4h} + (L_{1313} + \sigma_{11}/2)\frac{h}{L} \right]f_2 \qquad (11.31b)$$

$$C_3 = 2(L_{1313} + \sigma_{11}/2)\frac{h}{L} + \frac{5}{2}L_{3333}\frac{L}{h} \qquad (11.31c)$$

在此基础上,产生颈缩型分叉的必要和充分条件是使

$$C_1 C_3 - C_2^2 = 0 \qquad (11.32)$$

为求得渐近解还可以设 $h/L \to 0$,于是 $f_1 \to 1/3$ 又 $f_2 \to 0$. 在此情况下

$$C_1 \to \frac{1}{2}\left[ L_{1313} - \frac{\sigma_{11}}{2} \right], \quad C_2 \to 0, \quad C_3 \to \frac{5}{2}L_{3333} \qquad (11.33)$$

于是可以将(11.32)式简化为

$$\left[ L_{1313} - \frac{\sigma_{11}}{2} \right] L_{3333} = 0 \qquad (11.34)$$

为满足这一条件,如取 $\sigma_{11} = 2 L_{1313} = E/(1+\nu)$,则临界应力值过高与事实不符. 下面来考察

$$L_{3333} = 0$$

或

$$1 + \frac{\nu - E/3\, E_{tm}^{(p)}}{(1-2\nu) + E/\, E_{tm}^{(p)}} - \frac{3}{2\, \sigma_e^2} \frac{S_{33}^2}{\left[ 1 + \frac{2(1+\nu)}{3\, E} E_{te}^{(p)} \right]} = 0$$

$$(11.35)$$

作为临界条件的渐近判据.

选定控制比例应变加载的参数 $\alpha$ 以后,由含空洞的平面应力胞元(图 11.1)的数值分析已经获得图 11.2 中的各组应力-应变曲线. 由前面的介绍可知,这些曲线引入了初始空洞以及随后陆陆续续出现的次级空洞二者的损伤作用. 随着伸长应变 U 的增大,每个增量计算后都可以从胞元的总体响应中得到它的等效应力,等效应变,平均应力和平均应变各项的增值(可正也可负). 于是按照(11.7)式即能得到对应瞬时伸长应变 U 值的切线模量 $E_{te}^{(p)}$ 和 $E_{tm}^{(p)}$,以及该时刻下的总体应力状态. 有了这些基本数据就可以分别代入(11.17),(11.21)和(11.32)以判别是否可能出现平面剪切带,横向剪切带或扩散型颈缩各类分叉模式. 为求扩散颈缩的渐近解也可以代入(11.35)式.

针对以上模拟材料,表 11.1 列出了各个模式在不同 $\alpha$ 值下的最低临界主应变 $\varepsilon_{1cr}$ 以及剪切带法线与 $x_1$ 轴间的夹角 $\alpha_A$(模式 A)和 $\alpha_B$(模式 B). 由表中数据可见,除了 $\alpha = 0.55$ 情况以下,在三种分叉模式中 B 型的临界值总是最低或与其他模式的相等. 因此可以说,在受有空洞化损伤的平面应力板材中,模式 B 是起主导作用的. 当 $\alpha \geqslant 0.3$ 时可能出现平面剪切带(模式 A),而趋近双向拉伸时($\alpha \leqslant 0$)则会引发颈缩分叉(模式 C).

表 11.1　模拟材料的临界主应变 $\varepsilon_{1cr}$,和剪切带法线与 $x_1$ 轴间夹角 $\alpha_A$,$\alpha_B$

| 模　式 ＼ $\alpha$ | $-1$ | $-0.6$ | $-0.3$ | $0$ |
|---|---|---|---|---|
| A | — | 0.1630 ($\alpha_A=86°$) | 0.1400 (83°) | — |
| B | 0.0987 ($\alpha_B=64°$) | 0.0886 (67°) | 0.0771 (60°) | 0.0591 (39°,53°) |
| C | 0.0987 | 0.0886 | 0.0771 | 0.0591 |

| 模　式 ＼ $\alpha$ | $0.1$ | $0.3$ | $0.45$ | $0.55$ |
|---|---|---|---|---|
| A | 0.0570 (3°) | 0.0637 (16°) | 0.0806 (22°) | 0.0898 (12°,26°) |
| B | 0.0451 (30°,41°) | 0.0637 (32°) | 0.0806 (19°) | 0.1305 (15°) |
| C | 0.0689 | — | — | — |

对于颈缩分叉,实际上求解了 $h/L \rightarrow 0$（渐近解）和 $h/L=0.1,0.2,0.33,0.5$ 各种波型情况.结果表明,在这些数值范围内临界应变值变化不大,最低的临界值同时出现在 $h/L \rightarrow 0$ 和 $h/L=0.1,0.2,0.33$ 各类情况下,这也就意味着,颈缩波型有可能扩展很大也可能只有厚度的三倍.

## 11.3　双相钢薄板成型实验与数值分析的比较

为检验以上分析和模型,这里结合实际材料的实验进行考察.张以增等(1987)测定了并提供双相钢薄板成型极限图以及成型过程中材料内部空洞体积比随外部等效应变值的变化.

据此,选用图 11.1 中平面应力胞元的初始空洞半径 $r_0=0.137$.相应的初始空洞体积比为 $f_{v0}=1.47\%$,与张以增等的实测情况相近.围绕空洞的基体材料假定为弹塑性的应变硬化固体.为反映实验中所观测到的空洞扩展和新空洞连续不断地萌生和事实,计算模拟时对基体材料引进了以下特性:(1)基体是塑性可膨胀的,其本构行为符合(11.12a,b)的规律.(2)当单元内等效应变 $\varepsilon_e > 1.4$ 时发生应变软化(偏量空间和体量空间同时软化).(3)当 $\varepsilon_e > 1.5$ 时取消该单元的刚度而成为空单元.由此可模拟在基体中微裂纹或新空洞的萌生和扩展.以上三个因素构成了描述基体材料空洞化效应及其与初始空洞的相互作用.

表 11.2 和表 11.3 列出了利用本构方程(11.12)计算时基体材料所用到的各项参数.在初始无损伤阶段,所列数据可由双相钢板材的直接实测而得到.因为初始空洞所占的体积百分数毕竟比较小,它对总体的弹塑性性能的影响甚微.而为模拟基体内软化和空洞化所选择的参数则应使模拟的结果尽可能地逼近测定的空洞体积比随总体等效应变值的变化(图 11.6).

表 11.2　$E / E_{tm}^{(p)}$ 与 $\varepsilon_m$ 的关系

| $\varepsilon_m$ | <0.003 | >0.003 | >0.010 | 当 $\varepsilon_e > 1.4$ |
|---|---|---|---|---|
| $E / E_{tm}^{(p)}$ | 1 | $1+3(\varepsilon_m - 0.003)/0.007$ | 4 | $-5$ |

表 11.3　$E / E_{te}^{(p)}$ 与 $\varepsilon_e$ 的关系( $n=0.25$ , $\varepsilon_y = 0.002$ )

| $\varepsilon_e$ | <0.15 | >0.15 | >0.9 | >1.4 | ⩾1.5 |
|---|---|---|---|---|---|
| $E / E_{te}^{(p)}$ | $n\left[\dfrac{\varepsilon_e}{\varepsilon_y}\right]^{n-1}$ | $100-40(\varepsilon_e - 0.15)/0.75$ | 60 | $-60$ | 空单元 |

在图 11.6 中还标注了沿 $x_1$ 轴的主应力 $\bar{\sigma}_1$ 达到最大值(参见(11.3)式)以及三种分叉模式所对应的最低临界应变.图 11.7 示意了在不同比例应变加载下( $\alpha = -0.87, -0.055, 0.45$ )围绕初始空洞开裂(黑三角)的位置及其相应的沿 $x_1$ 轴的主应变 $\bar{\varepsilon}_1$ 值(见(11.5b)式).

图 11.8 绘制了胞元在 $x_1$ 轴方向上总体的应力-应变曲线 $\bar{\sigma}_1 - \bar{\varepsilon}_1$ .其中也标注了对应最低临界应变的分叉点和围绕初始空

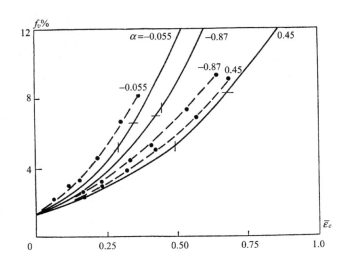

图 11.6　双相钢薄板中空洞体积百分比 $f_v$ 随总体等效应变 $\bar{\varepsilon}_e$ 的变化(·实测点,取自张以增等(1987);——计算模拟曲线;— $\sigma_1$ 最大点;|分叉点)

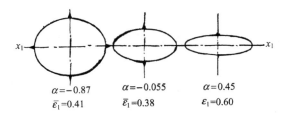

| $\alpha = -0.87$ | $\alpha = -0.055$ | $\alpha = 0.45$ |
| $\bar{\varepsilon}_1 = 0.41$ | $\bar{\varepsilon}_1 = 0.38$ | $\varepsilon_1 = 0.60$ |

图 11.7　模拟围绕初始空洞的起裂示意图

洞出现开裂的时刻.一般看来,主轴应力 $\bar{\sigma}_1$ 在局部开裂后将迅速下降.从图 11.6 和图 11.8 可以看到平面应力空洞扩展的一个特点,材料的韧性不再与所承受的三轴张应力呈单调的反比关系.相应于 $\alpha = -0.87$,$-0.055$ 和 0.45 应分别有 $\bar{\sigma}_m$ 达到最大值时的三轴张力参数 $\bar{\sigma}_m/\bar{\sigma}_e = 0.67,0.58$ 和 0.33.然而实验和计算都表

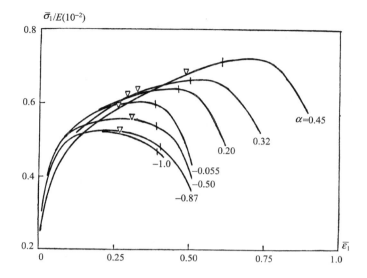

图 11.8　胞元在主加载方向上的总体应力-应变曲线

（取自李国琛,张以增（1990）;|开裂点;▽分叉点）

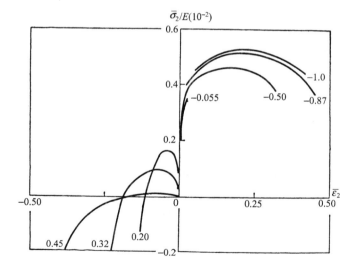

图 11.9　胞元在次加载方向上的总体应力-应变曲线

明，$\alpha=-0.055$的空洞发展最快韧性也最小.这一现象与板材成型极限图中的熟知规律相符合.

按照(11.3)—(11.6)各式所定义的胞元总体响应,图11.9,图11.10和图11.11还分别绘制了针对双相钢薄板成型过程所设置的胞元在次加载方向上的总体应力-应变曲线,总体等效应力-应变曲线和总体平均应力-应变曲线.这些曲线的后期都已包含了两级空洞损伤的作用.于是由(11.7)式还可以确定在各个发展阶段上的切线模量值和基本应力状态,以用于分叉分析.

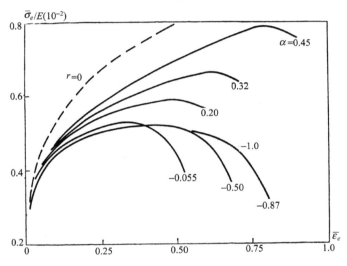

图11.10　胞元的总体等效应力-应变曲线

对于每一个 $\alpha$ 值加载情况都可以进行前面所描述过的三种模式的分叉分析.表11.4列出了对应于各分叉模式的临界主应变值和剪切带法线与 $x_1$ 轴间夹角.很明显模式 B 是在各种情况下均起主导作用的一种分叉型式.当 $\alpha$ 趋向于 0.45 时模式 A 可能成为同时产生的分叉.扩散型的颈缩则在双向拉伸时,即 $\alpha$ 接近于—1,才可能出现.这个结合实际材料所得到的结果与前面模拟材料的趋势一致.由此可见,这一现象是有代表性的.

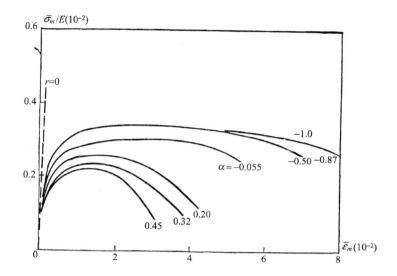

图 11.11 胞元的总体平均应力−应变曲线

表 11.4 双相钢薄板的临界主应变 $\varepsilon_{1\alpha}$ 和剪切
带法线与 $x_1$ 轴间夹角 $\alpha_A$ ,$\alpha_B$

| 模式 \ $\alpha$ | $-1$ | $-0.87$ | $-0.50$ | $-0.055$ | 0.20 | 0.32 | 0.45 |
|---|---|---|---|---|---|---|---|
| A | — | — | — | — | 0.430 ($\alpha_A = 2°$) | 0.409 (8°) | 0.491 (15°) |
| B | 0.269 ($\alpha_B = 74°$) | 0.269 (73°) | 0.313 (64°) | 0.262 (46°) | 0.302 (30°) | 0.334 (21°) | 0.491 (5°) |
| C | 0.269 | 0.269 | 0.343 | — | — | — | — |

　　从理论上说,产生局部剪切带或扩散型颈缩就意味着板材变形从均匀状态突变为高度不均匀的局部变形.实际上,确切地确定分叉点是很困难的.如 Jalier 和 Schmitt(1982)的报道,观测的准确度有赖于人眼的灵敏性而且临界值往往低于工业使用的限定值.

图 11.6 和图 11.8 中所标明的分叉点位置也表明材料的韧性并没有耗尽,主要的总体轴向应力尚未出现明显下降.但毕竟分叉意味着局部化变形和失效的先导.为此可以认为分叉点是成型图中的下界限.

围绕初始空洞萌生局部开裂是导致空洞聚合和最终失效的重要标志.这一点在图 11.3 中已经揭示,内部裂纹会沿着起裂方向向前扩展直至将两个大空洞桥接起来.这一情况可以视为材料的最大使用限度即构成成型的上界限.由图 11.8 可见,在 $\alpha>0.2$ 时一旦 $\bar{\sigma}_1$ 达到极大值后将有显著的降低;在此情况下,以主加载应力达到最大点作为上限判据也有参考价值.对于 $\alpha<0.2$ 的各类情况,应力的极大点实际上不明显而是有一个平台区就不宜作为极限界限.基于以上分析,当 $\alpha>0.2$ 时取 $\bar{\sigma}_1$ 的极大点与出现局部开裂两个情况的平均值作为勾画上限曲线的依据.当 $\alpha<0.2$ 时则以局部起裂作为上限.

图 11.12 给出了依照以上计算和分析所得到的双相钢薄板成

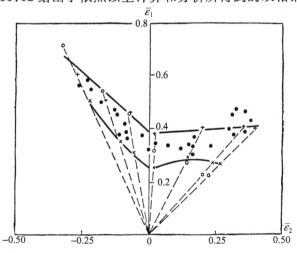

图 11.12　板材成型极限图

(取自李国琛,张以增(1990);•实验点,×分叉点,○最大 $\bar{\sigma}_1$ 点,
＋局部起裂点;——上下限曲线)

型极限图的上下界限,基本上覆盖了实验点.在接近双向拉伸时,数值分析的预测有偏低的倾向.这一趋势与图 11.6 中 $\alpha = -0.87$ 的计算模拟曲线偏高有关.既然计算预测空洞的发展过快,自然导致成型变形极限降低.

通过双相钢薄板成型过程的分析和以上的实验结果表明,采用塑性可膨胀本构方程(7.45)式(也即(11.12)式)分析平面应力空洞模型和预测薄板的分叉模式和变形界限都是成功的.由此提供了对该本构方程的重要考证.

## 11.4  单向加载条件下平板的材料分叉

除了图 11.4 所示的模式 A 和模式 B 以外,受单向加载的平板中还可能出现表面皱曲一类材料分叉现象.这一节将着重说明表面皱曲型分叉与平面剪切带的相互联系和区别以及平面剪切带的演化.为此采用数值方法作离散化分析(参见黄涛等(1996)).

图 11.3(a)示意了平板表面上形成的皱曲.其波长 L 小于板厚 h,即 $h/L > 1$.如果 L 大于或远大于 h,则成为颈缩.图 11.13(b)绘制了宽为 L 的平面剪切带,其法线在 $x_a$ 方向上.板沿 $x_1$ 轴方向上承受单向拉伸应力 $\sigma_{11}$,其他应力分量为零.

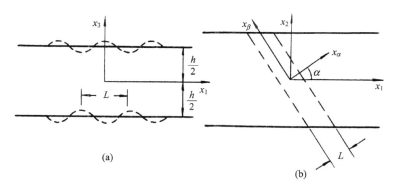

图 11.13  平板中(a)表面皱曲和(b)平面剪切带的示意图

对于表面皱曲分叉,速率扰动的波型可设为

$$
\left.\begin{aligned}
\delta V_1 &= \sin \frac{2\pi x_1}{L} V_1(x_3) \\
\delta V_3 &= \cos \frac{2\pi x_1}{L} V_2(x_3)
\end{aligned}\right\}
\tag{11.36}
$$

且 $\delta V_2 = 0, \delta V_{1,2} = \delta V_{3,2} = 0$.

平面剪切带则有

$$
\left.\begin{aligned}
\delta V_\alpha &= \sin \frac{\pi x_\alpha}{L} V_1(x_3) \\
\delta V_\beta &= \sin \frac{\pi x_\alpha}{L} V_2(x_3)
\end{aligned}\right\}
\tag{11.37}
$$

且 $\delta V_3 = 0, \delta V_{\alpha,\beta} = \delta V_{\beta,\beta} = 0$.这里和以后,在下标前的逗号代表对含有该序号的坐标取导数,$V_1(x_3)$ 和 $V_2(x_3)$ 代表沿板厚分布的对称函数.

表面皱曲分叉时所应满足的边界条件有

$$
\left.\begin{aligned}
&\delta V_1 = 0, & &\delta V_{3,1} = 0, & &\text{在 } x_1 = 0 \\
&\delta V_3 = 0, & &\delta V_{1,3} = 0, & &\text{在 } x_3 = 0 \\
&\int_{-h/2}^{h/2} \delta T_{11} \, dx_3 = 0, & &\int_{-h/2}^{h/2} \delta T_{13} \, dx_3 = 0 & &\text{在 } x_1 = L/2 \\
&\delta T_{33} = 0, & &\delta T_{31} = 0, & &\text{在 } x_3 = h/2
\end{aligned}\right\}
\tag{11.38}
$$

平面剪切带应满足

$$\delta V_\alpha = 0, \qquad \delta V_\beta = 0, \qquad \text{在 } x_\alpha = 0$$

$$\delta V_{\alpha,3} = 0, \qquad \delta V_{\beta,3} = 0, \qquad \text{在 } x_3 = 0$$

$$\int_{-h/2}^{h/2} \delta T_{\alpha\alpha} \, dx_3 = 0, \quad \int_{-h/2}^{h/2} \delta T_{\alpha 3} \, dx_3 = 0 \quad \text{在 } x_\alpha = L/2$$

$$\delta T_{3\alpha} = 0, \qquad \delta T_{33} = 0, \qquad \text{在 } x_3 = h/2$$

$$(11.39)$$

其中 $\delta T_{ij}$ 表示名义应力率的变分.

分叉前,材料处于平面应力状态且只有 $\sigma_{11} \neq 0$,其他各应力分量均为零,将(11.36)和(11.37)代入第十章中(10.6)所表示的泛函 Q,并用差分将其中的 $V_1(x_3)$ 和 $V_2(x_3)$ 离散化,经积分即可得到 Q 的具体表达式.如前一章中作法,再利用 Q 的驻值条件就能求解分叉问题.

取分叉时的材料参数 $\nu = 0.3$, $E_{te}^{(p)}/E = 0$, $\varepsilon_y = 0.002$(屈服应变) 又 $E/E_{tm}^{(p)} = 60, 80$ 或 $100$,计算的临界应力值均列在表 11.5 中.它们都是随 $h/L$ 变化所得到的最低 $\sigma_{cr}$ 值,括号中列出了相应的 $h/L$ 范围.计算时,在板的半厚区间内取了约 50 个差分间隔,并用 100 个差分离散化做了校核.

表 11.5　临界应力 $\sigma_{cr}/\sigma_y$($\nu = 0.3$, $\varepsilon_y = 0.002$, $E_{te}^{(p)}/E = 0$)

| $E/E_{tm}^{(p)}$ | $\sigma_{cr}/\sigma_y$ | |
|---|---|---|
| | 表面皱曲 | 平面剪切带($h/L = 10^3$) |
| 60 | 2.733($h/L = 4-10$) | 2.750 |
| 80 | 2.058($h/L = 4-12$) | 2.068 |
| 100 | 1.651($h/L = 3-6$) | 1.67 |

表征表面皱曲扰动的 $V_2(x_3)$ 函数值在表面($x_3 = h/2$)达到最大但在靠近中面($x_3 = 0$)趋于零.与此相反,平面剪切带的最大 $V_2$ 值是在中面而在达到表面时成为零,图形从略.计算结果都列

在表 11.5 中,临界应力 $\sigma_{cr}$ 均以材料屈服应力 $\sigma_y$ 无量纲化,计算所用的本构关系式与(11.12a)和(11.12b)相同,考虑了材料的空洞化损伤,因此有平均应力-应变曲线上的塑性切线模量 $E_{tm}^{(p)}$. 表中 $E/E_{tm}^{(p)}$ 愈大(即 $E_{tm}^{(p)}$ 愈小)表明空洞化损伤愈严重,因此临界应力值愈低.

由表 11.5 所给数据可见,表面皱曲的临界应力值略低于平面剪切带的值,但二者十分接近,在实际观测中难以区分.

为了说明平面剪切带的一些重要特征,我们也可以用解析函数来取代(11.37)式中 $V_1(x_3)$ 和 $V_2(x_3)$ 而设立一个含调节参数 $\omega$ 的 $\phi$ 函数,

$$
\left.
\begin{aligned}
\delta V_\alpha &= \sin\frac{\pi x_\alpha}{L}\phi\Delta_2 \\[2mm]
\delta V_\beta &= \sin\frac{\pi x_\alpha}{L}\phi\Delta_4 \\[2mm]
\delta V_3 &= 0 \\[2mm]
\phi &= 1 + (1-\omega)\cos\frac{2\pi x_3}{h} - \omega\cos\frac{4\pi x_3}{h}
\end{aligned}
\right\} \tag{11.40}
$$

又 $\Delta_2$ 和 $\Delta_4$ 是两个待定的广义速率参数.

表 11.6　临界应力 $\sigma_{cr}/\sigma_y$ ( $E_{tm}^{(p)}/E=0,\nu=0.3,\varepsilon_y=0.002$ )

| $E/E_{tm}^{(p)}$ | $\sigma_{cr}/\sigma_y$ | | | | | | l.s. |
|---|---|---|---|---|---|---|---|
| | $h/L=10^2$ | | $h/L=10^3$ | | $h/L=10^4$ | | |
| 60 | 2.7755 | 2.7726 | 2.7498 | 2.7498 | 2.7495 | 2.7495 | 2.7495 |
| | ($\omega=0$) | (0.159) | (0) | (0) | (0) | (0) | |
| 80 | 2.0933 | 2.0904 | 2.0677 | 2.0677 | 2.0674 | 2.0674 | 2.0674 |
| | ($\omega=0$) | (0.158) | (0) | (0) | (0) | (0) | |
| 100 | 1.6823 | 1.6794 | 1.6568 | 1.6567 | 1.6565 | 1.6565 | 1.6565 |
| | ($\omega=0$) | (0.158) | (0) | (0.121) | (0) | (0) | |

分叉前平板仅承受单向应力 $\sigma_{11}$，将分叉波型(11.40)代入
(10.6)式并求泛函 Q 的驻值，可求得临界应力 $\sigma_{cr}/\sigma_y$ 随带宽比
h/L的变化.随着 L 相对 h 的减小,临界值逐步逼近第十章内介绍
过的局部化剪切带所用的局部型解(l.s.),其中带宽是作为无穷
小而不出现.这一趋势在图 11.14(a)中也明确显示出来.调节参
数 $\omega$ 的作用仅在 $h/L \leqslant 10^2$ 时有效,而当 $h/L$ 趋向 $10^3$ 时其作用
消失.在 $h/L=10^3$ 时所得各项临界值与表 11.5 中有关数值十分
逼近.

图 11.14(b)表明了 $\phi$ 沿板厚方向的分布,由此可知(11.40)
所规定的扰动在板中面最大而在表面处趋于零,随后可以证明,分
叉时将在平板中面层附近激发高的三轴张应力并导致空洞化的加
剧.由此可以解释实验中所观测到的剪切带区域内靠近板中面层
的空洞化程度远远高于表面层的现象.详细证明和报道可参见 Li
和 Zhu(1995).

无论是数值解(11.39)还是解析形式(11.40),对于受单向拉

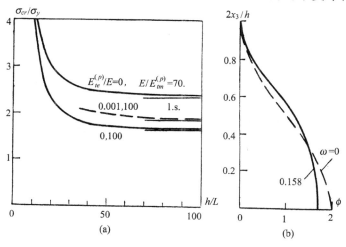

图 11.14 (a) 临界应力 $\sigma_{cr}/\sigma_y$ 随带宽比 h/L的变化
($E_{te}^{(p)}/E=0$，$\nu=0.3$, $\varepsilon_y=0.002$)；(b) 函数 $\phi$ 沿板厚的分布

伸平板所得的分叉角度 α 都十分接近 0°,也就是说平面剪切带应基本上沿垂直于单向拉伸方向发展.而实验中所看到的剪切/颈缩带大体上是 30°倾斜于试样水平轴,就是与拉力方向约为 60°相交.

这一矛盾现象是由于平面剪切带的分叉扰动主要在板中面层,因此是不可见的.分叉时刻所伴随激发的高三轴张应力使靠近板中面层的空洞分布增大形成一条空洞化程度很高的裂隙.由于分叉时的剪切带很窄,其长度范围也有限.这一短裂隙处在与单向拉伸轴相垂直的水平线上.用有限元计算模拟(参见李国琛,黄涛(1996))可以证明,短裂隙会在斜角方向上引发局部化带,带内有明显的厚度颈缩和平面错动.计算中取材料硬化指数 n＝0.14.图 11.15 绘制了不同拉伸度 $\Delta L/L_0$ 下局部化带的厚度颈缩 $\Delta h/h_0$ 的轮廓图线.图中黑三角为设定在名义应变 $\Delta L/L_0＝0.1$ 时所突发的空单元,以代表分叉时所引发的短裂隙.由此表明实验中所看到的斜带是一种分叉的后继现象.

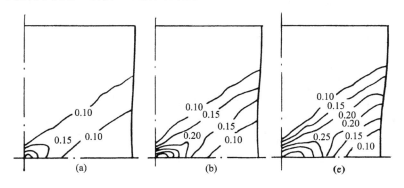

图 11.15 不同拉伸度下:(a) $\Delta L/L_0＝0.153$,(b) $\Delta L/L_0＝0.164$,
(c) $\Delta L/L_0＝0.176$ 局部化带内厚度颈缩 $\Delta h/h_0$ 的轮廓图

表 11.5 和表 11.6 所列出的计算结果还表明,由 $E/E_{tm}^{(p)}$ 代表的空洞演化状态对临界应力具有很大影响.可以设想,空洞化沿板

厚分布的非均匀性必然对材料分叉产生明显作用.数值分析证实
了这点(参见 Huang 和 Li(1996)).空洞化分布的非均匀性通常是
板材稳定性的薄弱环节,促使分叉的临界应力降低.尤其是当非均
匀分布的形态与本来速率扰动的分布特征相近时,降低作用也更
突出.但是反过来,局部增强材料,抑制空洞化,也可以比随机分布
的不均匀状态提高材料的稳定度.这些结论可以解释为什么实验
临界值往往低于理论预测值.另一方面也可以认识到,通过工艺措
施使板材表层强化,延缓损伤会有利于提高板材的总体韧性.例
如,激光毛化的薄钢板的局部化过程明显滞后于未经处理的同材
料薄板,其表面弥散分布的预应变硬化点在稳定板材变形和延缓
局部化的发展等方面起到了重要作用(参见 Shen et al(1996)).

## 参 考 文 献

黄涛,李国琛,洪友士,熊电元.1996.材料分叉的数值分析.力学学报,28:164—170

李国琛,黄涛.1996.平板内后分叉的局部化带.力学学报,28:406—411

李国琛,张以增,1990.板材成型中的分叉和断裂及其空洞扩展效应,力学学报,22:
   302—310

张以增,胡小逾,黄菊清.1987.微空洞形成对双相钢薄板成型性的影响,机械工程学
   报,23,No.3:9—17

Hill R, Hutchinson J W.1975.,Bifurcation phenomena in the plane tension test.J Mech
   Phys.Solids,23:239—264

Jalier J M.,Schmitt J H.1982.Damage in sheet metal forming II—Plastic instability,Acta
   Metall,30:1799—1809

Li G C,Howard I C 1984.A simulation of ductile fracture in a three-point bend specimen us-
   ing a softening material response,Advances in Fracture Research(ed by S R Valluri et
   al.),ICF-6,Dec.4—10,1984,New Delhi,India,Pergamon Press,2,1191—1196

Li G C.,Guennouni T,Francois D.1989.Influence of secondary void damage in matrix ma-
   terial around voids.Fatigue Fract Engng Mater Struct,12:105—122

Marciniak Z,Kuczynski K.1967.Limit strains in the processes of stretch forming sheet met-
   al.Int J Mech.Sci,9:609—620

Needleman A,Triantafyllidis N.1978.Void growth and local necking in biaxially stretched
   sheets J Eng Mat Technol,100:164—169

Schmitt J H,Jalier J M.1982.Damage in sheet metal forming I-Physical behaviour.Acta

Matall,30:1789—1798

Stören S, Rice J R.1975. Localized necking in thin sheets J Mech Phys Solids,23:421—441

Tvergaard V. 1982. Ductile fracture by cavity nucleation between larger voids J Mech Phys Solids,30:265—286

Wilson D V, Acselrad O. 1984. Strain localization at biaxially stretched sheets containing compact defects I— Experimental investigation Int J Mech Sci.,26:573—585

Huang T, Li G C.1996. Numerical analyses for the material bifurcation in plane sheet under tension Eng Fracture Mech,55:223—234

Li, G C, Zhu C.1995. Formation of shear bands in plane sheet. Int J Plasticity,11:605—622

Shen H, Chen G N and Li G C.1995. The plastic instability behaviour of laser-textured steel sheet. Mater Sci & Eng,A,219:156—161

# 第十二章 韧性断裂

研究本构方程的目的在于提供恰当描述材料力学行为的公式以应用于应力/应变场的分析和预测材料的最终失效.考证本构方程的正确性也就只能通过实际应用和实验.针对塑性可膨胀本构方程,前一章已介绍了它在板材成型过程分析中的应用.这一章将结合韧性断裂问题进一步论证和说明该方程的依据、可靠性和实用性.

## 12.1 塑性可膨胀本构方程的论证

在第四章和第七章中曾利用一些原则和推理导出了大应变条件下的塑性可膨胀本构方程.这类方程所要描述的对象是受有空洞化等韧性损伤的材料,经匀质化以后,所表现出的连续介质意义行为.在已经具备了第九章和第十章所叙述的微结构研究成果,这里可以进一步论证该方程的依据和特性.

韧性(金属)材料在断裂前的整个变形过程可以分为三个阶段:弹性、塑性和损伤.由塑性变形的演化而形成的损伤变形虽然都有不可逆性,但二者的内在本质和外部特征却有很大的区别.归结起来可以说:

(1) 塑性变形的内在机理是晶格位错和晶体滑移,而损伤变形则产生于空洞和剪切带等微结构的演化.

(2) 位错在空间的间断性仅为(Å)的尺度量级,而韧性损伤的不连续性涉及(μm)以上的量级.宏观意义上一点所隐含的绝对尺度远远大于位错间断,但相对于空洞化的不连续还是有限的差别.于是在匀质化折合过程,对后者就需要引入特征尺度参数(参见第八章中8.1节和第九章9.3节),从而具有非局部意义.

(3) 塑性变形随位错密度的增大而硬化,但损伤变形却因空洞化和剪切带的生成等而软化.这是二者在宏观行为上的重要区别.

（4）塑性变形不影响弹性性质,所以弹性卸载路径与初始弹性加载阶段基本平行.但是损伤变形的增大会导致弹性模量值的降低(参见 Li(1989)).

（5）由位错和滑移机制所形成的塑性变形基本上没有体积变化,而空洞化损伤则导致宏观的体膨胀.这是二者在外部特征上的另一个重要区别.

（6）基于以上的一些原因,对应各个塑性变形阶段 Drucker 公设可以成立,应力空间中的加载面具有光滑性和凸性从而导出正交法则.然而,随着空洞化损伤的增大,应力空间内各加载点的分散度逐渐加大难以归结出统一的加载面(参见 Li,Guennouni 和 Francois(1989)),不能再用正交法则.虽然 Gurson(1977)从刚塑性基体材料内只包含有一级尺寸的空洞模型中统计出一些光滑且凸的加载面.但是,随着空洞化的增大,他由球对称模型和平面应变模型分别绘制的应力加载面相差也很大.更何况,结合实际材料的需要而引入两级不同尺寸且逐步萌生和扩展的空洞化损伤以后,情况将大大地复杂化(参见 Li,Guennouni 和 Francois(1989)).

根据以上的分析,可以认为

$$\dot{\vec{\varepsilon}} = \dot{\vec{\varepsilon}}^{(e)} + \dot{\vec{\varepsilon}}^{(p)} , \vec{\varepsilon} = \int_0^t \dot{\vec{\varepsilon}} \, dt \qquad (12.1)$$

以上表达式的含意是,总的应变率$\dot{\vec{\varepsilon}}$是由两部分组成.一部分是弹性应变率$\dot{\vec{\varepsilon}}^{(e)}$,另一部分则视变形阶段而定.在塑性变形阶段就是塑性应变率,受到损伤以后成为损伤应变率;由于二者都属于不可逆的耗散系统,所以采用同样的上标而写成$\dot{\vec{\varepsilon}}^{(p)}$.总应变率在广义时间 t 范围内的积分自然就是总应变量$\vec{\varepsilon}$.弹性应变率$\dot{\vec{\varepsilon}}^{(e)}$应符合 Hooke 定律.第三章和第四章描述了塑性应变率的本构规律.下面需要论证的是大变形条件下损伤应变率的本构形式.

当变形进入损伤阶段以后,由于弹性与塑性的交互作用和加载面的不规则性等原因,不能再用正交法则而需要借助于更一般的原则.第四章 4.1 节中曾利用耗散能表达形式的转换处理小应变塑性膨胀的本构形式.不难将它推广为大应变条件下的关系式.

按照应力和应变之间共轭性的要求(见 7.2.1),在逐级更新 Lagrange 体系下,耗散功率 $W_0^{(p)}$ 可表示为

$$W_0^{(p)} = \tau^{ij} D_{ij}^{(p)} = \tau_j^i D_i^{j(p)} \tag{12.2}$$

其中,$\tau^{ij}$ 是 Kirchhoff 应力,$D_i^{(p)}$ 就是(7.40)式所表示的总变形率 $D_{ij}$ 中塑性或这里的损伤部分.

对于 Kirchhoff 应力和变形率的塑性或损伤部分都可以分解为偏量和体量两部分,也就是说

$$\tau_j^i = S_j^i + \delta_j^i \left[ \frac{1}{3} \tau_k^k \right] \tag{12.3a}$$

$$D_i^{j(p)} = d e_i^{j(p)} + \delta_i^j \left[ \frac{1}{3} D_l^{l(p)} \right] \tag{12.3b}$$

或者说

$$S_j^i = \tau_j^i - \delta_j^i \left[ \frac{1}{3} \tau_k^k \right] \tag{12.4a}$$

$$d e_i^{j(p)} = D_i^{j(p)} - \delta_i^j \left[ \frac{1}{3} D_l^{l(p)} \right] \tag{12.4b}$$

将(12.3a)和(12.3b)代入(12.2)后,可以得到

$$W_0^{(p)} = S_j^i d e_i^{j(p)} + \frac{1}{3} \tau_k^k D_l^{l(p)} \tag{12.5}$$

这个表达式表明,耗散功率是由两部分组成,一部分是由偏量部分的分量组成,另一部分则属于体量部分.因此,变换一下形式也可以写成

$$W_0^{(p)} = \sigma_e D_e^{(p)} + 3 \sigma_m D_m^{(p)} \tag{12.6}$$

其中,

$$\sigma_m = \frac{1}{3}\tau_k^k \qquad (12.7a)$$

$$D_m^{(p)} = \frac{1}{3}D_1^{1(p)} \qquad (12.7b)$$

分别是平均应力和平均的塑性或损伤的变形率.如果定义等效应力 $\sigma_e$ 为

$$\sigma_e = \left[\frac{3}{2}S_j^i S_i^j\right]^{1/2} \qquad (12.8)$$

此外,在任何应力状态下(12.5)和(12.6)都应是等价的;于是立即可以导出

$$d\,e_i^{j(p)} = \frac{3}{2}\frac{D_e^{(p)}}{\sigma_e}S_i^j \qquad (12.9)$$

以及

$$d\,e_i^{i(p)}d\,e_i^{j(p)} = \frac{9}{4}\left[\frac{D_e^{(p)}}{\sigma_e}\right]S_j^i S_i^j \qquad (12.10)$$

由此可知,相应于(12.8)中对等效应力的定义,等效应变率的表达式应该是

$$D_e^{(p)} = \left[\frac{2}{3}d\,e_j^{i(p)}d\,e_i^{j(p)}\right]^{1/2} \qquad (12.11)$$

我们称(12.8)为定义式,而(12.11)则是根据耗散功率中偏量部分的等价转换而导出的.

将(12.9)代入(12.3b)可得

$$D_j^{i(p)} = \frac{3}{2}\frac{D_e^{(p)}}{\sigma_e}S_j^i + S_j^i\left[\frac{1}{3}D_1^{1(p)}\right] \qquad (12.12a)$$

$$= \frac{3}{2}\frac{D\sigma_e/D\,t}{E_{te}^{(p)}\sigma_e}S_j^i + \delta_j^i\frac{D\tau_k^k/D\,t}{3E_{tm}^{(p)}} \qquad (12.12b)$$

其中,

$$E_{te}^{(p)} = \frac{D\,\sigma_e/D\,t}{D_e^{(p)}}, \qquad E_{tm}^{(p)} = \frac{D\,\tau_k^k/D\,t}{D_1^{1(p)}}$$

分别是偏量和体量应力-应变曲线上的切线模量. D/Dt 是已经介绍过的 Jaumann 率符号. 由于

$$\frac{D\,\sigma_e}{D\,t} = \frac{3}{2\,\sigma_e} S_k^l \frac{D\,\tau_l^k}{D\,t} \tag{12.13}$$

可以将(12.12b)改写为

$$D_j^{i(p)} = \frac{9}{4\,E_{te}^{(p)}} \frac{S_j^i S_k^l}{\sigma_e^2} \frac{D\,\tau_l^k}{D\,t} + \delta_j^i \frac{1}{3\,E_{tm}^{(p)}} \frac{D\,\tau_k^k}{D\,t} \tag{12.14}$$

在(12.14)中再加上弹性部分以构成全部的变形率,则有

$$D_j^i = D_j^{i(e)} + D_j^{i(p)} = \frac{1}{E} \left[ (1+\nu) \frac{D\,\tau_j^i}{D\,t} - \nu\delta_j^i \frac{D\,\tau_k^k}{D\,t} \right]$$

$$+ \frac{9}{4\,E_{te}^{(p)}} \frac{S_j^i S_k^l}{\sigma_e^2} \frac{D\,\tau_l^k}{D\,t} + \delta_j^i \frac{1}{3\,E_{tm}^{(p)}} \frac{D\,\tau_k^k}{D\,t} \tag{12.15}$$

等式右端的第一部分就是 Hooke 定律在大应变条件下的推广式. (12.15)的逆形式为

$$\frac{D\,\tau^{ij}}{D\,t} = \frac{E}{(1+\nu)} \left[ \frac{1}{2} (g^{ik} g^{jl} + g^{il} g^{jk}) \right.$$

$$+ g^{ij} g^{kl} \frac{\nu - E/3\,E_{tm}^{(p)}}{1 - 2\nu + E/E_{tm}^{(p)}} - \frac{3}{2\,\sigma_e^2} \frac{E}{E_{te}^{(p)}}$$

$$\left. \times \frac{S^{ij} S^{kl}}{\frac{2}{3}(1+\nu) + \frac{E}{E_{te}^{(p)}}} \right] D_{kl} \tag{12.16}$$

即(7.45)式.

以上推导表明,塑性变形率和损伤变形率可以取相同形式的

本构关系,所不同的是两个不同阶段的切线模量 $E_{te}^{(p)}$ 和 $E_{tm}^{(p)}$ 具有不同的含义.此外,在逐级更新 Lagrange 体系下,对应于每个增量的起始时刻 $t_0$ 的 Kirchhoff 应力都等同于真应力(Cauchy 应力)$\sigma$;因此,在以上本构关系式中涉及应力的项都可用真应力表示.只是在 Jaumann 率中的应力项应该是 Kirchhoff 意义的.

以下将根据材料中有无损伤,区分两类情况来讨论如何确定塑性切线模量 $E_{te}^{(p)}$ 和 $E_{tm}^{(p)}$.

### 1. 无损伤的塑性应变

一般来说这是指韧性材料处于小应变情况.此时,如忽略塑性可膨胀性则 $E_{tm}^{(p)} \to \infty$,方程(12.15)和(12.16)退化为 Prandtl-Reuss 关系式.在这种情况下,Drucker 公设及其相应的凸性和正交法则是有效的.进而可以假设加载面与 von-Mises 屈服面具有相似的形状.每一个加载面含有固定的等效应力值并与塑性等效应变之间存在着一一对应的关系。按照这一规程可以认为塑性切线模量 $E_{te}^{(p)}$ 是 $\varepsilon_e^{(p)}$ 的单值函数.于是,利用单轴加载下的应力-应变曲线 $\sigma_1 - \varepsilon_1$ 就可以确定这种关系.如第三章已推导出的(3.33)式,

$$\frac{1}{E_{te}^{(p)}} = \frac{1}{E_t} - \frac{1}{E} \tag{12.17}$$

其中,$E_t$ 就是单轴应力-应变曲线上的切线模量.此时还有,$\sigma_e = \sigma_1$(单轴应力)又 $\varepsilon_e^{(p)} = \varepsilon_1^{(p)}$(单轴上应变中的塑性部分).在第三章的(3.18a)和(3.18b)还分别规定了应变硬化材料和理想塑性材料处于塑性加载状况的判据,否则就是进入弹性卸载.

### 2. 含有损伤的(塑性)应变

当应变逐渐增大,塑性应变中将包含有损伤的附加部分而成为损伤应变.在这种情况下,可以设想 $E_{te}^{(p)}$ 和 $E_{tm}^{(p)}$ 是两个标量函数.它们取决于应力状态,塑性应变状态和表征损伤作用的内变量.切线模量从(12.17)所表示的显函数转为隐函数.

前面已谈论过,损伤应变的主要表征有:应变软化效应和塑性可膨胀性.又由于剪切型损伤并不一定附有明显的体积变化,所以

最好对偏量和体量两部分响应作分别处理.关键的一环就是如何在偏量和体量的各自空间中确定由应变硬化转为应变软化的转折点.就体量部分而言,出现应变软化之前的膨胀量一般数值还不大.利用从空洞损伤研究中所获取的知识和准则,可以按(7.42)和(7.43)式:

(a) 在 $\sigma_e - \varepsilon_e$ 曲线上,当

$$\sigma_m + \lambda_e \sigma_e = \sigma_{ce} \quad 或 \quad \varepsilon_e = \varepsilon_{ce} \tag{12.18}$$

时则出现应变软化,$E_{te}^{(p)}$ 由正转为负值.

(b) 在 $\sigma_m - \varepsilon_m$ 曲线上,当

$$\sigma_m + \lambda_m \sigma_e = \sigma_{cm} \tag{12.19}$$

时,则 $E_{tm}^{(p)}$ 成为负的有限值.

(c)如果

$$\varepsilon_m + \lambda_f \varepsilon_e = \varepsilon_c \tag{12.20}$$

则表明该处材料完全失效,即丧失承载能力.

在(12.18),(12.19),(12.20)中,$\lambda_e$,$\sigma_{ce}$,$\varepsilon_{ce}$,$\lambda_m$,$\sigma_{cm}$,$\lambda_f$,$\varepsilon_c$ 均为待定的材料参数,连同应变软化以后的 $E_{te}^{(p)}$ 和 $E_{tm}^{(p)}$ 各值一起构成描述材料韧性损伤和失效所需要的(隐)参数或内变量.它们不能由宏观实验直接测得,目前只有通过计算机模拟并结合微结构观察才能确定.

这部分论述所引用的文献有李国琛(1990)和 Li 等(1991).

## 12.2 确定本构参数

所选用的材料是一类低炭低合金钢,其化学成分有(wt%):
$0.21C$,$0.25Si$,$0.66Mn$,$0.017P$,$0.010S$,$1.01Cr$.热处理的过程是,从810℃起淬火并在710℃上回火5小时.经过这样的处理,材料内部组织呈球状形.通过扫描电镜观测可以确定其中夹杂颗粒的平均尺寸为 $4\mu m$,所含有的碳化物则是 $0.1\mu m$.为在圆棒形拉

伸试样中心造成三种不同程度的三轴张力状态,选用了光滑试棒
(A)和两组 U 型缺口圆棒(B 和 C).以后针对这些轴对称型试棒
进行计算机模拟时所用的几何尺寸均列在图 12.1 中.根据计算机
模拟 A,B 和 C 三组试样于颈缩起始时的三轴张力参数 $\sigma_m/\sigma_e =$
0.39,1.29 和 1.46.每组试样都取 14 件,分别拉伸到不同颈缩度
后即终止试验,以在试件中心区形成不同程度的空洞化损伤.试验
过程中记录了轴向载荷 P 和轴向伸长量 $\Delta L$.用光学显微镜可以
准确地测定试件最小截面的初始半径 $r_0$ 和终止半径 r.由此确定
每个试件终止试验时的颈缩量 $r_0/r$.对于光滑试样为引发颈缩,
中段截面可略小于标定尺寸,或两端处可略大于所需尺寸;为此在
图12.1中分别用上标一和+表示之.三组试样 A,B 和 C 破断时的
颈缩量分别是 $r_0/r_f = 2.264,1.625$ 和 1.471.沿各自的纵剖面割
开后,在颈缩区内可以看到密集的空洞.图 12.2(a)和(b)分别拍
摄了 A 和 C 的空洞分布图.三轴张力高的 C 组有更多的细小二级
空洞围绕着大得多的初级空洞.

对于每组试样都可以拉伸到不同伸长度后停载卸下,以在其

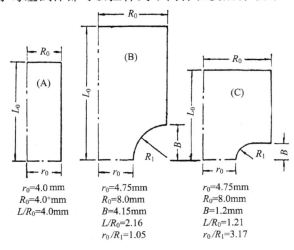

图 12.1　三组轴对称试棒的几何形状图

(a) A 组试件　　　　　　　　(b) C 组试件

图 12.2　破断时颈缩区中两级空洞分布
（取自 Xia 等(1987)文章中的照片）

中心区形成不同程度的空洞化损伤.从每组试样中选取五个不同
颈缩比的样品.再从每个样品的中心部位用线切割的办法切取三
个试片,每片的尺寸是 2 mm×2 mm×1 mm,其 1 mm 的厚度是沿着
试件的中心加载轴方向.试片的精确尺寸是在显微镜下量测的,再
用天平量得每片的重量.由此确定每个试片材料的密度 $\rho$,其初始
值为 $\rho_0$,这样就能测定各试片所含有的空洞体积比

$$f_v = \rho_0/\rho - 1 \qquad (12.21)$$

从每个试样所截取的三个试片量测得到的数据取其最低密度作为
该试样的结果,以克服实际材料的局部分散性.经过标定,这种测
量方法的误差可以小于 1%.

　　图 12.3 绘制了无量纲名义应力 $P/\sigma_y A_0$（P 是轴向载荷,$A_0$
代表最小截面处的初始面积）.相对名义应变 $\Delta L/L_0$（$L_0$ 是量测
伸长量 $\Delta L$ 的标长范围）.基于中断试验时试件最小截面的面积 A
和半径 r,还可以确定该截面上的平均真应力 $\sigma_s$ 及其无量纲值 $\sigma_s/$

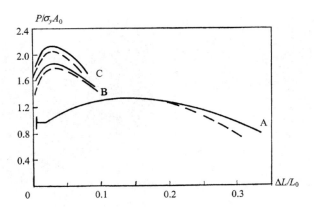

图 12.3　名义应力-应变曲线

（取自 Xia 等(1987)）

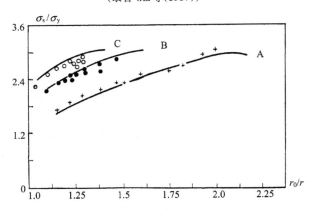

图 12.4　平均真应力-颈缩量曲线

（取自 Xia 等(1987)）

$\sigma_y (= P/\sigma_y A)$. 由此可以画出图 12.4,即 $\sigma_s/\sigma_y$ 对颈缩参数 $r_0/r$ 的关系图. 该材料的屈服应力值 $\sigma_y = 416\,MPa$. 由三组所归结出的材料空洞体积比 $f_v$ 随 $r_0/r$ 的变化则点在图 12.5 中.

　　图 12.3,12.4 和 12.5 中的实线都是计算机模拟的结果. 虚线或各类点子则是试验的结果. 计算模拟时,在各个变形乃至损伤阶

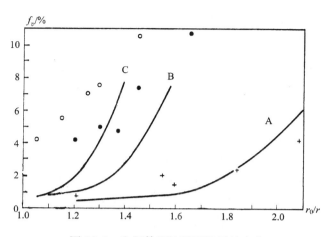

图 12.5 空洞体积比随颈缩量的变化

（取自 Xia 等(1987)）

段所涉及的切线模量 $E_{te}^{(p)}$ 和 $E_{tm}^{(p)}$ 以及损伤以后由(12.18)至(12.20)各式所规定的参数均采用"试算"方法决定.其原则是使计算曲线尽量逼近试验结果.如不满足则重新输入有关数据直至认为恰当为止.表 12.1 列出了在硬化阶段 $E/E_{te}^{(p)}$ 随 $\varepsilon_e^{(p)}$ 的变化数据.考虑到变化 $\lambda_e$ 对计算结果的影响较小(参见 Li 和 Howard (1983)),在 Xia 等(1987)和 Li 等(1991)文中采用 $\lambda_e = \lambda_m = 1.7$. 由此,当 $\sigma_{ce} = \sigma_y = 5.3$ 或 $\varepsilon_{ce} = 0.9$ 时,将出现偏量部分的应变软化并有 $E/E_{te}^{(p)} = -1000$.在体量空间中,应变硬化阶段 $E/E_{tm}^{(p)} = 1.1$,而当 $\sigma_{cm}/\sigma_y = 5.5$ 时出现软化转折而使 $E/E_{tm}^{(p)} = -70$.对于失效部分则有 $\lambda_f = 0.035$ 和 $\varepsilon_c = 0.06$.

表 12.1    $E/E_{te}^{(p)} - \varepsilon_e^{(p)}$

| $\varepsilon_e^{(p)}$ | <0.015 | | 0.030 | 0.040 | 0.050 | 0.065 |
|---|---|---|---|---|---|---|
| $E/E_{te}^{(p)}$ | 1000 | | 84 | 102 | 143 | 183 |
| $\varepsilon_e^{(p)}$ | 0.080 | 0.120 | 0.200 | 0.600 | 0.750 | 0.900 |
| $E/E_{te}^{(p)}$ | 257 | 476 | 500 | 580 | 700 | 900 |

值得提出的是,以上所列各项数据都附带有一个隐含的特征尺寸.在计算模拟过程中(参见 Yang 和 Li(1986)),颈缩损伤区使用的有限元网格是 $250 \times 250 \mu m$ 正方形内划分为四个底边相同的三角形.这一敏感区单元尺寸的大小对于局部应力峰值会有影响,对于整个试件的总体响应也会有少许作用.因为局部应力/应变集中的计算值随网格大小而变已是众所周知的事实.选择敏感区网格尺寸的原则是:既要足够大以覆盖局部微结构因素而使"匀质化"处理成为可能,又要充分小以便反映局部的应力/应变集中或突变.当然还要考虑实际计算的工作量.基于这一原因,以后应用这些参数时,对于可能出现塑性膨胀或应变软化的区域,其单元尺寸要与确定参数时的有限元的网格相一致.

## 12.3 韧性断裂的计算

Li 等(1991)选用了两类元件.一是跨中开有预制裂纹的平面应变型三点弯曲梁.另一类是带有 V 字形槽口的轴对称圆棒,梁的跨距 $S = 96mm$,高是 $W = 24mm$,厚度 $B = 20mm$,预制裂纹长度 $a = 13.1mm$.圆棒的外围直径 $\phi = 16mm$,切口处最小截面直径 $\phi_0 = 10mm$.图 12.6 绘制了有限元网格,半个三点弯曲梁中包含 755 个等应变三角元共 408 个节点,四分之一圆棒则有 956 个单元共 509 个节点.最小单元划分也是由 $250 \times 250 \mu m$ 正方形中取四个三角形.

图 12.7(a)给出了在集中加力点 c 处达到不同挠度值 $\Delta$(除以梁高 W 以使其无量纲化)时刻韧带区中塑性域的发展.塑性域先呈哑铃状包围裂尖,随后又从集中加力的另一端冒出.当 $\Delta/W = 0.016$ 时,这两处分散的塑性域会合但仍留下一个弹性核区.随着塑性域的进一步发展,裂尖前的这个弹性核逐步缩小.对照图12.7的(a)和(b)可见,裂尖的钝化与塑性域的扩展密切相关,二者互相促进.

裂纹于 $\Delta/W = 0.055$ 时开始扩展.在此之前裂尖前的单元先达到(12.18)所规定的偏量部分的软化条件,随后又进入(12.19)

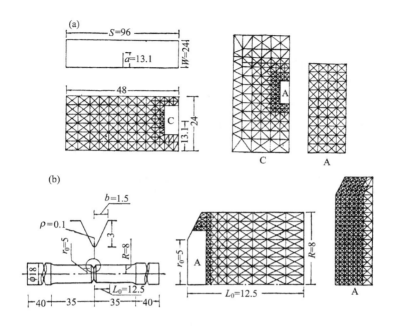

图 12.6　有限元网格(a) 三点弯曲梁,(b) 带 V 形槽口的圆棒

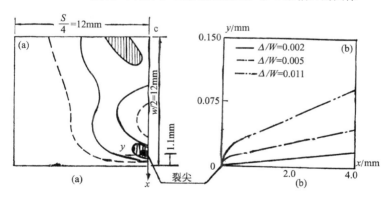

图 12.7　三点弯曲梁:(a) 无量纲挠度 $\Delta/W=0.004(■),0.009(▦),0.016$ (———)和 $0.055(---)$各时刻韧带区中塑性域的发展,(b) 裂尖钝化( x, y 坐标的指向见图 12.7(a))

（取自 Li 等(1991)）

的体量部分软化,最后进入(12.20)失效阶段而成为不再有刚度的空单元.图12.8(a)表示临近裂纹扩展时的应变软化(损伤)区的分布.应变软化继续延伸后,原裂尖前缘逐单元地开裂形成图12.8(b)中的情景.

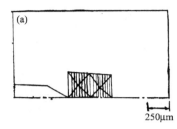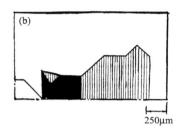

图 12.8　三点弯曲梁裂尖前缘的应变软化区▨和开裂区(■)
(a) $\Delta/W=0.055$;(b) $\Delta/W=0.096$(取自 Li 等(1991))

裂纹扩展前后,沿梁的中轴线上,裂尖前缘的应力和应变分布均绘制于图 12.9.由图可见,在裂纹扩展过程,应力和应变的分布几乎不变地向前推移.应变具有明显的集中而应力被软化降低.在这一局部区域内,由 Hutchinson(1968),Rice 和 Rosengren(1968)所提出的 HRR 应力场不再适用.这一趋势与 Aoki 等(1987)利用 Gurson 模型(1977)所得到的结论相同.

采用同样的步骤,在含有 V 形槽口的轴对称圆棒中也可以看到类似以上的一些现象.塑性域先在缺口尖端附近发生,随后发展为一个蘑菇形封顶,最后几乎扩展到整个计算区只留下一个盘状弹性域.以上三个阶段均绘制于图 12.10.

图 12.11 展现了槽口前缘应变软化区和裂纹的萌生和扩展.按照计算,起裂点出现于 $\Delta L/L_0=0.044$,接近于图 12.10 中塑性域形成蘑菇形封顶的阶段.

带 V 形槽口圆棒中裂纹出现前后的应力和应变分布都描绘在图12.12中.坐标原点放在槽口尖上,图中用黑三角尖表示.与

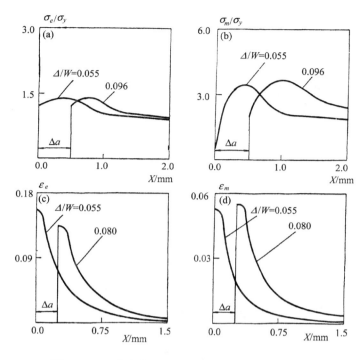

图 12.9 三点弯曲梁裂纹扩展前后的应力和应变分布

（取自 Li 等(1991)）

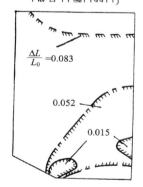

图 12.10 带 V 形槽口圆柱
棒中塑性域的发展

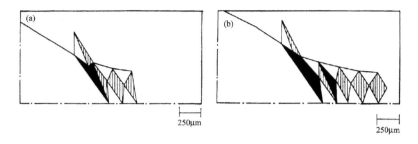

图 12.11 带 V 形槽口圆柱棒中应变软化区(▨)和
开裂区(■)(a)$\Delta L/L_0$＝0.051,(b)$\Delta L/L_0$＝0.065
（取自 Li(1991)）

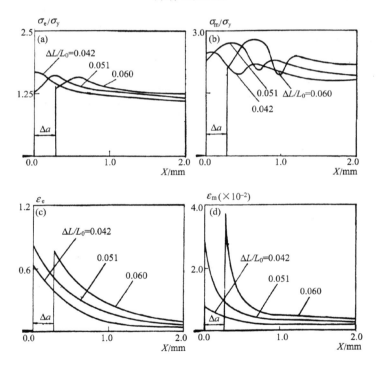

图 12.12 带 V 形槽口圆棒中裂纹出现前后的应力和应变分布
（取自 Li 等(1991)）

图 12.9 相似,这里的应力和应变的波峰随着裂纹的形成和扩展而推移.新的开裂点出现之前,单元内积累了大量应变并受有损伤而导致局部应力的软化现象.无论是有预制裂纹(三点弯曲梁)或无预制裂纹(带槽口圆棒),其裂纹扩展过程及相应的应力和应变分布的特点都是相似的.惟一的区别是,在轴对称的情况下韧性更大,所以等效应变 $\varepsilon_e$ 的峰值更高.

## 12.4 韧性断裂的实验

为检验本构方程和前面的计算,利用以上所用到的低炭低合金钢制成两种试样进行实验.试样的几何形状可见图 12.6.

一种是含预制切口的三点弯曲梁并用疲劳载荷形成尖裂纹.表 12.2 列出了八个样品的具体尺寸.每个样品加载到不同的挠度 $\Delta$,以形成不同的裂纹扩展 $\Delta a$.表中 B 和 W 分别是梁厚及高度,$a_0$ 是初始裂纹长度.两支点间的跨距 $S = 96.04\,mm$.实验机的位移加载速度是 $0.5\,mm/min$.

表 12.2 三点弯曲梁试件

| B/mm | W/mm | $\Delta/W$ | a/mm | $\Delta a/a_0$ |
|------|------|------|------|------|
| 20.02 | 24.03 | 0.048 | 13.38 | 0.0073 |
| 19.97 | 24.07 | 0.042 | 12.68 | 0.0072 |
| 19.95 | 24.07 | 0.060 | 12.72 | 0.0110 |
| 20.02 | 24.06 | 0.079 | 12.78 | 0.0161 |
| 20.03 | 24.07 | 0.074 | 12.32 | 0.0168 |
| 19.94 | 24.06 | 0.087 | 12.74 | 0.0174 |
| 20.04 | 24.06 | 0.125 | 10.96 | 0.0392 |
| 20.03 | 24.06 | 0.096 | 12.10 | 0.0245 |

另一组试件是带 V 形槽口的圆棒.所用各试件的几何尺寸均列在表 12.3 中.槽口尖端的局部半径 $\rho$ 约为 $0.1\,mm$.实验时的位移加载速度也是 $0.5\,mm/min$.不同试件经受不同程度的伸长量以后停下卸载.

图 12.13 示意了量测扩展裂纹长度的办法.每个试件经过受

载后都放到高频疲劳机中再开出一段疲劳裂纹.然后一次性拉断或切开.这样就能在静态裂纹扩展的韧窝区边缘隔出一条疲劳解理的带状区域.于是就可以借助显微镜量测韧性开裂的宽度 $\Delta a$,一般取 5 个量测点的平均值.

表 12.3　带 V-形槽口的圆棒(参见图 12.6)

| R/ m m | $r_0$/ m m | b/ m m | $\Delta L/ L_0$ | $\Delta a/ r_0$ |
|--------|-----------|--------|-----------------|-----------------|
| 8.03 | 5.24 | 1.50 | 0.0372 | 0.013 |
| 8.04 | 4.85 | 1.48 | 0.0469 | 0.045 |
| 8.03 | 4.99 | 1.50 | 0.0593 | 0.068 |
| 8.04 | 5.00 | 1.57 | 0.0705 | 0.123 |
| 8.04 | 5.05 | 1.50 | 0.0755 | 0.163 |

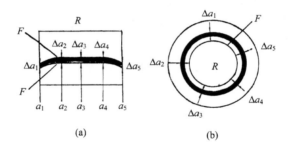

(a)　　　　　　　(b)

图 12.13　量测裂纹扩展示意图(a)三点弯曲梁(含预裂纹);(b)轴对称圆棒(含 V 形槽口)(F:疲劳区,R:破断区)

对于这两类试样的裂纹扩展均作了计算与实验的比较,如图 12.14 所示.二者的趋势与图 12.5 相同,初始阶段的空洞/裂纹的扩展速率是计算的比实验值低而随后则偏高.但总体看来还是符合的.从 Li 和 Howard(1983)的分析结果可预计,这一点可以通过调节(12.18)和(12.19)两式中的 $\lambda_e$ 和 $\lambda_m$ 值来改进.

图 12.15 还比较了两类试样的载荷-位移曲线,最大误差小于

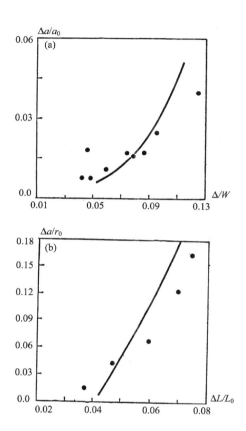

图 12.14　裂纹扩展图(a)含预制裂纹的
三点弯曲梁;(b)带槽口的圆棒
(·实验点,——计算曲
线,取自 Li 等(1991))

5%,由此说明计算是可靠的.图中的载荷 P 和位移(挠度 $\Delta$ 或伸长量 $\Delta L$)均以无量纲形式表示,其中 $A_0$ 是指含槽口圆棒最小截面的初始面积.

总之,这部分工作起到了对(12.16)式所表示的本构方程的验证作用.试样变形经历了弹性(符合 Hooke 定律),塑性(符合加载

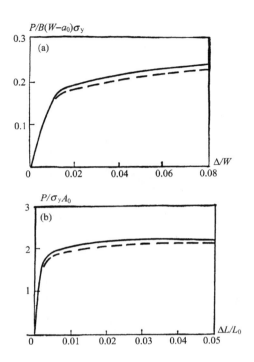

图 12.15　载荷-位移图(a)含预制裂纹的三点弯
曲梁,(b)带槽口的圆棒(———计算曲线,－－－
实验曲线)

面具有凸性和正交法则从而使(12.17)成立)及损伤阶段(属于具有应变软化和显著塑性膨胀的耗散体系,可由(12.18)—(12.20)各式描述).虽然塑性也是耗散性的,但它是局部性的连续介质行为,而损伤变形则含有非局部性的内在属性.

## 参　考　文　献

李国琛.1990.,论韧性材料的可膨胀塑性本构方程及分叉时塑性加载路径,中国科学
　　(A辑),No.12:1282—1289.

Aoki S,Kishimoto K,Yoshida T and Sakata M.1987.A finite element study of the near
　　crack tip deformation of a ductile material under mixed mode loading J Mech Phys Sol-

ids,35:431—455

Gurson A L.1977.Continuum theory of ductile rupture by void nucleation and growth part 1—Yield criteria and flow rules for porous ductile media. J Eng Mat Technol,99:2—15

Hutchinson J W.1968.Singular behaviour at the end of a tensile crack in a hardening material J Mech Phys Solids,16:13—31

Li G C,Howard I C.1983.The sensitivity of the macroscopic consequences of void growth in ductile materials to various mechanical and geometrical microparameters Int J Solids Structures,19:1089—1098

Li G C.1989.The mechanical behaviour of ductile materials damaged by two generations of voids,Acta Mechanica Solida Sinica,2:175—187(English edition)

Li G C,Guennouni T and Francois D.1989.Influence of secondary void damage in matrix material around voids.Fatigue Fract Engng Mater Struct,12:105—122

Li G C,Liu H Q,Du M L,Hong Y S and Zhang X.1992.Crack tip behaviour and crack propagation in ductile materials Fatigue Fract Engng Mater Struct,15:187—202

Rice J R and Rosengren G F.1968.Plane strain deformation near a crack tip in a power-law hardening material J Mech Phys Solids,16:1—12

Xia X X,Yang G Y,Hong Y S and Li G C.1987.Tests and analysis on the ductile fracture of axisymmetric specimens, Mechanical Behaviour of Materials-V, Proceedings of the 5th Inter. Conf. (ed. by M. G. Yan et al.), June 1987, Beijing , China, Pergamon Press,1,199—204

Yang G Y,Li G C.1986.Computer simulation of the ductile fracture behaviour in axisymmetric bars,Proceeding of Inter.Conf.on Computer Modeling of Fabrication Processes and Constitutive Behaviour of Metals(ed.by J.J.M.Too),May 1986,Ottawa,Canada, CANMET,385—396

# 附录 A  弹性力学基本方程

一个连续的、匀质弹性固体是指介质在变形前后都是连续的,物体在各点处的弹性性质均相同,且在加、卸载过程变形与载荷之间存在着单一的对应关系(除非达到不稳定阶段).下面着重介绍线性弹性体,它们的变形与载荷保持着单一的线性对应关系.

## A.1  广义 Hooke 定律(参见 C.Γ.列赫尼茨基(1963))

在正交坐标系(x,y,z)中,我们可以将最一般的弹性应力–应变关系即广义 Hooke 定律表示为

$$
\left.
\begin{aligned}
\varepsilon_x &= a_{11}\,\sigma_x + a_{12}\,\sigma_y + a_{13}\,\sigma_z + a_{14}\,\tau_{yz} + a_{15}\,\tau_{zx} + a_{16}\,\tau_{xy} \\
\varepsilon_y &= a_{12}\,\sigma_x + a_{22}\,\sigma_y + a_{23}\,\sigma_z + a_{24}\,\tau_{yz} + a_{25}\,\tau_{zx} + a_{26}\,\tau_{xy} \\
\varepsilon_z &= a_{13}\,\sigma_x + a_{23}\,\sigma_y + a_{33}\,\sigma_z + a_{34}\,\tau_{yz} + a_{35}\,\tau_{zx} + a_{36}\,\tau_{xy} \\
\gamma_{yz} &= a_{14}\,\sigma_x + a_{24}\,\sigma_y + a_{34}\,\sigma_z + a_{44}\,\tau_{yz} + a_{45}\,\tau_{zx} + a_{46}\,\tau_{xy} \\
\gamma_{zx} &= a_{15}\,\sigma_x + a_{25}\,\sigma_y + a_{35}\,\sigma_z + a_{45}\,\tau_{yz} + a_{55}\,\tau_{zx} + a_{56}\,\tau_{xy} \\
\gamma_{xy} &= a_{16}\,\sigma_x + a_{26}\,\sigma_y + a_{36}\,\sigma_z + a_{46}\,\tau_{yz} + a_{56}\,\tau_{zx} + a_{66}\,\tau_{xy}
\end{aligned}
\right\}
$$

$$(A.1)$$

这里 $a_{11}, a_{12}, \cdots, a_{66}$ 是弹性常数;利用应变能表达式可以证明这些常数具有对称性(见钱伟长,叶开源(1956)),即

$$a_{ij} = a_{ji} \qquad (i,j = 1,2,\cdots,6) \qquad (A.2)$$

这也就是说,对于一个连续的、匀质弹性固体;如果它的弹性性质在不同方向上均不相同就是最一般的各向异性性质,描述它的弹性常数共有 21 个.若物体的材料构造具有对称性,则其弹性性质

也会在相应方向上出现对称性并减少弹性常数个数(参见钱伟长,叶开源(1956)).

### A.1.1 一个弹性对称面

设在物体内含有一个处处存在的对称面,其对称方向上的弹性性质是等同的;又使 z 轴垂直于该平面,于是广义 Hooke 定律方程(A.1)可简化为

$$
\left.
\begin{aligned}
\varepsilon_x &= a_{11}\,\sigma_x + a_{12}\,\sigma_y + a_{13}\,\sigma_z + a_{16}\,\tau_{xy} \\
\varepsilon_y &= a_{12}\,\sigma_x + a_{22}\,\sigma_y + a_{23}\,\sigma_z + a_{26}\,\tau_{xy} \\
\varepsilon_z &= a_{13}\,\sigma_x + a_{23}\,\sigma_y + a_{33}\,\sigma_z + a_{36}\,\tau_{xy} \\
\gamma_{yz} &= a_{44}\,\tau_{yz} + a_{45}\,\tau_{zx} \\
\gamma_{zx} &= a_{45}\,\tau_{yz} + a_{55}\,\tau_{zx} \\
\gamma_{xy} &= a_{16}\,\sigma_x + a_{26}\,\sigma_y + a_{36}\,\sigma_z + a_{66}\,\tau_{xy}
\end{aligned}
\right\}
\qquad (A.3)
$$

此时,独立的弹性常数减为 13 个.垂直于弹性对称面的轴方向可称之为弹性主方向.

### A.1.2 三个弹性对称面

如果具有相互垂直的三个弹性对称面,就称之为正交各向异性.它的表达式是

$$
\left.
\begin{aligned}
\varepsilon_x &= a_{11}\,\sigma_x + a_{12}\,\sigma_y + a_{13}\,\sigma_z, & \gamma_{yz} &= a_{44}\,\tau_{yz} \\
\varepsilon_y &= a_{12}\,\sigma_x + a_{22}\,\sigma_y + a_{23}\,\sigma_z, & \gamma_{zx} &= a_{55}\,\tau_{zx} \\
\varepsilon_z &= a_{13}\,\sigma_x + a_{23}\,\sigma_y + a_{33}\,\sigma_z, & \gamma_{xy} &= a_{66}\,\tau_{xy}
\end{aligned}
\right\}
\qquad (A.4)
$$

共有 9 个独立常数.采用实用的弹性模量和泊松系数还可以表示为

$$\varepsilon_x = \frac{1}{E_x}\sigma_x - \frac{\nu_{yx}}{E_y}\sigma_y - \frac{\nu_{zx}}{E_z}\sigma_z, \quad \gamma_{yz} = \frac{1}{G_{yz}}\tau_{yz}$$

$$\varepsilon_y = -\frac{\nu_{xy}}{E_x}\sigma_x + \frac{1}{E_y}\sigma_y - \frac{\nu_{zy}}{E_z}\sigma_z, \quad \gamma_{zx} = \frac{1}{G_{zx}}\tau_{zx} \quad\quad (A.5)$$

$$\varepsilon_z = -\frac{\nu_{xz}}{E_x}\sigma_x - \frac{\nu_{yz}}{E_y}\sigma_y + \frac{1}{E_z}\sigma_z, \quad \gamma_{xy} = \frac{1}{G_{xy}}\tau_{xy}$$

这里, $E_x$, $E_y$ 和 $E_z$ 分别是沿弹性主方向 x, y 和 z 的杨氏模量; $\nu_{xy}$ 是指由 x 方向的变形所引起的 y 方向收放的泊松系数等等; $G_{yz}$ 是控制主方向 y 和 z 之间夹角变化的剪切模量等等. 由于(A.4)式中弹性常数是对称的, 所以

$$E_x\nu_{yx} = E_y\nu_{xy}, E_y\nu_{zy} = E_z\nu_{yz}, E_z\nu_{xz} = E_x\nu_{zx} \quad\quad (A.6)$$

### A.1.3 各向同性面

若物体内每一点处都含有一个各向同性面, 在此面内各个方向的弹性性质均相同, 取 z 轴垂直于这个平面, 于是材料成为横观各向同性体. 此时(A.4)式中的 $a_{11} = a_{22}$, $a_{13} = a_{23}$, $a_{44} = a_{55}$ 又 $a_{66} = 2(a_{11} - a_{12})$; 独立常数减为 5 个. 引用实用的模量常数, 可写作

$$\varepsilon_x = \frac{1}{E}(\sigma_x - \nu\sigma_y) - \frac{\nu_z}{E_z}\sigma_z, \quad \gamma_{yz} = \frac{1}{G_z}\tau_{yz}$$

$$\varepsilon_y = \frac{1}{E}(\sigma_y - \nu\sigma_x) - \frac{\nu_z}{E_z}\sigma_z, \quad \gamma_{zx} = \frac{1}{G_z}\tau_{zx} \quad\quad (A.7)$$

$$\varepsilon_z = -\frac{\nu_z}{E_z}(\sigma_x + \sigma_y) + \frac{1}{E_z}\sigma_z, \quad \gamma_{xy} = \frac{1}{G}\tau_{xy}$$

这里, E 是各向同性面内的杨氏模量, $\nu$ 是相应的泊松系数. $E_z$, $\nu_z$ 和 $G_z$ 分别是决定 z 轴方向变形的弹性模量以及 z 轴与各向同性面之间的泊松系数和剪切模量. 又有 $G = E/2(1 + \nu)$.

## A.1.4 各向同性

在各向同性物体中,各个方向上的弹性性质都相同;于是(A.7)式中 $E_z = E$,$\nu_z = \nu$ 又 $G_z = G$,从而减化为仅有 2 个独立常数的 Hooke 定律方程式:

$$\left.\begin{array}{l} \varepsilon_x = \dfrac{1}{E}\big[\,\sigma_x - \nu(\sigma_y + \sigma_z)\,\big],\quad \gamma_{yz} = \dfrac{1}{G}\tau_{yz} \\[2mm] \varepsilon_y = \dfrac{1}{E}\big[\,\sigma_y - \nu(\sigma_x + \sigma_z)\,\big],\quad \gamma_{zx} = \dfrac{1}{G}\tau_{zx} \\[2mm] \varepsilon_z = \dfrac{1}{E}\big[\,\sigma_z - \nu(\sigma_x + \sigma_y)\,\big],\quad \gamma_{xy} = \dfrac{1}{G}\tau_{xy} \end{array}\right\} \tag{A.8}$$

其中 $G = E/2(1 + \nu)$.

以 $(1,2,3)$ 对应上式中的下标 $(x, y, z)$,可以将 (A.8) 写成张量形式:

$$\varepsilon_{ij} = \frac{1}{E}\big[(1 + \nu)\sigma_{ij} - \nu\delta_{ij}\sigma_{kk}\big] \tag{A.9}$$

需要注意的是,当 i 与 j 不等时所对应的仅是剪应变的一半. 用 $\delta_{ij}$ 来乘 (A.9) 式两端可以得到

$$\varepsilon_{kk} = \delta_{ij}\varepsilon_{ij} = \frac{1 + \nu}{E}\sigma_{kk} - \frac{3\nu}{E}\sigma_{kk} = \frac{1 - 2\nu}{E}\sigma_{kk}$$

由此可以导出

$$\sigma_{ij} = \frac{E}{1 + \nu}\Big[\varepsilon_{ij} + \frac{\nu}{1 - 2\nu}\delta_{ij}\varepsilon_{kk}\Big] \tag{A.10a}$$

$$= \frac{E}{1 + \nu}\Big[\frac{1}{2}(\delta_{ik}\delta_{jl} + \delta_{il}\delta_{jk}) + \frac{\nu}{1 - 2\nu}\delta_{ij}\delta_{kl}\Big]\varepsilon_{kl} \tag{A.10b}$$

令

$$\lambda = \frac{\nu E}{(1 + \nu)(1 - 2\nu)}, \quad \mu = G$$

则各向同性的两个弹性常数也可以转为 $\mu$ 和 $\lambda$,统称为 Lamé 常数.又

$$K = \frac{E}{3(1-2\nu)}$$

反映着平均正应力所引起的体积变化,故称为体积模量.

## A.2 平面问题

平面问题主要讨论平面($x$,$y$)内的各项应力($\sigma_x$,$\sigma_y$,$\tau_{xy}$)和应变($\varepsilon_x$,$\varepsilon_y$,$\gamma_{xy}$).在直角坐标系中,按 $z$ 向特征的不同,区分为平面应力和平面应变两类状态,即

$$\left.\begin{array}{l} \sigma_z = 0 \quad (\text{平面应力}) \\ \varepsilon_z = 0 \quad (\text{平面应变}) \end{array}\right\} \tag{A.11}$$

二者在 $z$ 向的剪应力和剪应变均为零,就是说

$$\tau_{zx} = \tau_{yz} = \gamma_{zx} = \gamma_{yz} = 0 \tag{A.12}$$

针对这类问题,下面将列出它们的基本方程和基本解法.

### A.2.1 基本方程

平衡方程(见(2.74a))

$$\left.\begin{array}{l} \dfrac{\partial \sigma_x}{\partial x} + \dfrac{\partial \tau_{xy}}{\partial y} + F_x = 0 \\[3mm] \dfrac{\partial \tau_{xy}}{\partial x} + \dfrac{\partial \sigma_y}{\partial y} + F_y = 0 \end{array}\right\} \tag{A.13}$$

对于两类平面问题均相同,其中 $F_x$ 和 $F_y$ 为单位体积力在 $x$ 和 $y$ 方向的分力.

应力-应变关系:

对于各向同性体,由(A.8)可以导出:

$$\varepsilon_x = \frac{1}{E}(\sigma_x - \nu\sigma_y), \quad \sigma_x = \frac{E}{1-\nu^2}(\varepsilon_x + \nu\varepsilon_y)$$

$$\varepsilon_y = \frac{1}{E}(\sigma_y - \nu\sigma_x), \quad \sigma_y = \frac{E}{1-\nu^2}(\varepsilon_y + \nu\varepsilon_x) \quad \text{（平面应力）}$$
$$\gamma_{xy} = \tau_{xy}/G, \tau_{xy} = G\gamma_{xy} \qquad\qquad\qquad\qquad\qquad\text{（A.14a）}$$

$$\varepsilon_x = \frac{1-\nu^2}{E}\left[\sigma_x - \frac{\nu}{1-\nu}\sigma_y\right]$$

$$\sigma_x = \frac{E(1-\nu)}{(1+\nu)(1-2\nu)}\left[\varepsilon_x + \frac{\nu}{1-\nu}\varepsilon_y\right]$$

$$\varepsilon_y = \frac{1-\nu^2}{E}\left[\sigma_y - \frac{\nu}{1-\nu}\sigma_x\right] \qquad \text{（平面应变）}$$

$$\sigma_y = \frac{E(1-\nu)}{(1+\nu)(1-2\nu)}\left[\varepsilon_y + \frac{\nu}{1-\nu}\varepsilon_x\right] \qquad \text{（A.14b）}$$

$$\gamma_{xy} = \tau_{xy}/G, \qquad\qquad \tau_{xy} = G\gamma_{xy}$$

几何方程:(见(2.49))

$$\varepsilon_x = \frac{\partial u}{\partial x}, \quad \varepsilon_y = \frac{\partial v}{\partial y}, \quad \gamma_{xy} = \frac{\partial u}{\partial y} + \frac{\partial v}{\partial x} \qquad \text{（A.15）}$$

边界条件:(见 2.76a)

沿( x , y)平面的侧边将有

$$\sigma_x n_x + \tau_{xy} n_y = T_x \quad \text{或 } \delta u = 0$$
$$\tau_{xy} n_x + \sigma_y n_y = T_y \quad \text{或 } \delta v = 0 \qquad \text{（A.16）}$$

其中 $n_x$ , $n_y$ 是边界上单位外法线在 x 和 y 方向的投影即方向余弦.

由(A.15)不难看出,主要的协调方程(见(2.78a))应是

$$\frac{\partial^2 \varepsilon_x}{\partial y^2} + \frac{\partial^2 \varepsilon_y}{\partial x^2} - \frac{\partial^2 \gamma_{xy}}{\partial x \partial y} = 0 \qquad \text{（A.17）}$$

A.2.2　基本解法

将(A.14.a)和(A.15)代入(A.13)可以得到以位移 u, v 表示的平面应力状态平衡方程:

$$
\left.
\begin{aligned}
\frac{E}{1-\nu^2}\left[\frac{\partial^2 u}{\partial x^2}+\frac{1-\nu}{2}\frac{\partial^2 u}{\partial y^2}+\frac{1+\nu}{2}\frac{\partial^2 v}{\partial x \partial y}\right]+F_x=0 \\
\frac{E}{1-\nu^2}\left[\frac{\partial^2 v}{\partial y^2}+\frac{1-\nu}{2}\frac{\partial^2 v}{\partial x^2}+\frac{1+\nu}{2}\frac{\partial^2 u}{\partial x \partial y}\right]+F_y=0
\end{aligned}
\right\}
$$

$$(A.18)$$

若以 $E/(1-\nu^2)$ 和 $\nu/(1-\nu)$ 替代(A.18)中的 E 和 $\nu$ 即可得到平面应变条件下的平衡方程. 有关的力边界条件也可以类似地用位移表示.

对于求解应力为对象的问题,可以利用 Airy 应力函数,设

$$
\sigma_x=\frac{\partial^2 \phi}{\partial y^2}+V, \quad \sigma_y=\frac{\partial^2 \phi}{\partial x^2}+V, \quad \tau_{xy}=-\frac{\partial^2 \phi}{\partial x \partial y} \quad (A.19)
$$

其中 V 代表体力的势函数,即

$$
F_x=-\frac{\partial V}{\partial x}, \quad F_y=-\frac{\partial V}{\partial y} \tag{A.20}
$$

这样,平衡方程(A.13)可以自然得到满足,问题转为求解用应力表示的协调方程(A.17).

$$
\left.
\begin{aligned}
\nabla^2(\sigma_x+\sigma_y)=-(1+\nu)\left[\frac{\partial F_x}{\partial x}+\frac{\partial F_y}{\partial y}\right] \quad \text{(平面应力)} \\
\nabla^2(\sigma_x+\sigma_y)=-\frac{1}{(1-\nu)}\left[\frac{\partial F_x}{\partial x}+\frac{\partial F_y}{\partial y}\right] \quad \text{(平面应变)}
\end{aligned}
\right\}
$$

$$(A.21)$$

其中 $\nabla^2(\ )=\frac{\partial^2}{\partial x^2}(\ )+\frac{\partial^2}{\partial y^2}(\ )$. 在无体力或体力不随位置变

化的常体力情况下,方程(A.21)中的平面应力和平面应变两类状态统一为

$$\nabla^2 (\sigma_x + \sigma_y) = 0 \qquad (A.22)$$

此时,平衡方程(A.13),协调方程(A.22)和受力边界条件都与弹性常数无关;由此可知:若全部边界为受力边界,对于几何形状和加载状况相同的固体,无论其材料常数是什么,也无论是平面应力或平面应变情况,固体内部应力分量的大小和分布都相同.

将(A.19)和(A.20)代入(A.21)则有

$$\left. \begin{array}{l} \nabla^2 \nabla^2 \phi = -(1-\nu)\nabla^2 V \quad (\text{平面应力}) \\[2mm] \nabla^2 \nabla^2 \phi = -\dfrac{1-2\nu}{1-\nu}\nabla^2 V \quad (\text{平面应变}) \end{array} \right\} \qquad (A.23)$$

对于无体力或常体力情况就简化为

$$\nabla^2 \nabla^2 \phi = 0 \qquad (A.24)$$

其中 $\nabla^2 \nabla^2 (\ )$ 称为双调合算子 $\left[ = \dfrac{\partial^4 (\ )}{\partial x^4} + 2\dfrac{\partial^4 (\ )}{\partial x^2 \partial y^2} + \dfrac{\partial^4 (\ )}{\partial y^4} \right]$.

## A.3 轴对称问题

对于圆筒状或圆柱形物体,若载荷分布呈轴对称型,物体内的应力 ($\sigma_r$, $\sigma_\theta$, $\sigma_z$, $\tau_{zr}$),应变 ($\varepsilon_r$, $\varepsilon_\theta$, $\varepsilon_z$, $\gamma_{zr}$) 和位移 (u, w) 也为轴对称分布.问题与平面内夹角 $\theta$ 无关.

平衡方程

根据图 A.1 所示微元体的平衡条件,不难列出

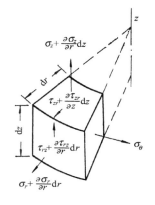

图 A.1

$$\left.\begin{array}{l} \dfrac{\partial \sigma_r}{\partial r} + \dfrac{\partial \tau_{rz}}{\partial z} + \dfrac{\sigma_r - \sigma_\theta}{r} + F_r = 0 \\[4mm] \dfrac{\partial \tau_{zr}}{\partial r} + \dfrac{\partial \sigma_z}{\partial z} + \dfrac{\tau_{rz}}{r} + F_z = 0 \end{array}\right\} \qquad (A.25)$$

应力-应变关系

$$\left.\begin{array}{l} \varepsilon_r = \dfrac{\sigma_r}{E} - \dfrac{\nu}{E}(\sigma_\theta + \sigma_z) \\[4mm] \varepsilon_\theta = \dfrac{\sigma_\theta}{E} - \dfrac{\nu}{E}(\sigma_z + \sigma_r) \\[4mm] \varepsilon_z = \dfrac{\sigma_z}{E} - \dfrac{\nu}{E}(\sigma_r + \sigma_\theta) \\[4mm] \gamma_{rz} = \gamma_{zr} = \tau_{rz}/G = \tau_{zr}/G \end{array}\right\} \qquad (A.26a)$$

或

$$\left.\begin{array}{l} \sigma_r = \dfrac{E(1-\nu)}{(1+\nu)(1-2\nu)}\left[\varepsilon_r + \dfrac{\nu}{1-\nu}\varepsilon_\theta + \dfrac{\nu}{1-\nu}\varepsilon_z\right] \\[4mm] \sigma_\theta = \dfrac{E(1-\nu)}{(1+\nu)(1-2\nu)}\left[\dfrac{\nu}{1-\nu}\varepsilon_r + \varepsilon_\theta + \dfrac{\nu}{1-\nu}\varepsilon_z\right] \\[4mm] \sigma_z = \dfrac{E(1-\nu)}{(1+\nu)(1-2\nu)}\left[\dfrac{\nu}{1-\nu}\varepsilon_r + \dfrac{\nu}{1-\nu}\varepsilon_\theta + \varepsilon_z\right] \\[4mm] \tau_{zr} = G\gamma_{zr} \end{array}\right\}$$

$$(A.26b)$$

几何方程

$$\left.\begin{array}{l} \varepsilon_r = \dfrac{\partial u}{\partial r}, \quad \varepsilon_\theta = \dfrac{u}{r} \\[4mm] \varepsilon_z = \dfrac{\partial w}{\partial z}, \quad \gamma_{zr} = \dfrac{\partial u}{\partial z} + \dfrac{\partial w}{\partial r} \end{array}\right\} \qquad (A.27)$$

在与 r,z 轴相垂直的各侧边的边界上则或是给定受力条件或是约束位移.

## A.4 弹性力学解的可叠加性和惟一性

从求解的角度看,线弹性力学的特有属性在于它的基本方程和边界条件的线性性质.利用这一特点,需要时可以将外载 $T_i$(包括可能有的体积 $F_i$)分解为两部分:

$$T_i = T_i^{(1)} + T_i^{(2)}, F_i = F_i^{(1)} + F_i^{(2)} \qquad (A.28)$$

分别求出各部分相应的应力和位移场,问题的全解则是

$$\sigma_{ij} = \sigma_{ij}^{(1)} + \sigma_{ij}^{(2)}, u_i = u_i^{(1)} + u_i^{(2)} \qquad (A.29)$$

证明的方法是:已知两部分的解( $\sigma_{ij}^{(1)}$ , $u_i^{(2)}$ )和( $\sigma_{ij}^{(2)}$ , $u_i^{(2)}$ )分别满足基本方程和一定的边界条件.利用线性属性,将两部分解相加后,即(A.29),也能凑成满足指定的方程和边界条件.

如果几何方程中出现非线性项;例如,板壳大挠度问题,受轴向和横向同时作用的纵横弯曲问题等;那么叠加原理就将失效.当应力-应变关系、外载作用或边界支承出现非线性状况时,问题的解也不再具有可叠加性.

从问题的线性性质出发还可以证明解是惟一的,即称之为 Kirchhoff 惟一性定理.证明的方法与前面相反.设想两个解( $\sigma_{ij}^{(1)}$ , $u_i^{(1)}$ )和( $\sigma_{ij}^{(2)}$ , $u_i^{(2)}$ )都是同一类外载 $T_i$(包括可能有的体力 $F_i$)和指定边界条件下的解,于是将两解相减后得到

$$\sigma_{ij} = \sigma_{ij}^{(1)} - \sigma_{ij}^{(2)}, u_i = u_i^{(1)} - u_i^{(2)} \qquad (A.30)$$

由于基本方程和边界条件都是线性的,将新解( $\sigma_{ij}$ , $u_i$ )代入后必然有无体力的平衡方程

$$\sigma_{ij, i} = 0 \qquad (A.31)$$

在边界上或是无外力,或是无位移.由此将导致体内应变能(正定的二次型)处处为零(详见钱伟长,叶开源(1956)),于是只能是

$$\sigma_{ij} = 0, u_i = 0$$

换句话说

$$\sigma_{ij}^{(1)} = \sigma_{ij}^{(2)}, u_i^{(1)} = u_i^{(2)}$$

解的惟一性得到证实.

## A.5 St. Venant 原理

根据大量实际情况,St. Venant 总结得到下述的原理:(参见钱伟长,叶开源(1956))

在一物体内,只要载荷静力等效,合力和合力矩相等,那么不同分布的外载作用对于远处各点的应力和位移分布的影响甚微.

另一种叙述方法是:

若在物体上作用一个平衡力系,则该力系的作用只局限于平衡力系作用的附近地区.在远处,其影响急剧衰减为零.

这个原理虽然至今没有得到严格的数学证明,但在指导弹性力学求解时非常有用.对于许多边界情况,我们只知其合力效果而不知其具体分布,例如固支边界,集中力的接触情况等.另一方面在用级数或多项式求解时,往往只能做到在边界上静力等效地满足,而局部的应力分布可能有差异.由于它的影响区与作用区在尺度上大体相当,还可以应用这个原理判断物体上局部自平衡力系干扰的影响范围.

引用 St. Venant 原理时显然要注意:在等效静力的局部作用范围内,不同的分布的影响也将是不同的.

### 练 习

1 在平面问题中,令 $\varepsilon_x = Axy^2$, $\varepsilon_y = Bx^2 + Cy^2$, $\gamma_{xy} = Dx^2 y$,请回答,系数 A, B, C, D 应符合什么条件才能使应变协调.

2 判断题.请判断以下陈述的"对"或"错",并填入括号内.

(1)若物体内一点( x, y, z)上相应的位移 u, v, w 均为零,则该点处必然有应变 $\varepsilon_x = \varepsilon_y = \varepsilon_z = 0$.(    )

(2) 在 y 为常数的直线上,如 u=0,则沿该线上必有 $\varepsilon_x=0$.(　)

(3) 在平面问题中,应力的全解总可以由应力函数表示为

$\sigma_x=\partial^2\phi/\partial y^2,\ \sigma_y=\partial^2\phi/\partial x^2,\ \tau_{xy}=-\partial^2\phi/\partial x\partial y$　(　)

(4) 就平面应力和平面应变两类问题而言,用应力表示的协调方程总是等同的.(　)

(5) 满足平衡方程又满足各应力边界条件的应力解不一定是真解.(　)

3　根据微元体的力平衡条件,试推导和证明图 A.1 所示轴对称条件下的平衡方程(A.25).

4

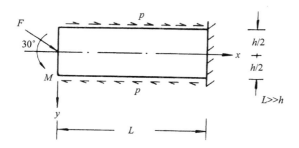

图示平面应力悬臂梁,x＝L 处固定,x＝0 端承受弯矩 M 和倾斜力 F,又在上、下表面受有均匀分布剪力 P(单位长度上的力).在不计体力情况下,证明应力函数

$$\phi=Axy+By^2+Cy^3+Dxy^3$$

可满足弹性力学基本方程.写出有关的应力表达式.根据图示写出 y＝±h/2 和 x＝0 处的应力和受力条件(注意习惯的符号规定).解出待定系数 A,B,C,D.

# 参 考 文 献

С Г 列赫尼茨基著.胡海昌译.1963.各向异性板.科学出版社

钱伟长,叶开源.1956.弹性力学.科学出版社

# 附录 B  弹性力学变分原理及解法

为寻求弹性力学问题的近似解和发展数值解法,往往需要借助于弹性力学的各项变分原理及相应的解法.

## B.1  应变能和应变余能

如图 B.1 所示,弹性体内单位体积的应变能 $W_\varepsilon$ 可表示为

$$W_\varepsilon = \int_0^{\varepsilon_{ij}} \sigma_{ij} \, d\varepsilon_{ij} \tag{B.1}$$

与之互补的应变余能则是

$$W_\sigma = \int_0^{\sigma_{ij}} \varepsilon_{ij} \, d\sigma_{ij} \tag{B.2}$$

这里的应力和应变都是由初始为零逐渐增大到积分的上限值.因此,

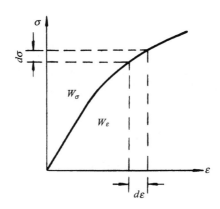

图 B.1

$$W_\varepsilon + W_\sigma = \sigma_{ij}\varepsilon_{ij} \qquad (B.3)$$

并有

$$\left.\begin{array}{l} dW_\varepsilon = \sigma_{ij}\,d\varepsilon_{ij} \\[2mm] \sigma_{ij} = \dfrac{\partial W_\varepsilon}{\partial \varepsilon_{ij}} \\[3mm] \dfrac{\partial \sigma_{ij}}{\partial \varepsilon_{kl}} = \dfrac{\partial \sigma_{kl}}{\partial \varepsilon_{ij}} \left(\text{因为}\ \dfrac{\partial}{\partial \varepsilon_{kl}}\left[\dfrac{\partial W_\varepsilon}{\partial \varepsilon_{ij}}\right] = \dfrac{\partial}{\partial \varepsilon_{ij}}\left[\dfrac{\partial W_\varepsilon}{\partial \varepsilon_{kl}}\right]\right) \end{array}\right\} \qquad (B.4)$$

以及

$$\left.\begin{array}{l} dW_\sigma = \varepsilon_{ij}\,d\sigma_{ij} \\[2mm] \varepsilon_{ij} = \dfrac{\partial W_\sigma}{\partial \sigma_{ij}} \\[3mm] \dfrac{\partial \varepsilon_{ij}}{\partial \sigma_{kl}} = \dfrac{\partial \varepsilon_{kl}}{\partial \sigma_{ij}} \left(\text{因为}\ \dfrac{\partial}{\partial \sigma_{kl}}\left[\dfrac{\partial W_\sigma}{\partial \sigma_{ij}}\right] = \dfrac{\partial}{\partial \sigma_{ij}}\left[\dfrac{\partial W_\sigma}{\partial \sigma_{kl}}\right]\right) \end{array}\right\} \qquad (B.5)$$

一般来说应变能和应变余能二者不等,但不难看出,当材料性质符合线性弹性关系(即图 B.1 中 $\sigma$ 和 $\varepsilon$ 之间为线性关系),则 $W_\varepsilon$ 与 $W_\sigma$ 二者是等同的.应变能是储存在弹性体内的而应变余能则不是. $W_\varepsilon$ 与 $W_\sigma$ 又都是正定型的,对于线性材料,它们分别可以表示为应变和应力的二次型函数,例如:

$$\left.\begin{array}{l} W_\varepsilon = \dfrac{1}{2}\,C_{ijkl}\,\varepsilon_{ij}\,\varepsilon_{kl}\ (\text{因为}\ \sigma_{ij} = C_{ijkl}\,\varepsilon_{kl}) \\[3mm] W_\sigma = \dfrac{1}{2}\,D_{ijkl}\,\sigma_{ij}\,\sigma_{kl}\ (\text{因为}\ \varepsilon_{ij} = D_{ijkl}\,\sigma_{kl}) \end{array}\right\} \qquad (B.6)$$

这样, $W_\varepsilon$ 与 $W_\sigma$ 又可具有凸性,即它们的二阶变分项 $\dfrac{1}{2}\,C_{ijkl}\,\delta\varepsilon_{ij}\,\delta\varepsilon_{kl}$ 和 $\dfrac{1}{2}\,D_{ijkl}\,\delta\sigma_{ij}\,\delta\sigma_{kl}$ 可为正定.这一点在以后的变分原理证明中是很有用的.

## B.2　虚位移和虚功原理

　　凡是物体几何约束(例如,支承条件)所允许的位移就称为可能位移,取其任意微小的量是为**虚位移** $\delta u_i$,也就是在几何上可能的位移的变分.根据能量守恒定律,外力在虚位移上所做之功必等于物体内部应力与可能的应变所组成的应变能;由此形成**虚功原理**和变分方程.

$$\int_V F_i \delta u_i \, dV + \int_{S_\sigma} T_i^* \delta u_i \, dS_\sigma = \int_V \sigma_{ij} \delta \epsilon_{ij} \, dV \qquad (B.7)$$

(B.7)式左端第一项是体积力在虚位移上所做的功,第二项则是表面力在虚位移上所做的功,等号右端是体内的应变能.

　　将

$$\delta \epsilon_{ij} = \frac{1}{2}(\delta u_{i,j} + \delta u_{j,i}) \qquad (B.8)$$

代入(B.7)式并利用散度定理,可求得

$$\int_V (\sigma_{ij,j} + F_i) \delta u_i \, dV - \int_{S_\sigma} (\sigma_{ij} \nu_j - T_i^*) \delta u_i \, dS_\sigma = 0 \quad (B.9)$$

虚位移 $\delta u_i$ 各自独立,而且是完全任意的,因此上列积分式中括弧内各项之和为零.由此得到的 Euler 方程就是平衡方程和静力边界条件.

　　由上推导可知,变分方程(B.7)等价于满足平衡方程和静力边界条件.应用此变分方程时只需预先所设立的位移 $u_i$ 符合几何约束所规定的位移边界条件.但所给出的位移只是近似于实际真值,所以虽然能够满足几何约束,最终的解仍是近似的解答.既然虚功原理是根据能量守恒原则,所以它不受材料行为的限制.

## B.3　最小势能原理

　　弹性系统的总势能为总应变能 $U_\epsilon$ 与外力势之和,即

$$\Pi = U_\varepsilon + V_f \qquad (\text{B}.10)$$

其中,

$$U_\varepsilon = \int_V W_\varepsilon \, \mathrm{d}V \qquad (\text{B}.11)$$

又 $V_f$ 是力系的势.对于保守力系,它仅与位移状态有关而与达到这个状态的路径无关,所以是单值连续函数并定义为已知体力 $F_i$ 和给定表面力 $T_i^*$ 的积分式,即

$$V_f = -\int_V F_i u_i \, \mathrm{d}V - \int_{S_\sigma} T_i^* u_i \, \mathrm{d}S_\sigma \qquad (\text{B}.12)$$

将(B.11)和(B.12)代入(B.10)可得

$$\Pi = \int_V W_\varepsilon \, \mathrm{d}V - \int_V F_i u_i \, \mathrm{d}V - \int_{S_\sigma} T_i^* u_i \, \mathrm{d}S_\sigma \qquad (\text{B}.13)$$

外力势 $V_f$ 是指外力所具有的做功能力,势能的降低就代表外力功的增加,因此也将 $- V_f$ 称作外力功.

不难看出,对(B.13)取一次变分就可得出前一节中虚功原理,也就是说

$$\int_V \frac{\partial W_\varepsilon}{\partial \varepsilon_{ij}} \delta \varepsilon_{ij} \, \mathrm{d}V = \int_V \sigma_{ij} \delta \varepsilon_{ij} \, \mathrm{d}V$$

$$= \int_V F_i \delta u_i \, \mathrm{d}V + \int_{S_\sigma} T_i^* \delta u_i \, \mathrm{d}S_\sigma$$

$$\delta \Pi = \int_V \sigma_{ij} \delta \varepsilon_{ij} \, \mathrm{d}V - \int_V F_i \delta u_i \, \mathrm{d}V - \int_{S_\sigma} T_i^* \delta u_i \, \mathrm{d}S_\sigma \qquad (\text{B}.14)$$

由于体力 $F_i$ 和表面力 $T_i^*$ 均与虚位移 $\delta u_i$ 无关,取二次变分时可得

$$\delta^2 \Pi = \int_V \frac{\partial^2 W_\varepsilon}{\partial \varepsilon_{ij} \partial \varepsilon_{kl}} \delta \varepsilon_{ij} \delta \varepsilon_{kl} \, \mathrm{d}V \qquad (\text{B}.15)$$

当 $W_\varepsilon$ 函数具有凸性时, $\delta^2 \Pi$ 也为正定. 由此证明最小势能原理如下: 在可以预先满足几何约束的各类可能位移状态中, 以适合平衡方程和外力作用条件的实际位移所对应的总势能为最小, 因为

$$\Pi'(u_i + \delta u_i) = \Pi(u_i) + \delta\Pi + \frac{1}{2}\delta^2\Pi$$

既然

$$\delta\Pi = 0$$

那么

$$\Pi' - \Pi = \frac{1}{2}\delta^2\Pi \geqslant 0$$

### B.4 最小余能原理

最小势能原理是建立在虚位移 $\delta u_i$ 基础上的. 相应地也可以在虚应力 $\delta\sigma_{ij}$ 基础上建立最小余能原理. 在真实应力状态 ($\sigma_{ij}$) 附近取各种可以预先满足平衡方程和静力边界条件的相邻状态 ($\sigma_{ij} + \delta\sigma_{ij}$), 可以证明真实状态将使总余能

$$\Pi_c = \int_V W_\sigma \, dW - \int_{S_u} T_i u_i^* \, dS_u \qquad (B.16)$$

达到最小. 其中, 第一项是应变余能 (B.2) 在体积内的积分, 第二项是在给定位移的表面部分 $S_u$ 上未知力 $T_i$ 与给定位移 $u_i^*$ 的积分项.

类似前一节作法, 对 (B.16) 式所定义的 $\Pi_c$ 取一次变分, 即

$$\delta\Pi_c = \int_V \frac{\partial W_\sigma}{\partial \sigma_{ij}} \delta\sigma_{ij} \, dV - \int_{S_u} u_i^* \delta T_i \, dS_u$$

$$= \int_V \left[ \left( \frac{\partial W_c}{\partial \sigma_{ij}} - \varepsilon_{ij} \right) \delta\sigma_{ij} + \varepsilon_{ij}\delta\sigma_{ij} \right] dV - \int_{S_u} u_i^* \delta T_i \, dS_u$$

利用应力分量对称性特点及应变与位移关系式可知

$$\int_V \varepsilon_{ij} \delta\sigma_{ij} dV = \int_V u_{i,j} \delta\sigma_{ij} dV = \int_V (u_i \delta\sigma_{ij})_{,j} dV - \int_V u_i \delta\sigma_{ij,j} dV$$

$$= \int_V (u_i \delta\sigma_{ij})_{,j} dV (因为\ \delta\sigma_{ij,j} = 0)$$

$$= \int_S u_i \delta\sigma_{ij} \nu_j dS (散度定理)$$

$$= \int_S u_i \delta T_j dS (见(2.76b))$$

$$= \int_{Su} u_i \delta T_i dS_u (因为\ S = S_u + S_\sigma, 又在\ S_\sigma\ 面上\ \delta T_i = 0)$$

代入上式并令 $\delta\Pi_c = 0$ 即得

$$\delta\Pi_c = \int_V \left[ \frac{\partial W_\sigma}{\partial \sigma_{ij}} - \varepsilon_{ij} \right] \delta\sigma_{ij} dV$$

$$+ \int_{Su} (u_i - u_i^*) \delta T_i dS_u = 0 \tag{B.17}$$

(B.17)的两个积分号下的 Euler 式分别表明满足应力-应变关系式和给定位移边界条件.经过适当的推导也可由其 Euler 方程导出协调方程.因此,在已满足平衡方程和静力边界条件的各类应力分量也可通过满足(B.17)近似满足以应力表示的应变协调条件(参见 Sokolnikoff(1956),王龙甫(1984)).

对(B.16)式取二次变分则有

$$\delta^2 \Pi_c = \int_V \frac{\partial^2 W_\sigma}{\partial \sigma_{ij} \partial \sigma_{kl}} \delta\sigma_{ij} \delta\sigma_{kl} dV \geqslant 0 \tag{B.18}$$

只要 $W_\sigma$ 函数具有凸性, $\delta^2 \Pi_c$ 也是正定的,与前类似

$$\Pi_c' - \Pi_c \geqslant 0$$

以上是最小余能原理的证明.

### B.5 两个变分原理的关系

由(B.13)与(B.16)两式相加可得

$$\Pi + \Pi_c = \int_V ( W_\epsilon + W_\sigma ) dV - \int_V F_i u_i dV$$

$$- \int_{S_\sigma} T_i^* u_i dS_\sigma - \int_{Su} T_i u_i^* dS_u$$

$$= \int_V ( W_\epsilon + W_\sigma ) dV - \int_V F_i u_i dV$$

$$- \int_{S = S_\sigma + Su} T_i u_i dS \qquad (B.19)$$

由应变能 $W_\epsilon$ 和应变余能 $W_\sigma$ 的定义(见图 B.1)可知

$$\int_V ( W_\epsilon + W_\sigma ) dV = \int_V \sigma_{ij} \epsilon_{ij} dV = \int_V \sigma_{ij} u_{i,j} dV (因为 \ \sigma_{ij} = \sigma_{ji})$$

$$= \int_V ( \sigma_{ij} u_i )_{,j} dV - \int_V \sigma_{ij,j} u_i dV$$

$$= \int_S \sigma_{ij} u_i \nu_j dS - \int_V \sigma_{ij,j} u_i dV$$

代入(B.19)可得

$$\Pi + \Pi_c = \int_S ( \sigma_{ij} \nu_j - T_i ) u_i dS$$

$$- \int_V ( \sigma_{ij,j} + F_i ) u_i dV = 0 \qquad (B.20)$$

因此

$$\Pi = - \Pi_c \qquad (B.21)$$

即总势能和总余能数值相等,但符号相反.二者的综合关系可以写
作

$$\Pi_c^{(a)} \geqslant \Pi_c = -\Pi \geqslant -\Pi^{(a)} \qquad (B.22)$$

其中 $\Pi_c^{(a)}$ 是由静力可能的应力状态所组成的总余能,而 $\Pi^{(a)}$ 则是由几何可能的位移状态所形成的总势能.按照两个变分原理的极值条件,它们应满足(B.22)中的序列.

## B.6 双变量广义变分原理

前面的变分原理,或是以虚位移或是以虚应力,都是建立在单一变量变分的基础上.Reissner(1950)提出了以位移和应力同时变分的双变量广义变分原理.设广义势能为

$$\Pi = \int_V (\sigma_{ij}\varepsilon_{ij} - W_\sigma)dV - \int_V F_i u_i dV - \int_{S_\sigma} T_i^* u_i dS_\sigma$$

$$(B.23)$$

由(B.3)可知(B.23)的第一项实际上代表了应变能在体积内的积分,因此整个表达式是总势能的含义.$\Pi$ 的一次变分为

$$\delta\Pi = \int_V \left[ \sigma_{ij}\delta\varepsilon_{ij} + \left( \varepsilon_{ij} - \frac{\partial W_\sigma}{\partial \sigma_{ij}} \right)\delta\sigma_{ij} - F_i\delta u_i \right]dV$$

$$- \int_{S_\sigma} T_i^* \delta u_i dS_\sigma = -\int_V (\sigma_{ij,j} + F_i)\delta u_i dV$$

$$+ \int_V \left[ \varepsilon_{ij} - \frac{\partial W_\sigma}{\partial \sigma_{ij}} \right]\delta\sigma_{ij}dV$$

$$+ \int_{S_\sigma} (\sigma_{ij}\nu_j - T_i^*)\delta u_i dS_\sigma + \int_{S_u} \sigma_{ij}\nu_j\delta u_i dS_u = 0 \quad (B.24)$$

其中第一项的 Euler 方程是平衡方程,第二项是应力-应变关系,第三项是静力边界条件,第四项在已满足位移边界约束时将不存在(因为在 $S_u$ 面上 $\delta u_i = 0$).

若继续进行二次变分运算并注意到 $u_i$ 及 $\sigma_{ij}$ 分别为独立的可变分量,由此可得

$$\delta^2 \Pi = \int_V \left[ \delta\sigma_{ij}\delta\varepsilon_{ij} + \left( \delta\varepsilon_{ij} - \frac{\partial^2 W_\sigma}{\partial\sigma_{ij}\partial\sigma_{kl}}\delta\sigma_{kl} \right)\delta\sigma_{ij} \right] dV \qquad (B.25)$$

可以证明在稳定阶段此项二次变分为正定的(见李国琛(1984)).

## B.7 基于变分原理的直接解法

Ritz 法(也称 Rayleigh-Ritz 法)

设位移函数可表示为

$$u_i = \sum_{n=1}^{N} a_{in} U_{in}(x, y, z) \quad (i = 1, 2, 3) \qquad (B.26)$$

其中 $U_{in}$ 是 $3 \times N$ 个给定的函数形式,它们可以满足 $S_u$ 面上已知的位移边界条件;$a_{in}$ 是 $3 \times N$ 个待定系数.将(B.26)代入(B.13)式所表示的势能 $\Pi$,通过极值条件来调整和确定待定系数 $a_{in}$ 以逐步逼近和满足平衡方程和静力边界条件.即

$$\frac{\partial\Pi(u_i)}{\partial a_{in}} = 0 \qquad (B.27)$$

(B.27)有 $3 \times N$ 个方程,可求解 $3 \times N$ 个待定系数.

Ritz 法也可以结合最小余能原理求解问题.只要将(B.26)改为可以预先满足平衡方程和静力边界条件的应力分布函数,就可通过求余能 $\Pi_c$ 的极值来确定有关的待定系数.

Galerkin 法

Galerkin 方法则要求(B.26)中 $u_i$ 既要满足 $S_u$ 面上位移边界条件,也要满足 $S_\sigma$ 上的静力边界条件.于是(B.9)式(相当于 $\delta\Pi = 0$)就简化为

$$\int_V (\sigma_{ij,j} + F_i)\delta u_i dV = 0 \qquad (B.28)$$

由(B.26)可知

$$\delta u_i = \sum_{n=1}^{N} U_{in}\delta a_{in}$$

代入(B.28)并考虑到 $\delta a_{in}$ 是任意且独立的,所以导致

$$\int_V (\sigma_{ij,j} + F_i)\, U_{in}\, dV = 0 \qquad (B.29)$$

积分后可以化为待定系数 $a_{in}$ 的 $3 \times N$ 个线性代数方程.Galerkin 方法是使微分方程在域内被积分满足.(B.29)式也可以更一般地表示为

$$\int_V L(u_i)\, U_{in}\, dV = 0 \qquad (B.30)$$

其中 $L(\ )$ 为线性微分算子.

练　习

1　利用(A.10a)及(B.6)证明应变能

$$W_\varepsilon = \frac{1}{2}\big[\lambda\theta^2 + 2\mu(\varepsilon_x^2 + \varepsilon_y^2 + \varepsilon_z^2) + \mu(\gamma_{xy}^2 + \gamma_{yz}^2 + \gamma_{zx}^2)\big]$$

并说明泊松系数 $\nu$ 应满足什么条件才能保证 Lamé 常数 $\lambda$ 及 $\mu$ 都为正和 $W_\varepsilon$ 的正定性,其中 $\theta = \varepsilon_x + \varepsilon_y + \varepsilon_z$.(要求:先将 $W_\varepsilon$ 写成张量形式,再展开)

2　利用(A.9)及(B.6)证明应变余能.

$$W_\sigma = \frac{1}{2E}\big[\sigma_x^2 + \sigma_y^2 + \sigma_z^2 - 2\nu(\sigma_x\sigma_y + \sigma_y\sigma_z + \sigma_z\sigma_x)$$
$$+ 2(1+\nu)(\tau_{xy}^2 + \tau_{yz}^2 + \tau_{zx}^2)\big]$$

(要求:先将 $W_\sigma$ 写成张量形式,再展开)

3　已知应变偏量 $e_{ij} = \varepsilon_{ij} - \dfrac{1}{3}\delta_{ij}\varepsilon_{kk}$,利用(A.10a)求证应变能

$$W_\varepsilon = G e_{ij} e_{ij} + \frac{1}{2} K \varepsilon_{ii}^2$$

说明为使体积模量 $K$ 和剪切模量 $G$ 都为大于零的正数,泊松系数 $\nu$ 所应满足的条件.

参 考 文 献

李国琛.1984.用形变理论分析结构塑性屈曲时的一类广义变分原理.力学学报,16:

512—520

王龙甫.1984.弹性理论(第二版).科学出版社

Reissner E.1950.On the variational theorem in elasticity.J Math Phys,29

Sokolnikoff I S.1956.Mathematical Theory of Elasticity.McGraw-Hill Book Company